国家级一流本科专业教材

地理信息系统 QGIS 与 PyQGIS

高培超　陈君茹　彭　倩　叶思菁　宋长青　著

科 学 出 版 社

北 京

内 容 简 介

本书聚焦目前被广泛使用的开源地理信息系统软件 QGIS，系统介绍了 QGIS 的基础知识，由浅入深地带领读者学习 QGIS 的安装、使用 QGIS 读取和预处理地理空间数据的方法、对不同类型地理空间数据（栅格数据和矢量数据）进行各种空间分析的方法、地理空间数据的可视化方法与技巧（地图制图等）。本书内容还涵盖 QGIS 的高级使用方式，如构建模型、调用外部插件、基于 Python 控制台运行脚本文件以实现 QGIS 中的功能、在集成开发环境中使用 PyQGIS 实现 QGIS 中的功能等。

本书主要面向地理科学、地理信息科学、测绘工程、自然地理与资源环境、人文地理与城乡规划、资源环境科学、土地资源管理、遥感科学与技术、地理国情监测等专业，可供相关专业本科生、研究生、研究人员和工程师参考。

图书在版编目（CIP）数据

地理信息系统 QGIS 与 PyQGIS / 高培超等著. -- 北京：科学出版社，2025.3. --（国家级一流本科专业教材）. -- ISBN 978-7-03-081598-9

Ⅰ. P208.2

中国国家版本馆 CIP 数据核字第 2025CD7761 号

责任编辑：郑欣虹 / 责任校对：杨　赛
责任印制：张　伟 / 封面设计：迷底书装

科 学 出 版 社 出版
北京东黄城根北街 16 号
邮政编码：100717
http://www.sciencep.com

北京天宇星印刷厂印刷
科学出版社发行　各地新华书店经销
*

2025 年 3 月第 一 版　开本：787×1092　1/16
2025 年 3 月第一次印刷　印张：19 1/2
字数：496 000
定价：68.00 元
（如有印装质量问题，我社负责调换）

序

地理信息系统（GIS）作为时空数据管理、分析以及地理空间认知的重要手段，已成为地理科学、环境科学、城市规划和资源管理等多个领域不可或缺的分析工具。同时，GIS 也是多学科人才培养与能力建设的关键组成部分。随着 GIS 在时空分析、智能计算等方面的功能不断拓展，相关软件技术的研发与应用日益深化。《地理信息系统 QGIS 与 PyQGIS》一书系统阐述了开源 GIS 软件——QGIS 的理论原理、核心功能及具体操作。

QGIS 是一款功能强大且可高度扩展的开源地理信息系统软件，凭借开放源码架构和全球社区支持，其在地理空间数据处理、分析和可视化方面展现出卓越的可用性与扩展性。QIS 的开源生态不仅满足个人用户、科研教育机构和企业的多样化需求，更赋予用户深度定制与自主研发能力，使插件开发、流程优化及高阶空间分析成为可能。与此同时，QGIS 凭借全球开源社区的集体智慧，汇聚顶尖专业人士、研究人员和开发者，持续推动技术迭代与创新突破，使其紧跟 GIS 前沿发展趋势，不断拓展应用边界，塑造开源 GIS 技术的新高度。

PyQGIS 作为 QGIS 的官方 Python 应用程序接口，进一步拓展了 QGIS 的功能边界，使用户能够以编程方式操作 QGIS，实现高度自动化的地理空间数据处理、分析和可视化。借助 PyQGIS，用户可以直接在 QGIS 中编写 Python 脚本，调用核心 GIS 功能，从而显著提升工作效率并优化复杂的 GIS 工作流。此外，PyQGIS 提供了强大的扩展能力，开发者可以利用其构建自定义插件、设计交互式工具，并将 QGIS 无缝集成到更广泛的地理信息系统和数据科学生态中，进一步提升空间数据的智能分析能力。但目前相关领域的教材对这一内容涉及较少。

在开源 GIS 快速发展的背景下，作者团队精心编撰《地理信息系统 QGIS 与 PyQGIS》一书，为广大读者提供了一部系统、全面、高质量的开源 GIS 学习资料，改善了开源 GIS 教材稀缺，尤其是覆盖 Python 编程接口的教材不足的现状。该书内容兼顾理论与实践，不仅为地理科学、环境科学、城市规划等相关专业的学生提供系统的学习路径，也为 GIS 从业者、研究人员及所有关注开源 GIS 生态的读者搭建高效的知识桥梁。通过翔实的理论讲解与丰富的实战案例，该书旨在帮助读者快速掌握 QGIS 和 PyQGIS 的核心功能、开发方法及创新应用，强化地理空间数据处理、分析与可视化能力，为新时代地理信息技术的发展培养出更多高水平人才。

该书的出版将有力推动开源 GIS 软件在教育、科研和行业实践中的深度融合，促进知识开放共享，构建更加协同、高效的 GIS 学习与应用体系，提升地理信息技术在科研、工程和行业应用中的普及度和应用深度。特别值得强调的是，针对高等学校人才培养，该书进一步丰富国内 GIS 教材体系，为地理科学及相关专业建设和人才培养提供了新资源。

国家杰出青年基金获得者

2025 年 3 月 11 日

前　言

QGIS 作为一款开源地理信息系统软件，拥有开源软件的很多优势，广受全球用户的欢迎。首先，QGIS 在全球范围内拥有庞大而活跃的社区。社区中来自全球各地的专业人士、爱好者和开发者共同参与到软件的开发、维护和改进中。全球合作不仅加速了软件的错误修复和功能扩展，还确保了软件能够与时俱进、适应技术的更新发展和用户变化的需求。其次，QGIS 的开放源代码意味着允许用户自由地访问、修改和定制软件以满足特定需求。这种灵活性是其他商业软件不具备的优势。最后，QGIS 的突出优势还在于其降低了技术的使用成本和地理信息系统的使用门槛。无论是个人用户、教育机构还是企业，都可以免费获取并使用这款软件。总而言之，QGIS 不仅因其作为开源软件所具备的协作性、灵活性和低成本优势而广受欢迎，还因其在地图制作和地理空间数据分析方面所具备的强大功能，成为地理信息系统领域中最重要的工具之一。

本书旨在提供一份全面而深入的 QGIS 与 PyQGIS 教程，帮助读者学习和充分利用 QGIS 的强大功能，并掌握如何通过插件和脚本来扩展其功能以适应不同的需求。本书共分为 12 章，侧重于数据处理、空间分析、地图制图、扩展 QGIS 四个方面。其中，第 1 章引入地理信息系统（geographic information system，GIS）及 QGIS 的基础知识，所涉及内容从 GIS 概述到常见的 GIS 软件简介，再到 QGIS 软件功能和 GIS 应用领域介绍；第 2 章简要介绍 QGIS 基本操作，包含软件的下载与安装、图形界面与自定义设置，以及加载数据；第 3 章重点介绍矢量数据的编辑与处理，包括预处理已有的矢量数据、创建全新的矢量数据、矢量数据的编辑与修正；第 4 章介绍矢量数据的空间分析，包括缓冲区分析、叠加分析和网络分析；第 5 章重点介绍栅格数据的编辑与处理，包括预处理、数字地形分析和创建全新的栅格数据；第 6 章介绍栅格数据的空间分析，包括距离分析、核密度分析和区域统计；第 7 章重点介绍地图制图，主要包括矢量数据的符号化与渲染、栅格数据渲染、布局/报告的创建与设置、物件的添加与设置、布局与地图集的导出、报告的导出；第 8 章主要介绍 QGIS 功能建模与扩展，包括如何使用模型构建器创建地图数据处理工具，以及如何使用外部插件扩展 QGIS 功能；第 9 章主要介绍 PyQGIS 简介与使用入门；第 10 章主要介绍基于 PyQGIS 的矢量数据处理与分析；第 11 章介绍基于 PyQGIS 的栅格数据处理与分析；第 12 章扩展介绍在集成开发环境中使用 PyQGIS。

本书期望能够帮助弥补地理科学教育中开源地理信息系统教材匮乏的短板。当前的地理科学高等教育中往往仅涉及商业软件 ArcGIS。商业软件虽在地理信息系统领域具有广泛的应用和一些优势，但也存在价格高昂、部分情况下的使用限制与技术支持中断风险等不足之处。此外，商业软件通常是闭源软件，用户无法自由地查看、修改或定制软件的功能和算法，而且商业软件主要在 Windows 平台上运行，具有较强的平台依赖性。与国内外同类教材相比，本书的独到之处在于不仅实现了依赖开源软件讲授地理信息系统和空间分析功能，还覆盖了学科技术的最前沿——基于 PyQGIS 的分析和开发。

本书框架由高培超设计完成。其中第 1~8 章由高培超、陈君茹、叶思菁、宋长青撰写，第 9～12 章由彭倩撰写。全书由彭倩统稿，高培超、刘一辉等校对。本教材的完成和出版受到以下项目的经费支持：第八届中国科协青年人才托举工程项目（依托单位：中国地理学会）、国家自然科学基金面上项目（42271418）、国家自然科学基金青年科学基金项目（42301518）、北京师范大学"十四五"期间高等教育领域教材第二期建设项目、北京师范大学珠海校区 2023 年校级教学建设与改革项目。本教材的实验数据可扫描以下二维码下载。真诚欢迎读者朋友们批评、指正、来信交流（gaopc@bnu.edu.cn）。

作　者
2024 年 5 月 30 日

目　　录

第1章 基础知识

1.1 地理信息系统概述

20 世纪 60 年代初，地理学家罗杰·汤姆林森（Roger Tomlinson）开发了世界上首个地理信息系统（geographic information system，GIS）——加拿大地理信息系统（Canadian GIS，CGIS），为人类使用地理信息技术揭开了新序幕。罗杰·汤姆林森也因此被尊称为"GIS 之父"。CGIS 的应运而生，源于加拿大政府对管理辽阔土地的需求。CGIS 作为世界上首个采用计算机技术来管理地理空间数据的系统，不仅能够高效地处理规模庞大的地理空间数据，还提供了强大的空间分析工具，为规划和决策过程提供支持。此外，CGIS 的应用显著提高了加拿大政府在土地资源管理和规划领域的工作效率。

时至今日，GIS 已发展为一门完善的学科（即地理信息科学），同时也成为一个朝气蓬勃的产业。GIS 是一个集成的计算机系统，专门用于获取、编辑、存储、管理、分析、输出和可视化与地理空间位置相关的数据，是帮助理解并处理地理和空间问题的强大工具。GIS 中有以下重要组成部分：数据采集系统、数据存储和管理系统、数据处理和分析系统、数据展示系统、图形界面。数据采集系统是 GIS 的基础，常见的数据包括卫星图像、航空摄影、地形图或通过地面测量获得的数据。数据采集后使用数据库对地理数据和相关属性进行数据存储和管理。数据处理和分析系统负责对地理空间数据进行数据清理、数据编辑、空间分析等操作。通过对数据进行特定处理和分析，用户可以从基础数据中提取目标信息。数据展示系统可以进行地图制图并生成报告（如地图集），将 GIS 数据以图形、地图的形式呈现给用户，帮助用户直观查看并理解地理空间数据。图形界面可供用户与 GIS 进行互动，使用户能够轻松访问系统的所有功能。

GIS 的常见功能主要包括六个方面：数据采集、数据存储和管理、数据编辑和处理、数据分析、地图制图、数据共享和发布。GIS 能够通过卫星图像、航空摄影和地面调查等多种渠道，实现广泛的数据采集。在存储和管理地理空间数据方面，GIS 拥有高效的数据检索和管理机制。在数据分析方面，GIS 具备空间分析、统计分析和模型预测等多种分析工具。同时，GIS 还具备灵活的数据编辑和处理功能，可以便捷地对数据进行预处理、修改等操作。在地图制图方面，GIS 可以将数据转换为二维和三维视图等形式，对数据进行可视化。此外，GIS 还提供了地图制图功能，以及报告和图表等的制作功能，从而直观清晰地呈现地理空间数据中的信息。GIS 还支持通过网络等途径进行数据的共享和发布，促进知识在全球范围内共享。

1.2　常见的 GIS 软件

本节介绍常见的商业 GIS 软件。目前，常见的国外商业 GIS 软件有 ArcGIS 和 MapInfo，国内常见 GIS 软件有 SuperMap GIS、MapGIS 和 GeoStar 等。

1. ArcGIS

ArcGIS 为美国环境系统研究所（Environmental Systems Research Institute, ESRI）公司研发的产品。其中包含一系列软件：ArcMap、ArcCatalog、ArcScene 和 ArcGlobe。ArcMap 处于该系列软件的核心地位，可供用户实现创建并绘制地图、分析地理空间数据等功能。ArcCatalog 功能在于显示和管理地理空间数据源。ArcScene 和 ArcGlobe 可以用于 3D 研究领域。

2. MapInfo

MapInfo 是美国 MapInfo 公司开发的 GIS 软件，是一种数据可视化、地图信息化的桌面版软件。MapInfo 公司于 1986 年成立并推出首个版本的 MapInfo 软件——MapInfo for DOS V1.0。

3. SuperMap GIS

SuperMap GIS 由北京超图软件股份有限公司开发。2023 年 7 月，SuperMap GIS 系列产品的最新版本——SuperMap GIS 2023 正式发布。其基于华为开源数据库 openGauss，提供地理空间数据的存储、计算和管理功能，数据分析能力强大，软件二次开发便捷。

4. MapGIS

MapGIS 是中地数码科技有限公司开发的 GIS 软件，拥有独立的自主知识产权。其产品体系框架包括开发平台、工具产品和解决方案。其中，工具产品延伸至各个行业，包括市政工具产品、房产工具产品等；解决方案集开发平台、需求文档、设计文档、使用文档于一体，在智慧城市、自然资源、地质等领域有广泛应用。

5. GeoStar

GeoStar 是拥有自主知识产权的 GIS 软件，是吉奥之星系列软件的核心。GeoStar 分为三个部分：桌面应用系统 GeoStar Desktop、独立处理工具和组件开发平台 GeoStar Objects。该软件可以对矢量、数字高程模型等地理空间数据建立空间数据库，并进行应用、管理和维护。

1.3　QGIS 软件介绍

QGIS（Quantum GIS）是一个使用 C++语言开发的 GIS 软件。相较于常用的 ArcGIS 而言，QGIS 最大的特色是开源。QGIS 提供了一套功能强大的工具和插件，满足用户创建、编辑、查看和分析地理空间数据等多样化的功能需求。QGIS 发展至今，所支持的数据种类众多且功能丰富。主要特点和功能包括：数据支持；管理、创建和编辑数据；数据处理和空间分析；地图制图；功能扩展；多平台支持。

1. 数据支持

QGIS 能够读取和写入多种格式的地理空间数据。QGIS 所支持的数据格式包括矢量数据、栅格数据和数据库中的数据（如 PostGIS、Oracle Spatial、SpatialLite 等）。它不仅支持常见的 GIS 数据格式，如 Shapefile、GeoJSON、KML 等，还支持访问任何符合开放式 GIS 协会（Open GIS Consortium，OGC）标准的网络空间数据服务。此外，QGIS 还可以通过插件扩展对数据类型的支持范围。

2. 管理、创建和编辑数据

QGIS 可以管理不同数据源的地理空间数据并对其进行创建、编辑。QGIS 允许用户进行地理空间数据的创建和编辑。用户可以创建新的矢量要素、修改现有要素的属性和几何形状，并使用绘图和编辑工具进行精确的地理空间数据操作。

3. 数据处理和空间分析

QGIS 提供了丰富的数据处理和空间分析功能，使用户能够对地理空间数据进行深入分析和挖掘。QGIS 提供了多种空间分析工具，覆盖缓冲区分析、叠加分析、网络分析、数字地形分析、空间统计等功能。这些工具可以帮助用户进行空间查询、空间关系分析和地理模型构建。此外，QGIS 还支持脚本编程、插件扩展和集成其他 GIS 软件，使用户能够获得更加丰富的数据处理和空间分析功能。

4. 地图制图

QGIS 具有强大的地图制图功能，用户可以符号化地图并自定义地图样式。QGIS 的主要地图制图功能如下：地图符号化，用户可以根据需要自定义地图要素的样式；标注注释，用户可以在地图上添加图形、标签、标题、描述等信息；打印布局，用户可以自定义地图尺寸、方向和边距，添加标题、图例、比例尺等元素，并进行布局和样式调整；创建地图集和报告，批量输出地图，形成有架构的地图图集。

5. 功能扩展

QGIS 允许用户根据自己的需求和想法进行功能定制和扩展。QGIS 支持插件扩展，用户可以根据自己的需求安装和使用各种插件。这些插件提供了丰富的功能和工具。此外，QGIS 作为一款开源软件，用户还可以根据自己的需求进行二次开发。通过 QGIS 的 Python 应用程序接口（application program interface，API）、插件开发和自定义应用程序开发功能，开发者可以构建功能强大、定制化的 GIS 应用，满足不同领域和应用场景的功能需求。

6. 多平台支持

QGIS 可在多个操作系统上运行，包括 Windows、MacOS 和 Linux。这使得用户可以在不同的计算机系统上使用 QGIS，并实现跨平台的数据交换和共享。

1.4 GIS 的应用领域

作为连接物理世界和数字世界的桥梁，GIS 在对地理空间数据进行深入分析的同时，也能在应用领域促进进行更智能且高效的决策。在数字化和大数据时代背景下，GIS 不仅是一个专门用于获取、编辑、存储、管理、分析、输出和可视化与地理空间位置相关的数据的计算机系统，还是一个跨学科的信息整合平台，并广泛应用于城市规划、环境保护、灾害管理、公共卫生等多个领域。GIS 的广泛应用不仅体现了它在当今社会发展中的重要地位，还反映了它在帮助推动可持续发展和改善人类生活质量方面的发展潜力。本节将介绍 GIS 的主要应用领域。

1. 城市规划

在城市规划领域，GIS 能够存储、分析并可视化相关数据，帮助规划从业人员详细了解城市的土地使用情况、人口分布、交通网络、公共设施分布等信息。此外，GIS 在城市规划中的另一个重要应用是其能够支持决策。利用 GIS 的空间分析功能，规划从业人员可以更全面地评估不同规划方案的潜在影响（如城市扩张对生态系统的潜在影响），从而做出更为科学和合理的决策。GIS 的应用让城市规划更加精确和高效，对城市空间的合理利用和城市环境的持续改善起到决策支持作用。

2. 环境保护

在环境保护领域，GIS 是监测、分析和管理环境资源的强大工具，能够协助专家进行环境影响评估。例如，通过 GIS 的数据库和分析功能可以全面、快捷地了解并研究水质、空气质量、森林覆盖率、野生动植物栖息地、受污染区域的空间分布情况。此外，GIS 在监控环境变化及人类活动影响方面起到关键作用。例如，通过整合多源地理空间数据，GIS 能够深入分析冰川融化、森林砍伐和城市蔓延等现象的时空演变特征。除了环境影响的评估和监测外，GIS 还助力实行环境保护措施和规划。例如，通过 GIS 技术确定自然保护区及生态恢复项目的范围。

3. 灾害管理

GIS 在自然灾害管理领域也能发挥强大的作用，可以帮助评估、应对，甚至预测各类自然灾害。GIS 通过综合和分析地理相关数据，能够精准地绘制出灾害风险区，包括洪水易发区、地震高危区和易发生火灾的区域。此外，它还支持基于历史气象数据的灾害预测模型，帮助预测未来风暴和洪水的发展趋势。在应急准备方面，GIS 有助于制订高效的疏散计划、确定救援资源的优化配置方案，以及建立紧急避难所。灾害发生时，GIS 能在灾情监控评估及协调救援工作中发挥关键作用，确保资源能够迅速有效地送达最需要的地方；灾后恢复时，GIS 能协助各方制订更加有效的灾害预防和减灾策略，从而增强地区的抗灾能力。总体而言，从防灾准备到应急响应，再到灾后恢复，GIS 在整个自然灾害风险管理过程中扮演着至关重要的角色。

4. 公共卫生

GIS 在公共卫生领域也发挥着重要作用，专业人士利用其技术和功能进行疾病监测、健康资源分配和公共卫生策略制定。在面对全球性的公共卫生危机（新冠疫情）时，①GIS 辅助进行疾病传播分析、疫苗分配和卫生资源规划等工作。通过收集和分析与地理位置相关的卫生数据，专家能通过 GIS 追踪并可视化疫情的传播趋势和模式。例如，在新冠疫情期间，

GIS 被用来监测病例分布、识别疫情热点、发现病毒传播的地理模式。②GIS 用于帮助预测疫情发展、指导防控措施的制定、优化资源分配（如医疗设施、疫苗）等。③GIS 支持进行与疾病相关的社会经济影响分析。例如，评估疫情对不同地区和人群的影响，辅助制定针对性的公共卫生政策和干预措施。此外，GIS 的空间分析功能也用于研究疾病与环境因素（如人口密度、社会经济条件）之间的关系。总而言之，GIS 在公共卫生领域的应用十分广泛，并有重要价值。

第 2 章　QGIS 基本操作

2.1　QGIS 的下载与安装

QGIS 作为跨平台软件，可以运行于 Windows、MacOS 和 Linux 操作系统中。在 Windows 和 MacOS 操作系统中，均可以通过安装官方安装包的方法安装 QGIS。在 Linux 操作系统中，一般需要通过编译源代码的方法进行安装。本节将介绍如何在 Windows 操作系统中通过官方安装包安装 QGIS 软件。

下面将演示从 QGIS 官方网站上获取安装包、执行安装的过程。

（1）QGIS 安装所用的安装包可以在 QGIS 官方网站（https://www.qgis.org/zh-Hans/site/）上自行下载。点击页面中的【立即下载】按钮即可（图 2-1）。

图 2-1　在官网中下载安装包

（2）点击【QGIS 独立安装程序版本 3.22】按钮（图 2-2），并进行下载。QGIS 长期发行版本不断迭代，目前该版本为长期发行版本（截至 2022 年 3 月），比较稳定。

（3）点击【Next】按钮，按照软件安装的指引顺序依次进行（图 2-3）。

（4）设置安装路径，点击【OK】按钮（图 2-4）。在随后弹出的窗口中，点击【Next】按钮（图 2-5）。

图 2-2　选择安装版本

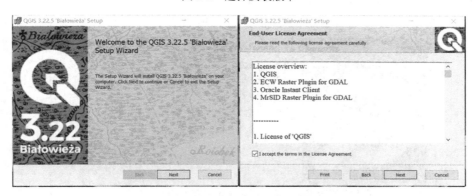

图 2-3　点击【Next】按钮

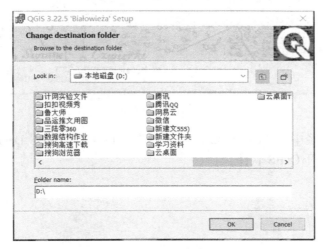

图 2-4　设置安装路径 1

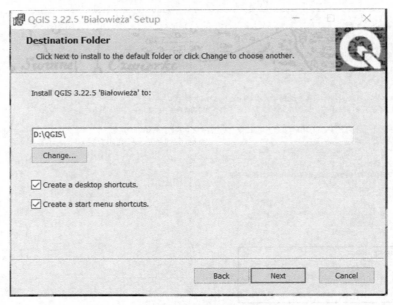

图 2-5　设置安装路径 2

（5）最后，点击【Finish】按钮完成安装（图 2-6）。

图 2-6　完成安装

（6）打开下载路径中的"QGIS 3.22.5"文件夹，并点击"QGIS Desktop 3.22.5"快捷方式（图 2-7），即可打开 QGIS 软件。

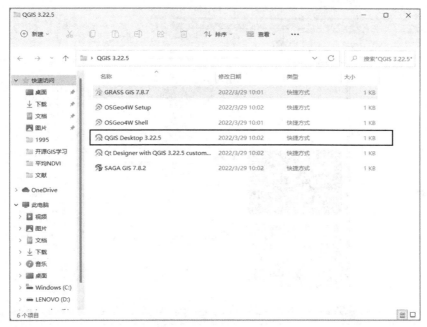

图 2-7　打开 QGIS 软件

2.2　图形界面与自定义设置

2.2.1　图形界面的组成介绍

QGIS 的用户界面由五部分组成（图 2-8）：①菜单栏（menu bar）、②工具栏（toolbars）、③操作面板（panels）、④地图视图（map view）和⑤状态栏（status bar）。本节将分别介绍菜单栏、操作面板、状态栏的主要功能。

1. 菜单栏

QGIS 的菜单栏包含 13 个主菜单，名称分别是项目（Project）、编辑（Edit）、视图（View）、图层（Layer）、设置（Settings）、插件（Plugins）、矢量（Vector）、栅格（Raster）、数据库（Database）、网络（Web）、网格（Mesh）、处理（Processing）和帮助（Help）。以下将简要介绍 13 个主菜单所包含的主要功能。

- 项目（Project）：新建、打开并保存项目；布局导出与打印；新建报告和地图集等。
- 编辑（Edit）：对矢量数据进行基本编辑、属性编辑等。
- 视图（View）：调整地图视图；控制图层、面板、工具条的可见性等。
- 图层（Layer）：新建、加载、复制、删除图层；打开图层属性表等。
- 设置（Settings）：进行用户配置、地图样式管理、自定义快捷键等。
- 插件（Plugins）：安装、管理并打开插件；打开 Python 控制台窗口等。
- 矢量（Vector）：打开常用的矢量数据分析工具。
- 栅格（Raster）：打开常用的栅格数据分析工具。
- 数据库（Database）：打开数据库管理器（DB Manager）。

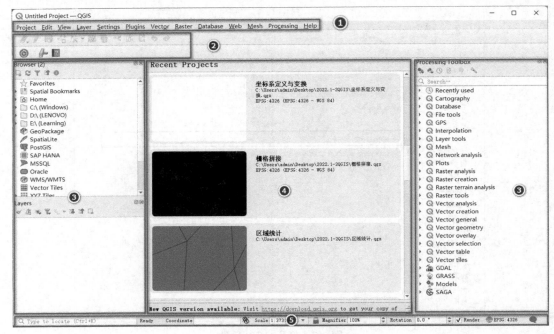

图 2-8　QGIS 用户界面

● 网络（Web）：打开 MetaSearch 客户端；连接开放街道地图（OpenStreetMap，OSM）下载数据等。

● 网格（Mesh）：处理网格数据；运用网格计算器进行数学运算。

● 处理（Processing）：打开工具箱、操作历史记录以及模型构建器等。

● 帮助（Help）：打开帮助文档、应用程序接口（API）文档、报告问题等。

2. 操作面板

在初始状况下，QGIS 有 15 种面板，随着插件的安装，面板的数量可能会有所增加。可以通过在菜单栏中选择【View】|【Panels】命令打开或关闭各个面板（图 2-9）。以下介绍部分面板的名称和功能。GPS Information：全球定位系统（global positioning system，GPS）信息面板；Layer Order：图层顺序面板；Layer Styling：图层样式面板；Layers：图层面板；Log Messages：日志消息面板；Overview：总览面板。

● 高级数字化面板（Advanced Digitizing）：打开高级数字化工具。

● 浏览面板（Browser）：浏览、连接地理空间数据。

● 图层样式面板（Layer Styling）：修改选择图层的样式。

● 图层面板（Layers）：显示当前所有图层，并可以调整其可见性与显示顺序。

● 处理工具箱面板（Processing Toolbox）：显示处理工具箱中已有的工具。

● 撤销/恢复面板（Undo/Redo）：打开撤销/恢复工具。

3. 状态栏

状态栏位于 QGIS 界面的最下方（图 2-10），不仅可以显示当前地图画布的信息（如比例

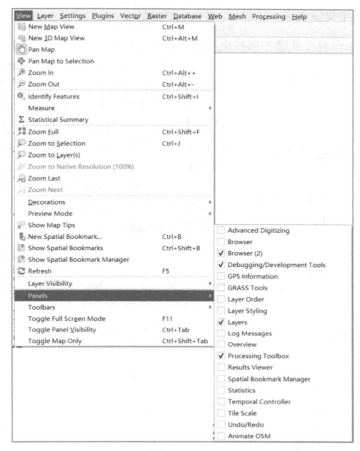

图 2-9　在菜单栏中选择【View】|【Panels】命令

图 2-10　状态栏

尺、投影坐标系等），还可以对地图画布进行调整。以下是状态栏的主要功能和使用方法。

● ：通过输入关键词快速打开特定工具或功能。

● ：显示光标在地图画布位置的坐标。

● ：显示地图画布上边界、下边界、左边界和右边界位置。

● ：显示地图画布的比例尺，并可以通过手动输入或下拉菜单选择的方式设置比例尺。

● ：点击左侧的 图标可以固定比例尺，并可以手动调整地图视图的放大倍数。

● ：手动调整地图的旋转角度（顺时针旋转角度为正值）。

2.2.2　图形界面自定义设置

QGIS 可以让用户自己调整图形界面显示，以下简要介绍 QGIS 自定义图形界面的方法。

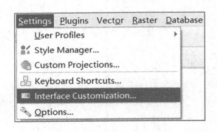

图 2-11　在菜单栏中选择【 Settings 】|
【 Interface Customization… 】命令

（1）在菜单栏中选择【 Settings 】|【 Interface Customization… 】命令，并弹出相应对话框（图 2-11）。

（2）在弹出的【 Interface Customization 】对话框中（图 2-12），可以启用或停用 QGIS 中浏览面板（ Browser ）中的各种数据源、各种类型的面板（ Docks ）、各种类型的菜单（ Menus ）及其中的命令、状态栏（ StatusBar ）中的各种功能、各类工具栏（ Toolbars ）及其中的功能、各种对话框中的选项及按钮等组件（ Widgets ）。

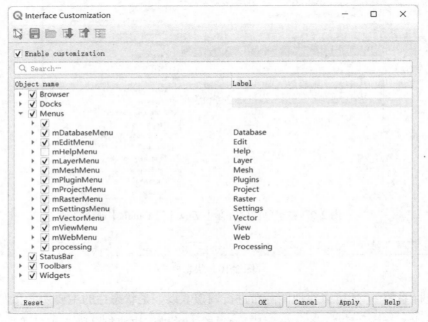

图 2-12　【 Interface Customization 】对话框

（3）以下介绍自定义设置的具体方法。想要启用或停用的工具/功能/命令/选项，直接在【 Interface Customization 】对话框中的列表中找到其名称，勾选（或取消勾选）即可（图 2-12）。此外，还可以通过点击对话框中的 按钮，直接在屏幕窗口中捕捉点击想要启用或停用的工具（或功能、命令、选项）的图标（图标底色变为粉色代表停用 ）。设置完毕后，重启 QGIS 软件，已停用的工具/功能/命令/选项的图标不再显示在图形界面中。

2.3　加　载　数　据

QGIS 支持多种类型和格式的地理空间数据。除了支持加载以文件形式存储的数据，还支持访问空间数据库中的数据，如 PostGIS、MSSQL Spatial 等空间数据库。此外，QGIS 还能够使用并加载 Web 空间数据，如谷歌地图和高德地图提供的切片数据。本章主要介绍文件数据的加载方法。

2.3.1　数据源管理器

在 QGIS 中加载任何类型的数据时，一般均需要通过数据源管理器（Data Source Manager）。数据源管理器可以通过在菜单栏中选择【Layer】|【Data Source Manager】命令打开，也可以通过选择【Layer】|【Add Layer】命令打开数据源管理器（图 2-13）。

图 2-13　在菜单栏中打开数据源管理器

QGIS 中的数据源管理器如图 2-14 所示。其中各个选项卡的功能如下。

- 【Browser】：浏览本机文件目录和空间数据库。
- 【Vector】：加载矢量数据。
- 【Raster】：加载栅格数据。
- 【Mesh】：加载网格数据。
- 【Point Cloud】：加载点云数据。
- 【Delimited Text】：加载分隔文本数据。
- 【GeoPackage】：加载 GeoPackage 数据，GeoPackage 数据是由开源地理空间基金会（Open Geospatial Consortium，OGC）制定的数据格式。
- 【GPS】：加载 GPX 数据，GPX 数据是一种通用 GPS 数据格式。
- 【SpatiaLite】：访问并加载 SpatiaLite 数据库中的数据。
- 【PostgreSQL】：访问并加载 PostgreSQL 数据库中的数据。
- 【MSSQL】：访问并加载 MSSQL 数据库中的数据。
- 【Oracle】：访问并加载 Oracle Spatial 数据库中的数据。
- 【Virtue Layer】：加载虚拟数据图层。
- 【SAP HANA】：访问并加载 SAP HANA 数据库中的数据。
- 【WMS/WMTS】：加载网络地图服务（web map service，WMS）/网络地图瓦片服务（web map tile service，WMTS）网络数据。
- 【WFS/OGC API - Features】：加载网络要素服务（web feature service，WFS）网络

数据。

- 【WCS】：加载网络覆盖服务（web coverage service，WCS）网络数据。
- 【XYZ】：加载 XYZ 瓦片图像数据。
- 【Vector Tile】：加载矢量切片数据。
- 【ArcGIS REST Server】：访问并加载 ArcGIS Server 平台发布的数据。
- 【GeoNode】：访问并加载 GeoNode 平台发布的数据。

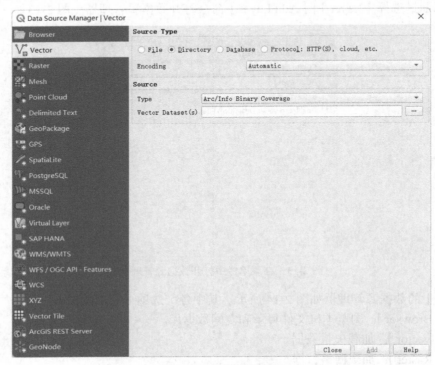

图 2-14　数据源管理器

2.3.2　加载矢量数据

QGIS 中支持的矢量数据格式有 Shapefile、DXF/DMG、GPX、Coverage 等类型。本节以文件形式（Shapefile）和 Coverage 格式的矢量数据为例，介绍如何在 QGIS 中加载矢量数据。

1. 加载文件形式的矢量数据

（1）文件形式的矢量数据比较常见，例如，Shapefile、GPX 数据均是以文件形式储存。在打开此类型的矢量数据时，首先在菜单栏中选择【Layer】|【Add Layer】|【Add Vector Layer…】命令打开数据源管理器（图 2-15）。

（2）在弹出的数据源管理器窗口（图 2-16）中，在【Vector】选项卡中的【Source Type】选项中勾选【File】文件类型。然后，在【Source】选项中选择矢量数据所在位置。最后，点击右下角的【Add】按钮，矢量数据图层即可加载。

此外，还可以直接在【Browser】面板中双击，或者点击选中并拖动想要加载的矢量数据至下方的【Layers】面板中完成数据加载。

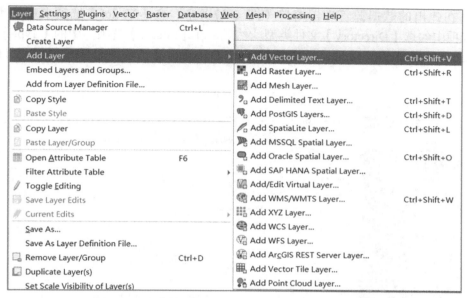

图 2-15　在菜单栏中选择【Add Vector Layer…】命令

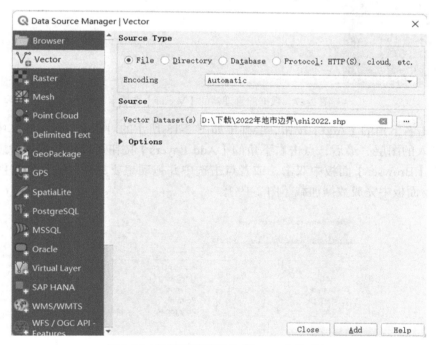

图 2-16　数据源管理器的【Vector】选项卡

2. 加载 Coverage 格式的矢量数据

（1）Coverage 格式的矢量数据不像 Shapefile 格式的数据以文件形式储存。Coverage 格式的数据不存在数据的主文件，其由两个文件夹组成。一个文件夹用于存储拓扑数据，该文件夹的名称即为 Coverage 格式数据的名称；另一个文件夹用于存储属性信息，名称为"info"。首先在菜单栏中选择【Layer】|【Add Layer】|【Add Vector Layer…】命令打开数据源管理器（图 2-15）。

（2）在弹出的数据源管理器窗口（图 2-17）中，在【Vector】选项卡中的【Source Type】选项中勾选【Directory】文件类型。然后，在【Source】选项卡中的【Type】选项中选择"Arc/Info Binary Coverage"，并在【Vector Dataset(s)】选项中选择拓扑数据文件夹的存储路径。

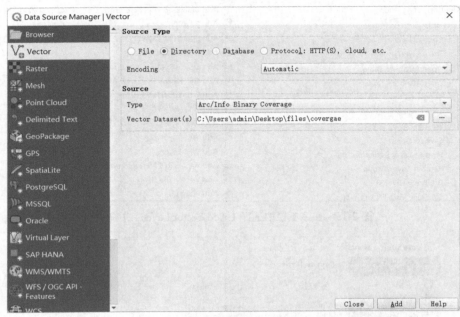

图 2-17　数据源管理器的【Vector】选项卡

（3）点击右下角的【Add】按钮，会弹出如图 2-18 所示的对话框。可以在其中通过点击选择需要导入的图层。最后，点击右下角的【Add Layers】按钮可以将数据加载。此外，还可以直接在【Browser】面板中双击，或者点击选中并拖动想要加载的矢量数据图层至下方的【Layers】面板中完成数据加载（图 2-19）。

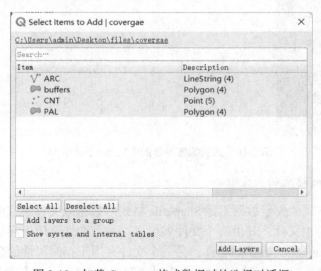

图 2-18　加载 Coverage 格式数据时的选择对话框

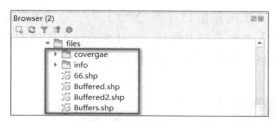

图 2-19　【Browser】面板的 Coverage 格式数据

2.3.3　加载栅格数据并创建金字塔

目前 QGIS 支持的栅格数据格式主要有 Arc/Info Binary Grid、Arc/Info ASCII Grid、GRASS Raster、GeoTIFF、JPEG、Spatial Data Transfer Standard Grids、USGS ASCII DEM 和 Erdas Imagine，详见 https://www.osgeo.cn/qgis-tutorial/imagery-raster-data-format.html。栅格数据金字塔（pyramids）是通过连续、多次改变栅格数据的分辨率生成的，如图 2-20 所示。金字塔可以帮助加快栅格数据的显示速度。本节对在 QGIS 中加载栅格数据并创建栅格数据金字塔的方法进行介绍。

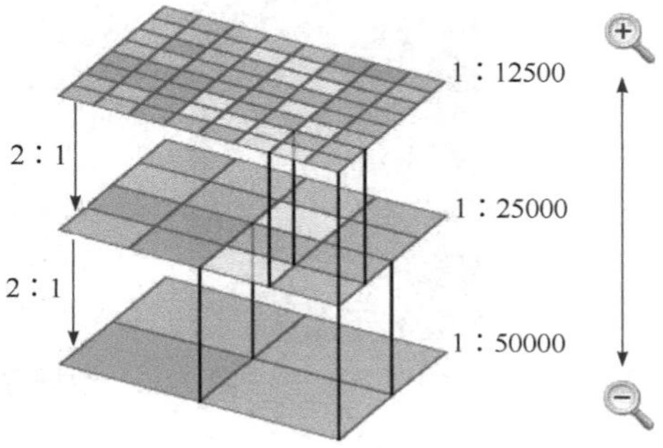

图 2-20　金字塔示例
（https://desktop.arcgis.com/zh-cn/arcmap/latest/manage-data/raster-and-images/raster-pyramids.htm）

1. 加载栅格数据

（1）在菜单栏中选择【Layer】|【Add Layer】|【Add Raster Layer...】命令打开数据源管理器（图 2-21）。

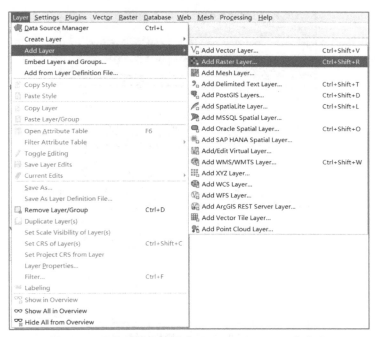

图 2-21　在菜单栏中选择【Add Raster Layer...】命令

（2）在弹出的数据源管理器窗口（图 2-22）中，在【Raster】选项卡中的【Source Type】选项中勾选【File】文件类型。然后，在【Source】选项中选择栅格数据所在位置。最后，点击右下角的【Add】按钮，栅格数据图层即可加载。

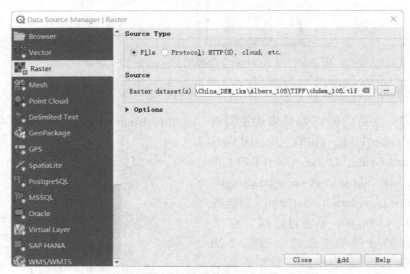

图 2-22　数据源管理器的【Raster】选项卡

此外，还可以直接在【Browser】面板中双击，或者点击选中并拖动想要加载的栅格数据至下方的【Layers】面板中，从而加载栅格数据（图 2-23）。

图 2-23　加载栅格数据

2. 创建栅格数据金字塔

为栅格数据创建金字塔，既可以在【Layer Properties】图层属性对话框中进行设置，还可以通过菜单栏中的【Raster】|【Miscellaneous】|【Build overviews（pyramids）…】命令，或通过在工具箱中选择【GDAL】|【Raster Miscellaneous】|【Build overviews（pyramids）…】工具创建栅格数据金字塔。本节仅对在【Layer Properties】图层属性对话框中设置栅格数据金字塔的方法进行介绍。

（1）在【Layers】面板中，右键点击栅格数据图层，并在弹出的菜单中选择【Properties】命令。随后弹出【Layer Properties】对话框，并在对话框中选择【Pyramids】选项卡。

（2）在【Layer Properties】对话框的【Pyramids】选项卡中，【Resolutions】列表中为栅格数据金字塔中各个分辨率级别下的栅格数据（ 表示没有创建该分辨率下的栅格数据， 表示已创建该分辨率下的栅格数据）（图 2-24）。

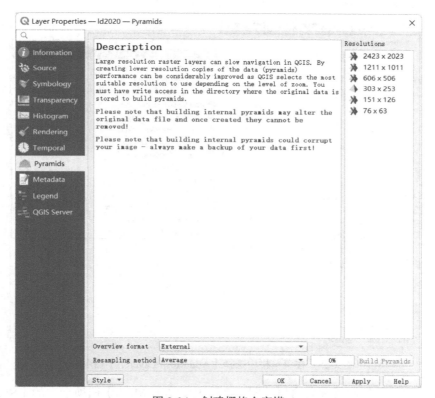

图 2-24　创建栅格金字塔

（3）若想创建包含不同分辨率级别栅格数据的金字塔，可以在【Resolutions】选项卡列表中点击选中对应的分辨率级别（可以多选，再点击一次即可取消选中）。然后，在【Overview format】选项中选择栅格数据金字塔所在位置，其中包括【Internal（if possible）】（尽量在数据文件内部）、【External】（在影像数据外部）和【External（Erdas Image）】（在ERDAS 影像数据外部）三种选择。在【Resampling method】选项中可以选择重采样方法，包含最近邻法（Nearest Neighbor）、平均值法（Average）等 8 种方法。最后，点击【Build

Pyramids】按钮即可完成栅格金字塔的创建。

2.3.4　加载网格数据

QGIS 支持多种网格（或称为网状，mesh）数据格式，主要包括网络通用数据格式（network common data form，NetCDF）、二维网状文件（2D mesh files）、不规则三角网（triangulated irregular network，TIN）、二进制的通用规则分布信息（general regularly-distributed information in binary form，GRIB）、可扩展模型数据格式（extensible model data format，XMDF）等。其中最常用的是 NetCDF 格式，常见于遥感数据处理、气候变化模型等研究中。本节以 NetCDF 格式的数据为例，介绍如何在 QGIS 中加载网格数据并进行渲染。

（1）在菜单栏中选择【Layer】|【Add Layer】|【Add Mesh Layer...】命令打开数据源管理器（图 2-25）。

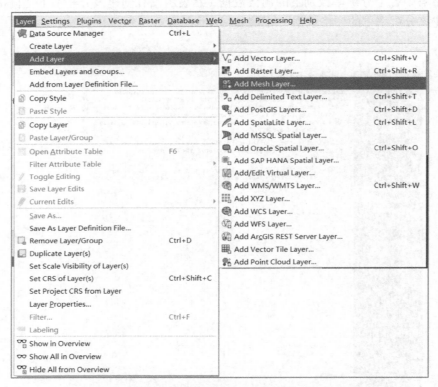

图 2-25　在菜单栏中选择【Add Mesh Layer...】命令

（2）在弹出的数据源管理器窗口（图 2-26）中，在【Mesh】选项卡中的【Source】选项中选择网格数据所在位置。最后，点击右下角的【Add】按钮，网格数据图层即可加载。此外，还可以直接在【Browser】面板中双击，或者点击选中并拖动想要加载的网格数据至下方的【Layers】面板中完成数据加载。

（3）在【Layer Styling】面板中，可以对网格数据图层的渲染方式进行设置。在【Symbology】选项卡中包含五个子选项卡，其主要功能如下。

在【Datasets】子选项卡（图 2-27）中，可以在【Groups】列表中查看网格数据中的所有数据集；在【Selected Dataset Group(s) Metadata】中可以查看选中数据集的元数据；在

【Blending mode】选项中可以设置图像的混合模式。

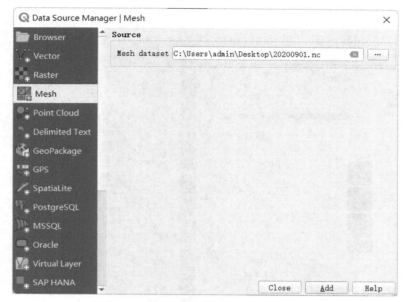

图 2-26　数据源管理器的【Raster】选项卡

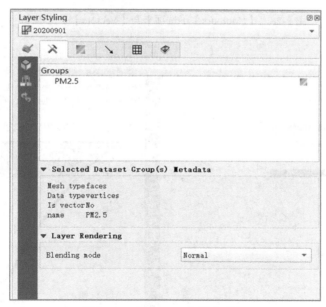

图 2-27　【Datasets】子选项卡

在【Contours】子选项卡中，可以设置网格图层的等值渲染方式，在【Vectors】子选项卡中，可以设置网格图层的矢量渲染方式。不同数据信息可以采用不同的渲染方式，如果渲染方式可用，则选项卡界面呈现彩色，并可以对选项进行设置。否则，选项卡界面呈现灰色（图 2-28）。

在【Rendering】子选项卡中，可以设置显示网格的形式（网格或三角网格）、网格线条宽度和颜色。在【Stack mesh averaging method】子选项卡中，可以选择 3D 网格数据压缩成

2D 数据集的方法（图 2-29）。

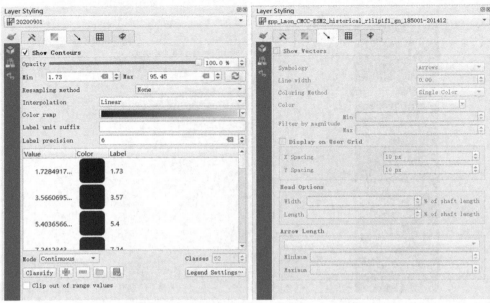

（a）【Contours】子选项卡　　　　　　　　（b）【Vectors】子选项卡

图 2-28　【Contours】子选项卡与【Vectors】子选项卡

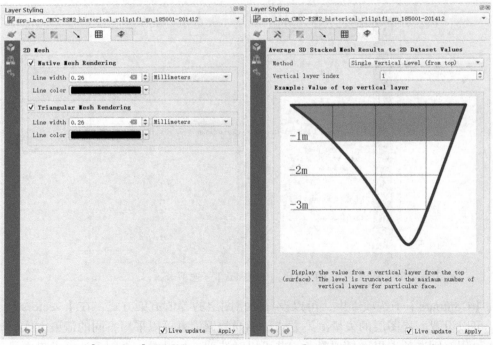

（a）【Rendering】子选项卡　　　　　（b）【Stack mesh averaging method】子选项卡

图 2-29　【Rendering】子选项卡与【Stack mesh averaging method】子选项卡

第 3 章 矢量数据的编辑与处理

3.1 预处理已有矢量数据

3.1.1 坐标系变换

在 QGIS 中，进行坐标系变换有 3 种实现途径：直接变换显示状态下的坐标系、通过导出图层变换坐标系、利用处理工具变换坐标系。以下将分别对其进行介绍。

1. 直接变换显示状态下的坐标系

在图层列表中右键点击图层，在弹出的菜单中选择【Properties...】命令（图3-1）。在随后弹出的对话框中选择【Source】选项卡，点击【Assigned Coordinate Reference System(CRS)】选项右侧的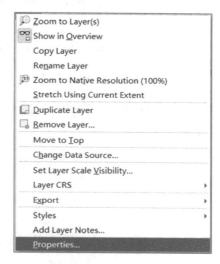按钮（图3-2），并在弹出的对话框中设置图层坐标系，最后点击【OK】按钮即可（图 3-3）。需要注意的是，该方法并未对原始数据的坐标系信息做出改变，只改变了在图层显示状态下的坐标系信息。

图3-1 在菜单中选择【Properties...】命令

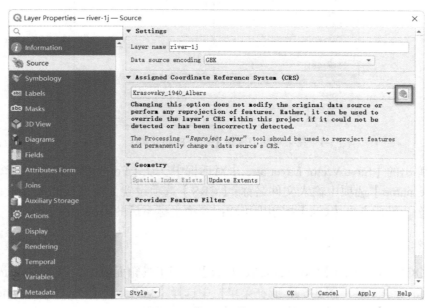

图3-2 【Source】选项卡

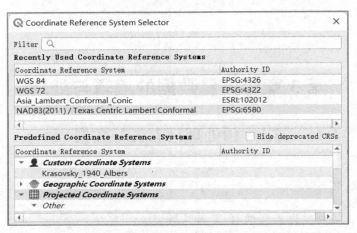

图 3-3　【Coordinate Reference System Selector】对话框（部分）

2. 通过导出图层变换坐标系

（1）在图层列表中右键点击图层，在弹出的菜单中选择【Export】|【Save Features As...】命令（图 3-4）。

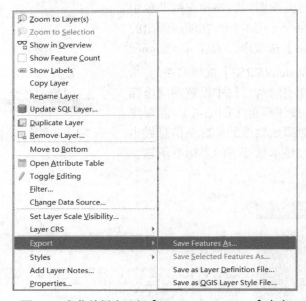

图 3-4　在菜单栏中选择【Save Features As...】命令

（2）在弹出的【Save Vector Layer as...】对话框中，在【Format】选项中选择输出文件格式；在【File name】选项中输入文件名称；【CRS】选项设置为要变换的坐标系；其余选项保持默认状态，最后点击【OK】按钮即可输出变换坐标系后的图层（图 3-5）。

3. 利用处理工具变换坐标系

（1）在 QGIS 软件中的【Processing Toolbox】处理工具箱面板中，选择【Vector general】|【Reproject layer】工具（图 3-6），或在菜单栏中选择【Vector】|【Data Management Tools】|【Reproject Layer...】命令（图 3-7）。

图 3-5　【Save Vector Layer as...】对话框选项设置　　图 3-6　在工具箱中选择【Reproject layer】工具

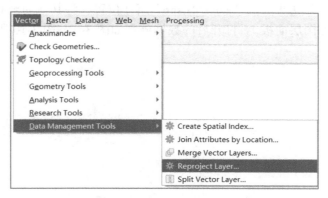

图 3-7　在菜单栏中选择【Reproject Layer...】命令

（2）在【Reproject Layer】窗口（图 3-8）中进行详细的设置。在【Input layer】选项中选择需要变换坐标系的矢量数据；在【Target CRS】选项中，选择变换后的坐标系。最后，点击【Run】按钮即可。

3.1.2　矢量裁剪

矢量裁剪指对矢量数据进行裁剪，主要可通过"按任意范围裁剪（Clip）"和"按矩形范围裁剪（Extract/Clip by extent）"两种途径实现该操作。本节将对以上两种途径实现矢量裁剪的操作过程进行详细介绍。

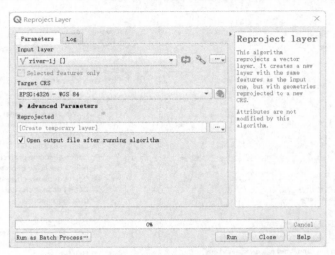

图 3-8　【Reproject Layer】工具选项设置

1. 按任意范围裁剪

按任意范围裁剪指通过参照矢量面要素的空间范围裁剪目标矢量数据，其中矢量面要素可以为任意形状。为演示功能，本节将"中国一级河流分布数据"裁剪为"H 区域一级河流分布数据"。输入数据为中国一级河流分布数据和 H 区域边界数据。中国一级河流分布数据来自中国科学院资源环境科学与数据中心（https://www.resdc.cn/data. aspx?DATAID=221），H 区域边界数据已随书发布。具体步骤如下。

（1）在浏览面板（Browser）中双击展开文件目录，找到下载的中国一级河流分布数据"river-1j.shp"和 H 区域边界数据"Zone_H.shp"所在位置，将其拖动至 QGIS 界面右侧的显示区（或拖动至下方图层面板）。打开后的数据分别如图 3-9 与图 3-10 所示。

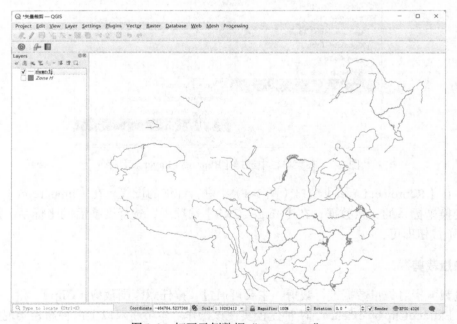

图 3-9　打开示例数据"river-1j.shp"

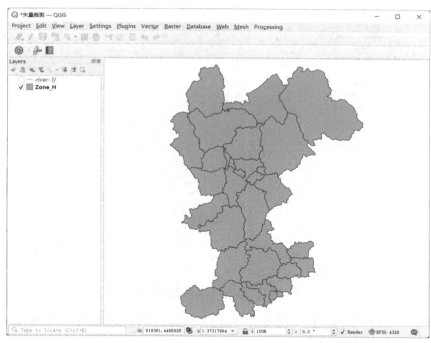

图 3-10　打开示例数据 "Zone_H.shp"

（2）在 QGIS 软件中的【Processing Toolbox】处理工具箱面板中，选择【Vector overlay】|【Clip】工具，如图 3-11 所示。

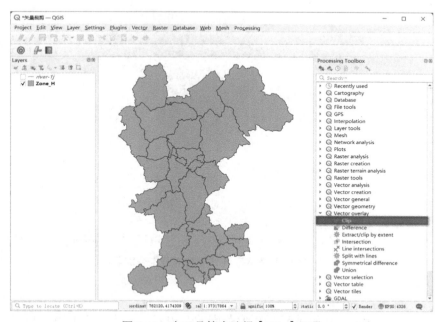

图 3-11　在工具箱中选择【Clip】工具

（3）在【Clip】窗口（图 3-12）中进行详细的设置。在【Input layer】选项中选择被裁剪的目标矢量数据 "river-1j"；在【Overlay layer】选项中，选择参照矢量面数据 "Zone_H"；在【Clipped】选项中，可对结果文件输出位置进行设置，本节不作设置。

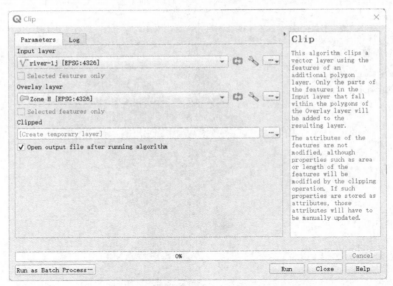

图 3-12　【Clip】工具选项设置

（4）最后，点击【Run】按钮运行该工具，运行成功后会自动加载结果，即图层"Clipped"，如图 3-13 所示。

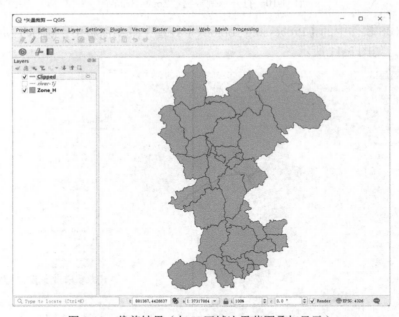

图 3-13　裁剪结果（与 H 区域边界范围叠加显示）

2. 按矩形范围裁剪

按矩形范围裁剪指通过设置或获得矩形范围的左边界、右边界、上边界和下边界裁剪目标矢量面要素。本小节对中国一级河流分布数据进行裁剪，并最终得到 H 区域一级河流分布数据。输入数据与第 1 小节中"按任意范围裁剪"相同。具体步骤如下。

（1）在浏览面板（Browser）中，找到下载的中国一级河流分布数据"river-1j.shp"和 H 区域边界数据"Zone_H.shp",将其拖动至 QGIS 界面右侧的显示区(或拖动至下方图层面板)。

(2)在QGIS软件中的【Processing Toolbox】处理工具箱面板中,选择【Vector overlay】|【Extract/clip by extent】工具,如图 3-14 所示。

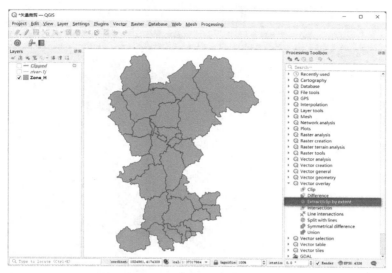

图 3-14　在工具箱中选择【Extract/clip by extent】工具

(3)在【Extract/Clip by Extent】窗口(图 3-15)中进行详细的设置。在【Input layer】选项中选择被裁剪的目标矢量数据"river-1j.shp";在【Extent】选项中,可手动输入或获取矩形范围的左边界、右边界、下边界和上边界,并勾选【Clip features to extent】复选框。

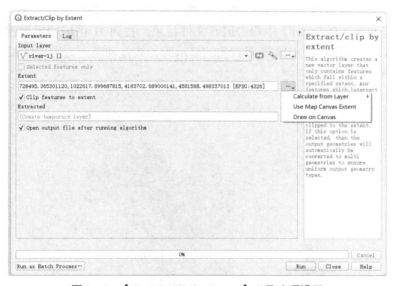

图 3-15　【Extract/Clip by Extent】工具选项设置

矩形范围可通过三种方式获取:一是点击下拉按钮中的【Calculate from Layer】选项,可获得图层空间范围作为矩形范围;二是点击下拉按钮中的【Use Map Canvas Extent】选项,可获得地图视图的显示范围作为矩形范围;三是点击下拉按钮中的【Draw on Canvas】选项,可在地图视图中绘制特定矩形区域作为矩形范围。

（4）最后，点击【Run】按钮运行该工具，运行成功后会自动加载结果，即图层"Extracted"，如图 3-16 所示。

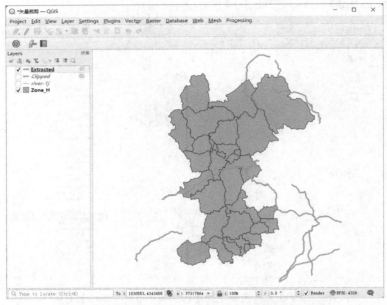

图 3-16   裁剪结果（与 H 区域边界范围叠加显示）

3.1.3   联合

联合的处理对象是两个面要素数据，处理结果是两个面要素数据的并集。本节对 H 区域边界数据和 F 区域边界数据（均已随书发布）进行联合操作。具体步骤如下。

（1）在浏览面板（Browser）中双击展开文件目录，找到 H 区域边界数据和 F 区域边界数据所在位置，将其拖动至 QGIS 界面右侧的显示区（或拖动至下方图层面板），打开后的数据如图 3-17 与图 3-18 所示。

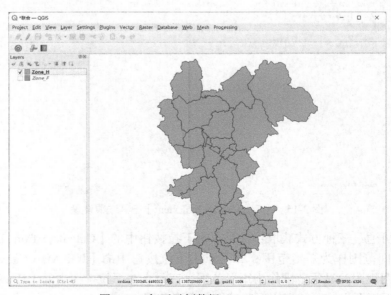

图 3-17   打开示例数据 "Zone_H.shp"

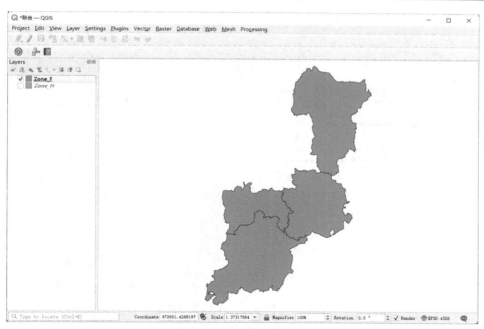

图 3-18　打开示例数据 "Zone_F.shp"

（2）在 QGIS 软件中的【Processing Toolbox】处理工具箱面板中，选择【Vector overlay】|【Union】工具，如图 3-19 所示。

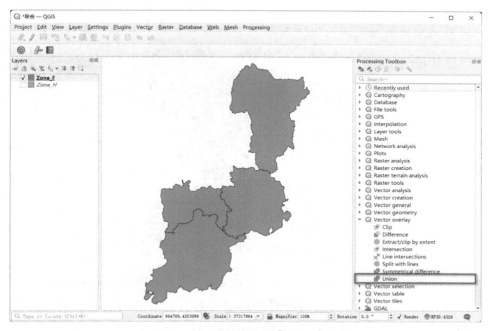

图 3-19　在工具箱中选择【Union】工具

（3）在【Union】窗口（图 3-20）中进行详细的设置。在【Input layer】选项中选择 H 区域边界数据 "Zone_H"；在【Overlay layer】选项中，选择 F 区域边界数据 "Zone_F"。

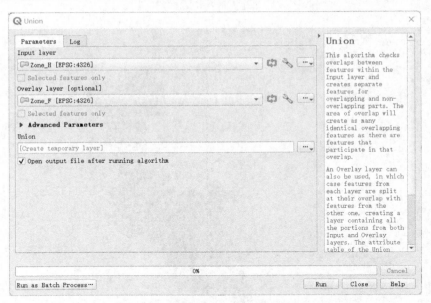

图 3-20　【Union】工具选项设置

（4）最后，点击【Run】按钮运行该工具，运行成功后会自动加载结果，即图层"Union"，如图 3-21 所示。

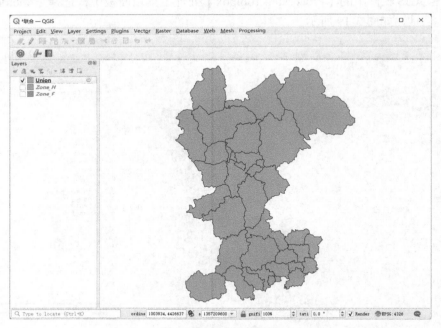

图 3-21　联合操作结果

3.1.4　融合

融合是指根据某一字段或几个字段对矢量要素合并。本节对 H 区域边界数据进行融合操作，将属于同一地级市的县级行政区进行合并。具体步骤如下。

（1）在浏览面板（Browser）中双击展开文件目录，找到 H 区域边界数据所在位置，将其拖动至 QGIS 界面右侧的显示区（或拖动至下方图层面板），打开后的数据如图 3-22 所示，其属性表如图 3-23 所示。

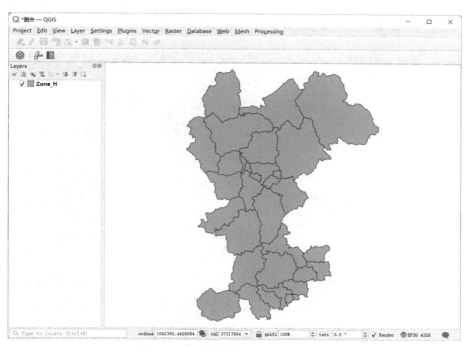

图 3-22　打开示例数据"Zone_H.shp"

	NAME	PAC	Shape Leng	Shape Area	sheng	shi	xian code	AREA
1	安新县	130632	2.08375676140	0.07534483838	13	1306	130632	725884599.24...
2	北市区	130603	0.48986688439	0.00847760929	13	1306	130603	81648453.717...
3	定兴县	130626	1.75475042784	0.07467583457	13	1306	130626	716121407.84...
4	阜平县	130624	2.62214748114	0.25907793143	13	1306	130624	2495499150.0...
5	高碑店市	130684	1.94825337198	0.07033934966	13	1306	130684	674026439.86...
6	满城县	130621	2.73348014153	0.06846974472	13	1306	130621	658757472.47...
7	容城县	130629	1.34191801881	0.03230465105	13	1306	130629	310454166.58...
8	顺平县	130636	1.84059612636	0.07409029165	13	1306	130636	713322570.87...
9	唐县	130627	2.69653432105	0.14680365135	13	1306	130627	1413857784.8...
10	新市区	130602	0.69126664279	0.01561135516	13	1306	130602	150378336.08...
11	雄县	130638	1.52910097538	0.05379545921	13	1306	130638	517091960.76...
12	徐水县	130625	1.79841272235	0.0751660823	13	1306	130625	722525358.76...
13	易县	130633	3.24770102309	0.2649903554	13	1306	130633	2537442725.1...
14	涞水县	130623	3.87552970861	0.17301901204	13	1306	130623	1649789592.2...
15	涞源县	130630	3.36790911533	0.25512823222	13	1306	130630	2441306436.4...
16	涿州市	130681	1.98385510497	0.07855672375	13	1306	130681	750471911.26...
17	承德县	130821	5.47902263680	0.42684486938	13	1308	130821	3990399255.7...
18	丰宁满族自治县	130826	5.84620185151	0.94111214883	13	1308	130826	8738577942.1...
19	隆化县	130825	5.70126213898	0.5900684835	13	1308	130825	5471272429.1...
20	滦平县	130824	4.39989219399	0.34147401433	13	1308	130824	3194636160.2...

图 3-23　示例数据属性表

（2）在 QGIS 软件中的【Processing Toolbox】处理工具箱面板中，选择【Vector geometry】|【Dissolve】工具，如图 3-24 所示。

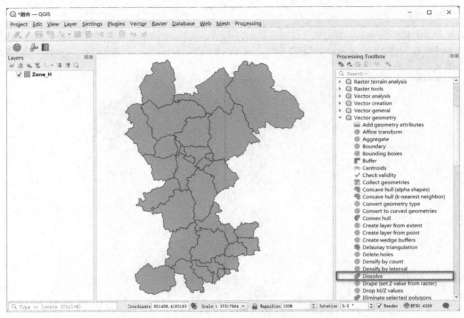

图 3-24　在工具箱中选择【Dissolve】工具

（3）在【Dissolve】窗口（图 3-25）中进行详细的设置。在【Input layer】选项中选择 H 区域边界数据"Zone_H"；在【Dissolve field(s)】选项中选择"shi"，通过该字段代表的地级市属性将属于同一地级市的县级行政区进行合并（图 3-26）。

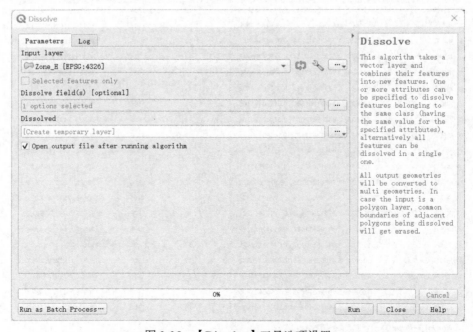

图 3-25　【Dissolve】工具选项设置

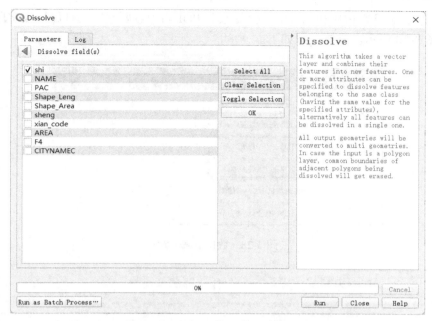

图 3-26　【Dissolve】工具【Dissolve field(s)】选项设置

（4）最后，点击【Run】按钮运行该工具，运行成功后会自动加载结果，即图层"Dissolved"，如图 3-27 所示。

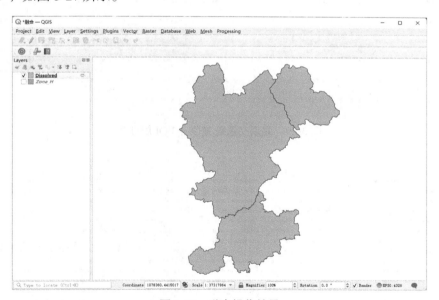

图 3-27　融合操作结果

3.1.5　合并

合并的处理对象是要素类型相同且属性表字段相同的两个矢量数据，合并的处理结果是将两个矢量数据合并后的新矢量数据。

本节对北京交通设施服务兴趣点（point of interest，POI）和北京医疗保健服务 POI 进行合并操作。数据下载链接为 https://www.resdc.cn/data.aspx?DATAID=341，如图 3-28 所示。其中，北京交通设施服务 POI 和北京医疗保健服务 POI 均为点要素数据且属性表字段相同，如图 3-29 与图 3-30 所示。具体步骤如下。

数据名	操作
上海体育休闲服务.rar	下载
上海金融保险服务.rar	下载
北京交通设施服务.rar	下载
北京医疗保健服务.rar	下载
北京政府机构及社会团体.rar	下载
北京科教文化服务.rar	下载

图 3-28　数据下载示意

图 3-29　北京交通设施服务 POI 属性表

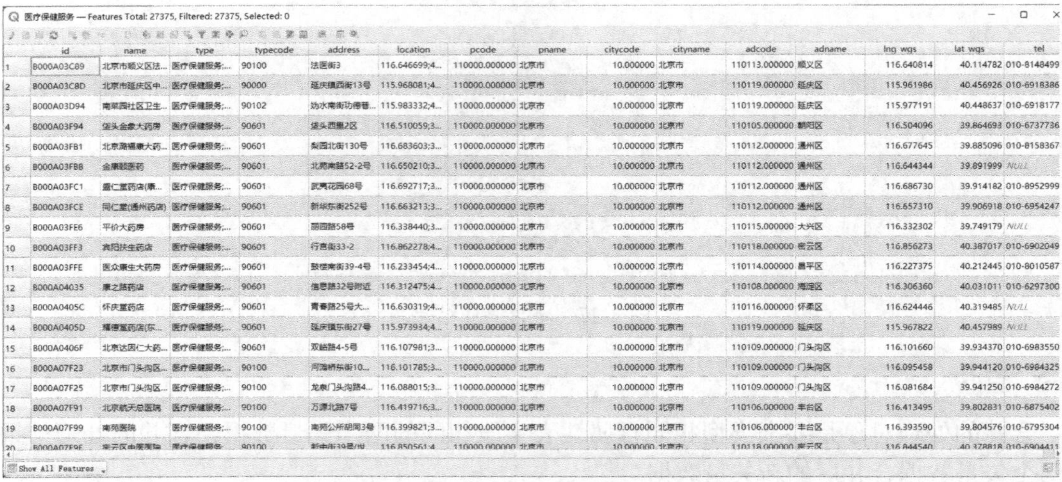

图 3-30　北京医疗保健服务 POI 属性表

（1）在浏览面板（Browser）中双击展开文件目录，找到下载的北京交通设施服务 POI 数据"交通设施服务.shp"和北京医疗保健服务POI数据"医疗保健服务.shp"所在位置，将其拖动至 QGIS 界面右侧的显示区（或拖动至下方图层面板），打开后的数据如图 3-31 与图 3-32 所示。

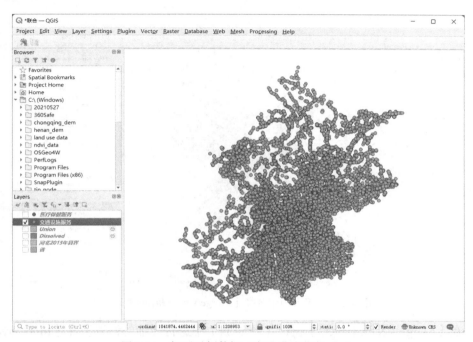

图 3-31　打开示例数据"交通设施服务.shp"

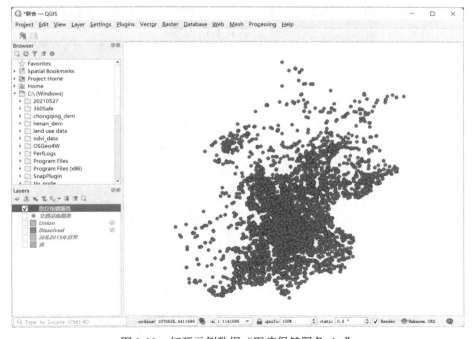

图 3-32　打开示例数据"医疗保健服务.shp"

（2）在 QGIS 软件中的【Processing Toolbox】处理工具箱面板中，选择【Vector general】|【Merge vector layers】工具，如图 3-33 所示。

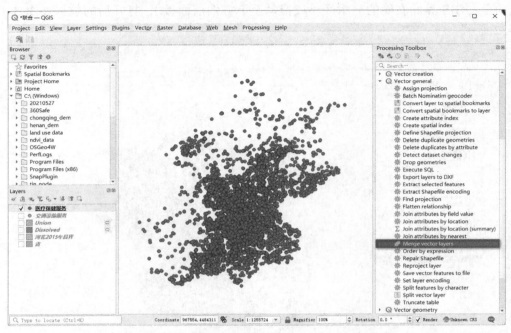

图 3-33　在工具箱中选择【Merge vector layers】工具

（3）在【Merge Vector Layers】窗口（图 3-34）中进行详细的设置。在【Input layers】选项中选择要进行合并操作的矢量图层，本例选择"交通设施服务"和"医疗保健服务"图层（图 3-35）。在【Destination CRS】选项中，可以选择输出数据的参考坐标系；在【Merged】选项中，可对结果文件输出位置进行设置，本节不作设置。

图 3-34　【Merge Vector Layers】工具选项设置

图 3-35　【Merge Vector Layers】工具【Input layers】选项设置

（4）最后，点击【Run】按钮运行该工具，运行成功后会自动加载结果，即图层"Merged"，如图 3-36 所示，即两个图层合并后的结果。

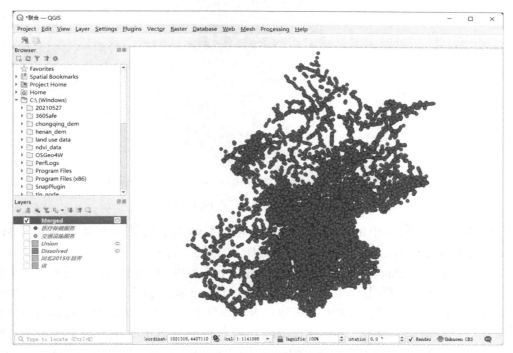

图 3-36　合并操作结果

3.2　创建全新的矢量数据

3.2.1　点要素的创建：随机点要素

本节分为两部分，分别是"在面要素内部生成随机点"和"沿线要素创建随机点"。

1. 在面要素内部生成随机点

作为示例，本书依然选择 H 区域边界数据（已随书发布），此处演示在该边界数据内生成随机点，并规定在每个县级行政区内生成 5 个随机点。具体步骤如下。

（1）在浏览面板（Browser）中，找到 H 区域边界数据（Zone_H.shp），将其拖动至 QGIS 界面右侧的显示区（或拖动至下方图层面板），打开后的数据如图 3-37 所示。

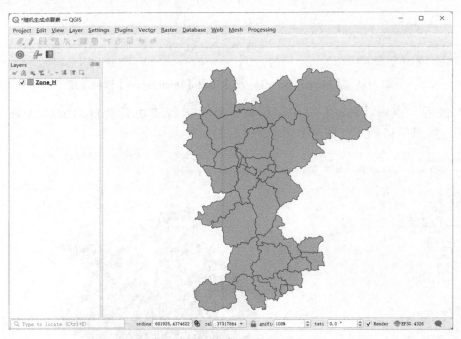

图 3-37　打开示例数据"Zone_H.shp"

（2）在 QGIS 软件中的【Processing Toolbox】处理工具箱面板中，选择【Vector creation】|【Random points inside polygons】工具，如图 3-38 所示。

（3）在【Random Points Inside Polygons】窗口（图 3-39）中进行详细的设置。在【Input layer】选项中选择面要素图层"Zone_H"。在【Sampling strategy】选项中，可选择"Points count"或"Points density"，前者对生成随机点的数量进行设置，后者对生成随机点的密度进行设置。在本例中，选择"Points count"。在【Points count or density】选项中，输入"5"，表示每个县级行政区内生成 5 个随机点。【Minimum distance between points】选项可对随机点间的最小间距进行设置，本例不作设置。

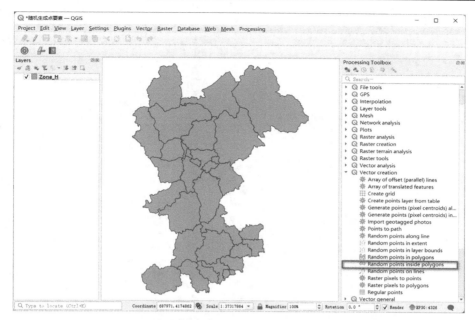

图 3-38 在工具箱中选择【Random points inside polygons】工具

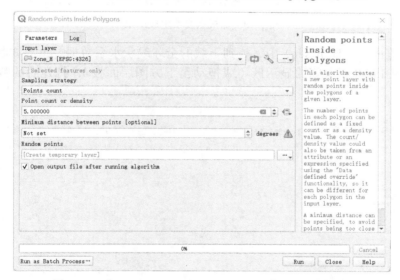

图 3-39 【Random Points Inside Polygons】工具选项设置

（4）最后，点击【Run】按钮运行该工具，运行成功后会自动加载结果，即图层 "Random points"，如图 3-40 所示。

2. 沿线要素创建随机点

本节演示在全球线状水系数据图层（https://www.resdc.cn/data.aspx?DATAID=210）中沿水系线生成随机点。具体步骤如下。

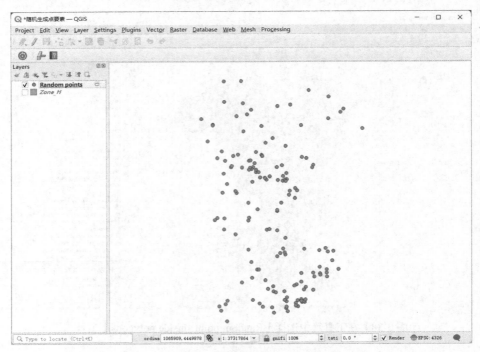

图 3-40　随机点要素生成结果

（1）在浏览面板（Browser）中，找到下载的全球线状水系数据"世界线状水系.shp"，将其拖动至 QGIS 界面右侧的显示区（或拖动至下方图层面板），打开后的数据如图 3-41所示。

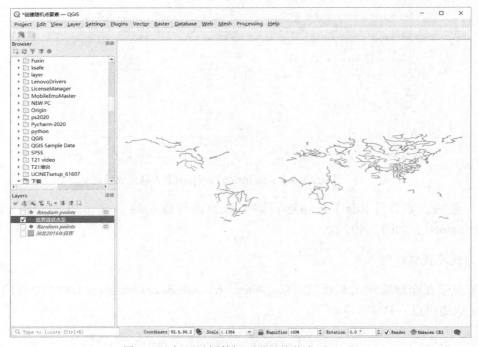

图 3-41　打开示例数据"世界线状水系.shp"

（2）在 QGIS 软件中的【Processing Toolbox】处理工具箱面板中，选择【Vector creation】|【Random points along line】工具，如图 3-42 所示。

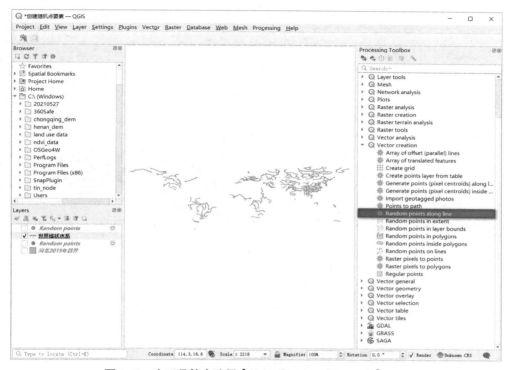

图 3-42　在工具箱中选择【Random points along line】工具

（3）在【Random Points Along Line】窗口（图 3-43）中进行详细的设置。在【Input layer】选项中选择线要素图层"世界线状水系"；在【Number of points】选项中，输入生成的随机点的数量 1000（该数值可根据需求自行设置）；在【Random points】选项中，设置输出文件路径，本例不作设置。

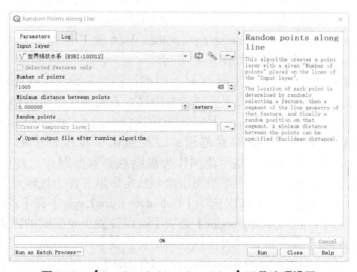

图 3-43　【Random Points Along Line】工具选项设置

（4）最后，点击【Run】按钮运行该工具，运行成功后会自动加载结果，即图层"Random points"，如图 3-44 所示。

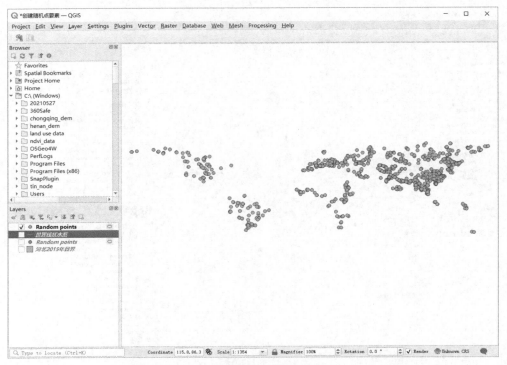

图 3-44　随机点要素生成结果

3.2.2　点要素的创建：规则点要素

本节以 H 区域边界数据的外接四边形为边界范围，生成规则的点要素。输入数据与 3.2.1 节相同。具体步骤如下。

（1）在浏览面板（Browser）中，找到 H 区域边界数据"Zone_H.shp"（已随书发布），将其拖动至 QGIS 界面右侧的显示区（或拖动至下方图层面板）。

（2）在 QGIS 软件中的【Processing Toolbox】处理工具箱面板中，选择【Vector creation】|【Regular points】工具，如图 3-45 所示。

（3）在【Regular Points】窗口（图 3-46）中进行详细的设置。在【Input extent】选项中，可手动输入或获取生成规则点要素区域的左边界、右边界、下边界和上边界。规则点要素区域的范围可通过三种方式获取：一是点击下拉按钮中的【Calculate from Layer】选项，可获得图层空间范围作为规则点要素范围；二是点击下拉按钮中的【Use Map Canvas Extent】选项，可获得地图视图的显示范围作为规则点要素范围；三是点击下拉按钮中的【Draw on Canvas】选项，可通过在地图视图中绘制特定区域并作为规则点要素范围。

本节在【Input extent】选项中依次选择【Calculate from Layer】和【Zone_H】，从而获得规则点要素范围；在【Point spacing/count】选项中可以设置点要素间的距离或数量，勾选下方的【Use point spacing】复选框即代表在该选项设置点要素间的距离，本例将点要素间的距离设置为"10000m"；【Initial inset from corner (LH) side】选项可设置点要素相对于空间范围左上角在 X 轴和 Y 轴方向的偏移量，本例不作设置；勾选【Apply random offset to point

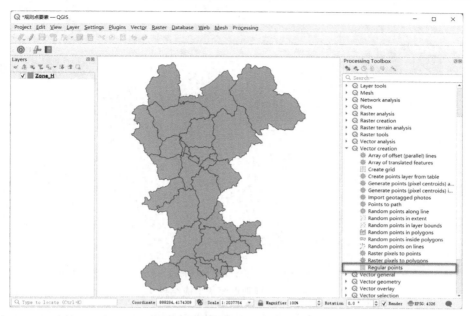

图 3-45 在工具箱中选择【Regular points】工具

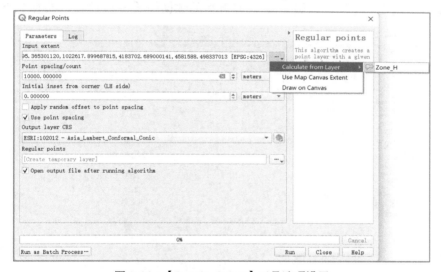

图 3-46 【Regular Points】工具选项设置

spacing】选项可为生成的点要素所在位置随机增加偏移距离，本例不作勾选；在【Output layer CRS】选项中可设置生成点要素的参考坐标系。

（4）最后，点击【Run】按钮运行该工具，运行成功后会自动加载结果，即图层 "Regular points"，如图 3-47 所示。

3.2.3 线要素的创建

在实际应用中，有时需要通过点要素及规定顺序创建线要素。例如，根据野外采样点的顺序，在 QGIS 中将野外采样点的位置相连以作为路径进行显示。本节依据自主设定的采样点（即模拟数据）对创建线要素的过程进行演示介绍。具体步骤如下。

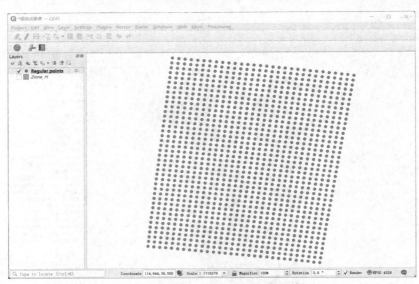

图 3-47　规则点要素生成结果

（1）在浏览面板（Browser）中找到采样点数据"数据样例.shp"，将其拖动至 QGIS 界面右侧的显示区（或拖动至下方图层面板）。打开后的数据如图 3-48 所示，共有 7 个点要素。

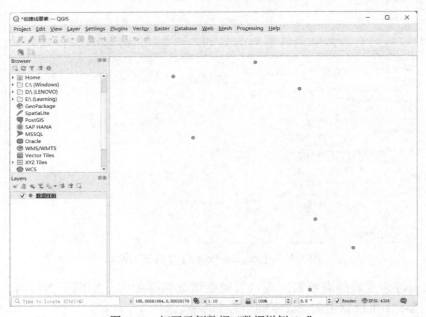

图 3-48　打开示例数据"数据样例.shp"

（2）在 QGIS 软件中的【Processing Toolbox】处理工具箱面板中，选择【Vector creation】|【Points to path】工具，如图 3-49 所示。

（3）在【Points to Path】窗口（图 3-50）中进行详细的设置。在【Input layer】选项中选择点要素图层"数据样例"；勾选【Create closed paths】复选框代表将线要素的起点和终点相连，生成闭合路径，本例不作勾选；在【Order expression】选项中，选择"OBJECTID_1"字段作为连点成线的顺序依据；在【Path group expression】选项中，可以选

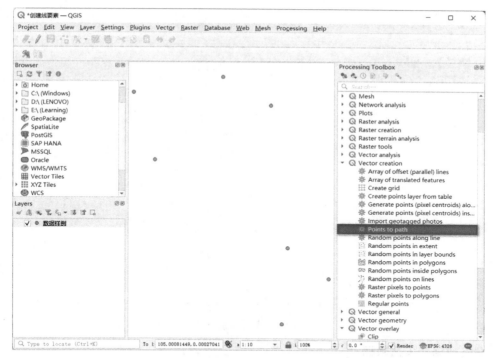

图 3-49　在工具箱中打开【Points to path】工具

图 3-50　【Points to Path】工具选项设置

择某一字段作为分组依据，依据字段中数字大小依序生成多个线要素，本例不作设置；在【Paths】选项中，可以设置输出文件路径；在【Directory for text output】选项中，可以设置输出点要素和生成线要素的描述文本路径。

（4）最后，点击【Run】按钮运行该工具，运行成功后会自动加载结果，即图层"Paths"，如图 3-51 所示。

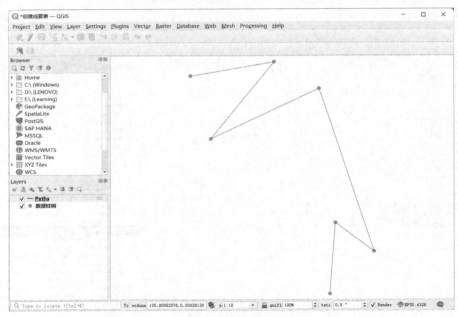

图 3-51　线要素生成结果

3.2.4　栅格数据转矢量数据

本节以 2018 年某市土地利用数据转换为矢量数据的过程为例，介绍栅格数据转矢量数据的过程。输入数据的空间分辨率为 30m（下文记为 LUCC30m），来源为中国科学院资源环境科学与数据中心（https://www.resdc.cn/DOI/DOI.aspx?DOIID=54）。具体步骤如下。

（1）在浏览面板（Browser）中找到下载的 LUCC30m 栅格数据 "ld2018.tif"，将其拖动至 QGIS 界面右侧的显示区（或拖动至下方图层面板）即可打开，打开后的数据如图 3-52 所示。

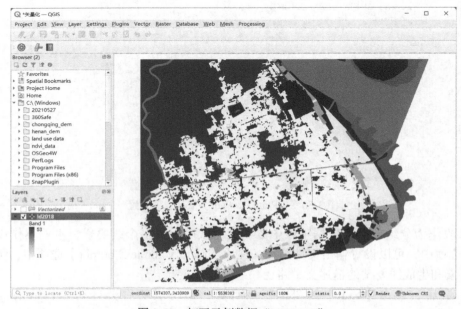

图 3-52　打开示例数据 "ld2018.tif"

（2）在 QGIS 软件中的【Processing Toolbox】处理工具箱面板中，选择【GDAL】|【Raster conversion】|【Polygonize (raster to vector)】工具，如图 3-53 所示。

（3）在【Polygonize (Raster to Vector)】窗口（图 3-54）中进行详细的设置。在【Input layer】选项中选择待转换的栅格数据"ld2018"；在【Band number】选项中，选择"Band 1"波段；在【Name of the field to create】中输入"class"作为生成的矢量图层中像元值所在的字段名称；勾选【Use 8-connectedness】复选框，可以开启 8 连通模式；在【Vectorized】选项中，可以设置输出文件路径。

（4）最后，点击【Run】按钮运行该工具，运行成功后会自动加载结果，即图层"Vectorized"，设置好分类色彩后如图 3-55 所示。

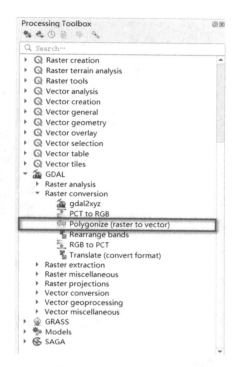

图 3-53　在工具箱中选择
【Polygonize (raster to vector)】工具

图 3-54　【Polygonize (Raster to Vector)】工具选项设置

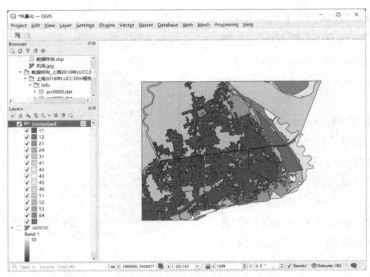

图 3-55　矢量数据转换结果

3.3　矢量数据的编辑与修正

3.3.1　基本编辑工具

【Digitizing Toolbar】（数字化工具栏）中的不同工具可以完成基本编辑操作，本节对数字化工具栏中常用的功能进行介绍。此外，对打开数字化工具栏、开始矢量编辑、结束并保存矢量编辑的操作过程进行介绍。

1. 打开数字化工具栏

（1）如图 3-56 所示，在菜单栏中，选择【View】|【Toolbars】|【Digitizing Toolbar】，打

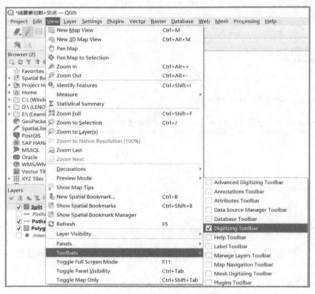

图 3-56　打开数字化工具栏

开数字化工具栏。

（2）数字化工具栏在 QGIS 界面中如图 3-57 所示，其中常用按钮的功能如表 3-1 所示。

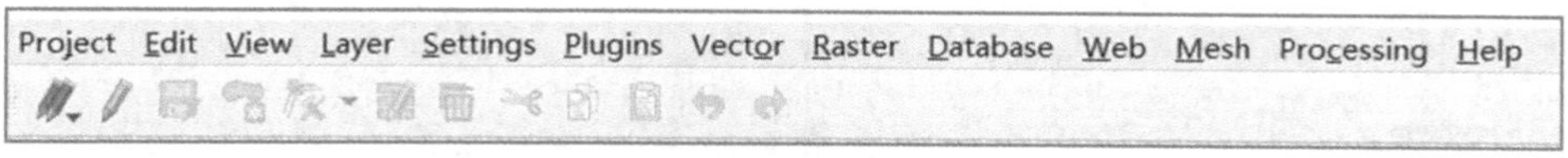

Project　Edit　View　Layer　Settings　Plugins　Vector　Raster　Database　Web　Mesh　Processing　Help

图 3-57　数字化工具栏图示

表 3-1　数字化工具栏常用按钮及功能

按钮	名称	功能
	Toggle Editing	切换编辑状态
	Current Edits	当前编辑工具
	Save Layer Edits	保存编辑内容
	Add Feature: Capture Polygon	新增面要素
	Add Circular String	新增线要素
	Add Feature: Capture Point	新增点要素
	Vertex Tool (Current Layer)	节点工具（当前图层）
	Vertex Tool (All Layers)	节点工具（所有图层）
	Delete Selected	删除要素
	Cut Features	剪切要素
	Copy Features	复制要素
	Paste Features	粘贴要素

2. 开始矢量编辑

（1）如图 3-58 所示，在图层面板【Layers】中，点击需要进行矢量编辑的图层，再点击数字化工具栏中的【Toggle Editing】按钮。

（2）图层进入可编辑状态后，图层图标如图 3-59 所示。

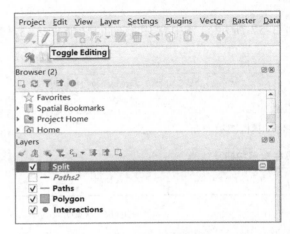

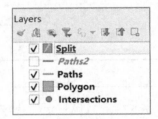

图 3-58　打开矢量图层的编辑模式　　　　　　图 3-59　进入可编辑状态的图层图标

3. 结束并保存矢量编辑

在结束编辑状态前，点击数字化工具栏中的【Save Layer Edits】按钮，保存矢量图层编辑内容（图 3-60）。再点击数字化工具栏中的【Toggle Editing】按钮，退出矢量图层编辑模式（图 3-61）。

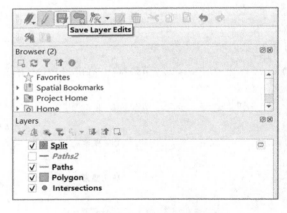

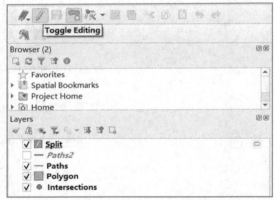

图 3-60　保存矢量图层编辑内容　　　　　　图 3-61　退出矢量图层编辑模式

3.3.2　要素捕捉

在进行要素编辑时，运用捕捉工具可使在编辑状态的要素节点根据预设的捕捉容差（捕捉容差是一个距离范围，在此距离范围内指针或要素将被捕捉到另一个位置），捕捉到其他的要素节点所在位置并重合。本节对要素捕捉的基本操作进行介绍。

（1）在菜单栏中，选择【View】|【Toolbars】|【Snapping Toolbar】，如图 3-62 所示，打开捕捉工具栏。捕捉工具栏在 QGIS 界面中如图 3-63 所示。

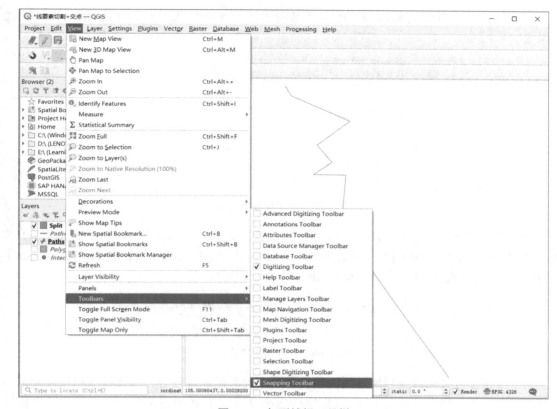

图 3-62　打开捕捉工具栏

图 3-63　捕捉工具栏图示

（2）选中图层后，点击 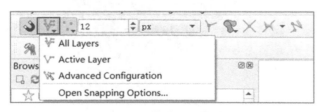 按钮（Enable Snapping）可打开要素捕捉模式。

（3）在捕捉工具栏的下拉菜单中可对捕捉范围进行设置（图 3-64）。选择【All Layers】代表捕捉所有图层；选择【Active Layer】代表捕捉选中图层；选择【Advanced Configuration】可以对每个图层的捕捉类型和容差进行设置；选择【Open Snapping Options…】打开捕捉选项。

图 3-64　设置捕捉范围

（4）在捕捉工具栏的下拉菜单中可对捕捉模式进行设置（图 3-65）。选择【Vertex】代表捕捉至节点；选择【Segment】代表捕捉至线段；选择【Area】代表捕捉至区域；选择【Middle of Segments】代表捕捉至线段中点；选择【Line Endpoints】代表捕捉至线段端点。此外，可在选项右侧的输入框设置捕捉容差，本例输入"12"代表捕捉容差为 12 个像素。

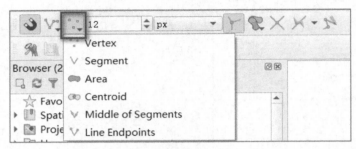

图 3-65　设置捕捉模式 1

（5）除以上模式之外，还能在工具栏中选择以下三种捕捉模式（图 3-66）。①为【Enable Topological Editing】（打开拓扑编辑模式）；②为【Enable Snapping on Intersection】（打开交点捕捉模式）；③为【Enable Tracing】（打开跟踪模式）。

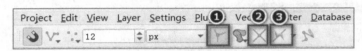

图 3-66　设置捕捉模式 2

点击按钮①打开拓扑编辑模式后，编辑某要素的节点或线段时，与该要素相连接要素的节点或线段会随之移动，从而保证要素之间的拓扑关系。移动如图 3-67 所示的节点，在拓扑模式和非拓扑模式移动后的效果对比如图 3-68 所示。

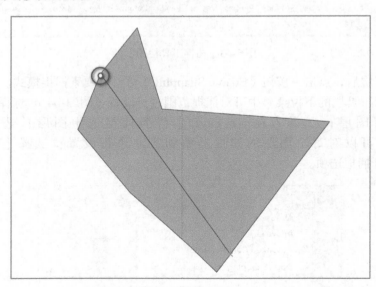

图 3-67　节点位置

点击按钮②打开交点捕捉模式后，可对要素之间的交点（即使该交点并非节点）进行捕捉。将图 3-69 右侧的线段端点移动至圆圈所示的交点，即使其并非节点（未显示"+"），但在移动端点至交点的过程中，依然会呈现出可捕捉状态（图 3-70）。

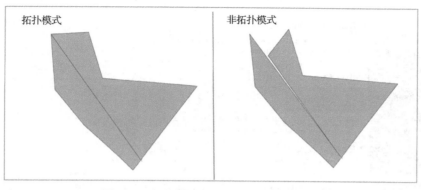

图 3-68　拓扑模式与非拓扑模式效果对比

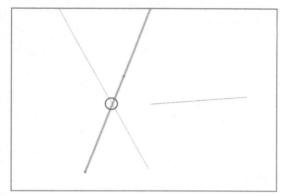

图 3-69　交点位置

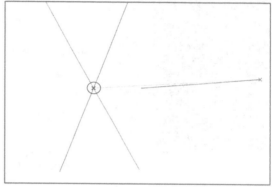

图 3-70　交点捕捉模式下的编辑状态

　　当新建的要素需要与原有要素保持拓扑关系时，一般需要依次点击捕捉连接处的所有节点。点击按钮③打开跟踪模式后，可以一次性跨越多个节点并保持与其他要素的拓扑关系。

3.3.3　编辑设置

　　当进行矢量要素的编辑操作时，可根据操作需要对编辑功能的默认状态进行设置。本节介绍默认编辑功能中各选项的含义。

　　在菜单栏中，选择【Settings】|【Options…】，如图 3-71 所示。在随后弹出的对话框中选择【Digitizing】选项卡即可显示编辑设置选项（图 3-72）。

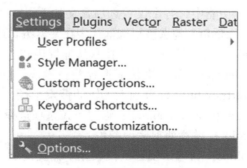

图 3-71　打开编辑设置选项

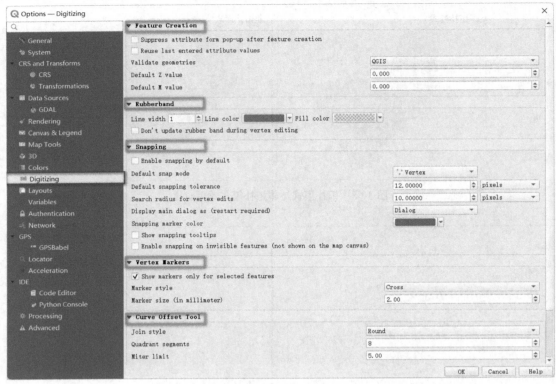

图 3-72　【Digitizing】选项卡

在【Feature Creation】（要素创建）功能中，各个设置选项含义如下。

（1）Suppress attribute form pop-up after feature creation：勾选该复选框代表创建要素后不再弹出属性设置对话框。

（2）Reuse last entered attribute values：勾选该复选框代表使用上一次输入的属性值。

（3）Validate geometries：通过下拉选项可选择验证几何图形的模式。

（4）Default Z value：设置默认 Z 值。

（5）Default M value：设置默认 M 值。

在对临时要素的显示设置【Rubberband】功能中，各个设置选项含义如下。

（1）Line width：设置线宽。

（2）Line color：设置线颜色。

（3）Fill color：设置面填充颜色。

在【Snapping】（捕捉）功能中，各个设置选项含义如下。

（1）Enable snapping by default：勾选该复选框代表在要素编辑过程中默认开启捕捉模式。

（2）Default snap mode：通过下拉选项可选择默认捕捉模式。

（3）Default snapping tolerance：设置默认捕捉容差。

（4）Search radius for vertex edits：设置顶点编辑的搜索半径。

（5）Display main dialog as (restart required)：通过下拉选项选择主对话框是否停靠显示。

（6）Snapping marker color：设置捕捉标记颜色。

（7）Show snapping tooltips：勾选该复选框代表显示捕捉提示。

（8）Enable snapping on invisible features（not shown on the map canvas）：勾选该复选框代表捕捉不可见（不在地图画布上显示）的要素。

在【Vertex Markers】（节点标记）功能中，各个设置选项含义如下。

（1）Show markers only for selected features：勾选该复选框代表仅显示已选中要素的节点。

（2）Marker style：通过下拉选项选择标记样式，包括半透明圆点（Semi transparent circle）、十字交叉（Cross）、无（None）三种可选项。

（3）Marker size（in millimeter）：设置标记符号大小，单位为 mm。

在【Curve Offset Tool】（要素扩大缩小工具）中，各个设置选项含义如下。

（1）Join style：通过下拉选项选择线段连接点样式，包括圆角（Round）、尖角（Miter）和斜角（Bevel）。

（2）Quadrant segments：设置每个象限的区段个数。

（3）Miter limit：设置斜接限制。

3.3.4　创建、编辑与删除要素

创建、编辑与删除要素是矢量数据编辑的基本操作。本节对使用 QGIS 中的基本编辑工具创建要素、编辑要素与删除要素的过程进行介绍。

1. 创建要素

（1）根据 3.3.1 节所介绍的过程，将目标图层打开矢量编辑模式。

（2）根据不同的图层类型，数字化工具栏会显示对应的功能按钮，点击按钮打开相应功能。如图 3-73 所示，当编辑图层为点要素时，点击工具栏中的【Add Point Feature】（新建点要素）；如图 3-74 所示，当编辑图层为线要素时，点击工具栏中的【Add Line Feature】（新建线要素）；如图 3-75 所示，当编辑图层为面要素时，点击工具栏中的【Add Polygon Feature】（新建面要素）。

图 3-73　新建点要素

图 3-74　新建线要素

图 3-75　新建面要素

（3）新建点要素时，直接在地图画布上点击选择位置即可完成创建过程；新建线要素和面要素模式时，按顺序依次在地图画布上选择相应节点位置，从而连点成线（图 3-76）或连点成面（图 3-77），最后点击右键完成创建过程。在绘制新要素时，在键盘上按 Esc 键或 Backspace 键即可退出绘制过程。

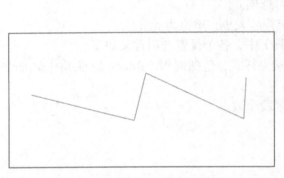

图 3-76　绘制线要素

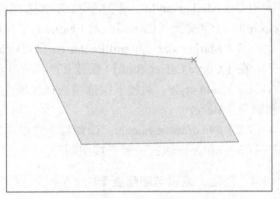

图 3-77　绘制面要素

（4）最后，如图 3-78 所示，在弹出的对话框中，自定义设置相应的属性信息，点击【OK】按钮即可。

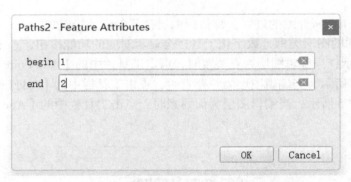

图 3-78　设置属性信息（以创建线要素为例）

2. 编辑要素

选中需要进行编辑要素操作的图层并点击数字化工具栏中的 按钮即可打开节点编辑模式。如图 3-79 所示，节点编辑模式包括【Vertex Tool (All Layers)】（所有图层节点编辑）和【Vertex Tool (Current Layer)】（当前图层节点编辑）两种模式。其区别在于所有图层节点编辑模式下可以编辑所有图层中的节点，而在当前图层节点编辑模式下只可以编辑当前选中图层中的节点。

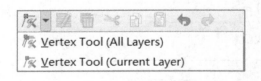

图 3-79　节点编辑模式

1）增加节点

在实际操作中，增加节点主要有两种形式：一是在已有线段中间增加节点，二是在已有线段的一端增加节点。

在已有线段中间增加节点，首先将光标移动至已有线段中间的虚拟节点 "+"（图3-80），再点击选中虚拟节点，最后选择地图画布的合适位置点击即可，增加节点后的线段效果如图 3-81 所示。在已有线段的一端增加节点，首先将光标移动至已有线段一端的虚拟节点 "+"（图 3-82），再点击选中虚拟节点，最后选择地图画布的合适位置点击即可，增加节点后的线段效果如图 3-83 所示。

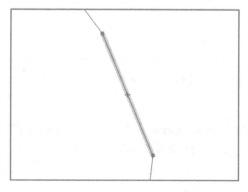

图 3-80　线段中间的虚拟节点 "+"

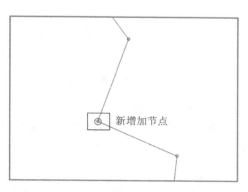

图 3-81　在线段中间增加节点后

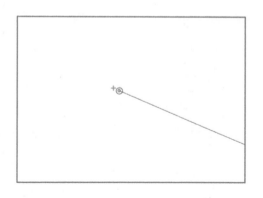

图 3-82　已有线段一端的虚拟节点 "+"

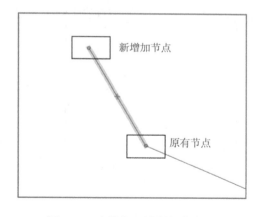

图 3-83　在线段一端增加节点后

2）选择节点

选择一个节点可通过鼠标点击选中，当选择多个节点时，可使用以下方法。

● 按住 Shift 键并依次用鼠标点击所有节点进行选中。

● 按住鼠标左键进行框选，框住所有节点即可选中（图3-84）。

● 按下 Shift+R 键后，依次选择两个节点，其间所有节点均可选中（图3-85）。

3）删除节点

选中要删除的节点按 Delete 键即可删除。

4）移动节点

选中要移动的节点后，在地图画布上点击选择节点移动后的位置即可。

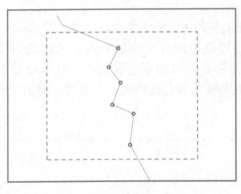

图 3-84　框选多个节点

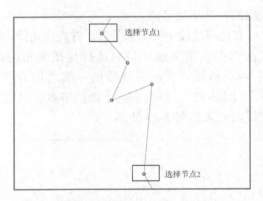

图 3-85　按下 Shift+R 键后依次选择两个节点

5）修改节点坐标

右键点击图层中的可编辑要素，QGIS 界面中的【Vertex Editor】中会显示可编辑要素中各个节点的坐标及其他信息（图 3-86）。双击需修改的节点坐标值或其他信息即可进行修改。

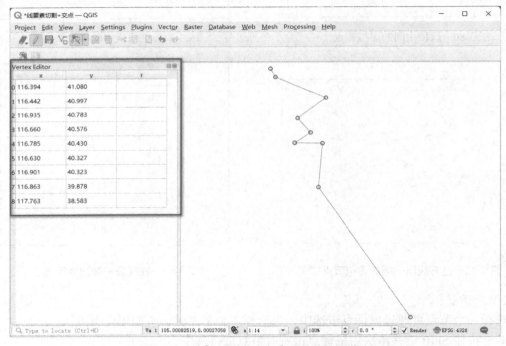

图 3-86　在【Vertex Editor】中修改属性信息

3. 删除要素

选中需删除的要素后，在键盘上按下 Delete 键、Backspace 键或点击工具栏中的删除按钮 🗑，均可删除所选要素。

3.3.5　属性编辑操作

除了可以使用基本编辑工具对矢量要素进行创建或编辑，还可以直接在矢量要素数据的属性表中编辑属性，属性表工具栏中部分常用按钮功能如图 3-87 和表 3-2 所示。本节对属性编辑操作中的常用功能进行介绍，包含修改属性值、新建字段、删除字段与新建要素的操作过程。

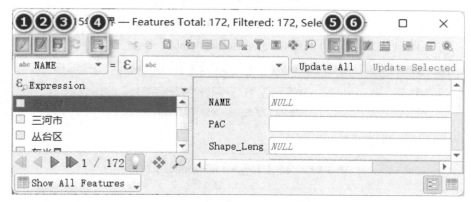

图 3-87　属性表工具栏按钮

表 3-2　属性表工具栏部分常用按钮名称及功能

按钮	名称	功能
①	Toggle editing mode	打开编辑状态
②	Toggle multi edit mode	打开多要素编辑模式
③	Save edits	保存编辑内容
④	Add feature	新建要素
⑤	New field	新建字段
⑥	Delete field	删除字段

1. 修改属性值

（1）在图层面板（Layers）中，右键点击需要进行属性编辑的图层，并在弹出框中选择【Open Attribute Table】，打开该图层属性表，如图 3-88 所示。

（2）在属性表工具栏中，点击如图 3-89 所示的按钮，打开编辑状态。再点击如图 3-90 所示按钮，打开多要素编辑模式。

（3）打开多要素编辑模式后，双击选中需改变属性的要素（图 3-91）。并在弹出的界面中直接对属性值进行修改（图 3-92）。

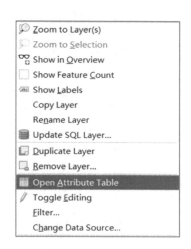

图 3-88　打开属性表

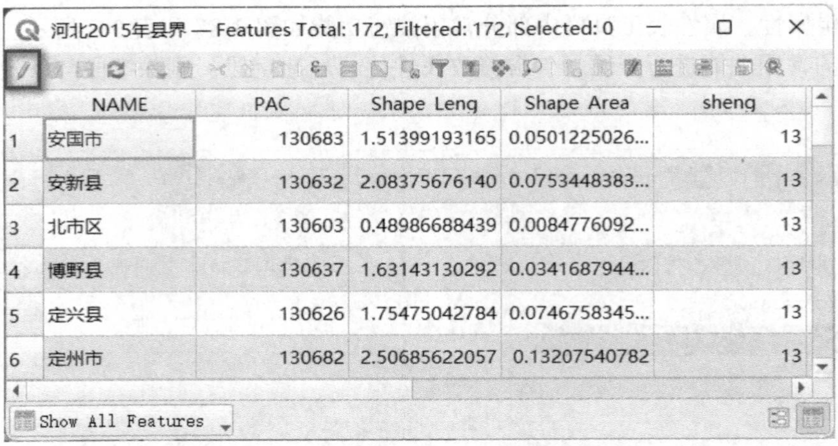

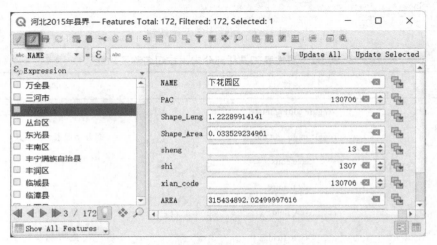

图 3-89　点击【Toggle editing mode】按钮

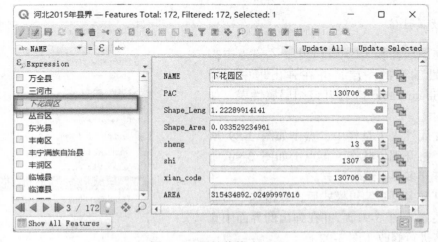

图 3-90　点击【Toggle multi edit mode】按钮

图 3-91　属性值修改过程 1

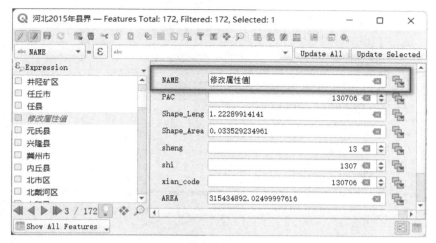

图 3-92　属性值修改过程 2

（4）属性值修改完成后，如图 3-93 所示，点击【Save edits】按钮进行保存即可。

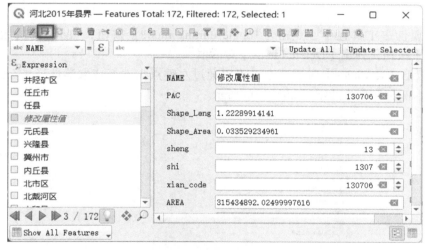

图 3-93　属性值修改保存

2. 新建字段

（1）在属性表工具栏中，点击【Toggle editing mode】按钮，打开编辑状态。再点击【New field】按钮，弹出【Add Field】对话框。

（2）在【Add Field】对话框中，在【Name】选项中输入新建字段名称；在【Comment】选项中输入对新建字段的说明；在【Type】选项中选择新建字段类型；在【Length】选项中输入新建字段的长度。最后，点击【OK】按钮即可。本例各选项设置如图 3-94 所示。

（3）选项设置好后，点击【OK】按钮，新建字段如图 3-95 所示。

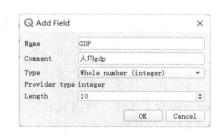

图 3-94　【Add field】对话框选项设置

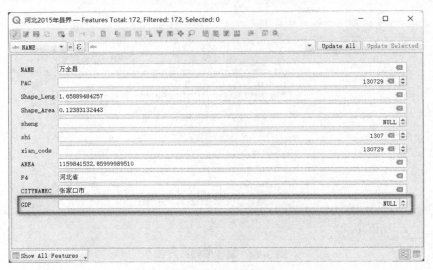

图 3-95　新建字段结果

3. 删除字段

（1）在属性表工具栏中，点击【Toggle editing mode】按钮，打开编辑状态。再点击【Delete field】按钮，弹出【Delete Fields】对话框。

（2）在【Delete Fields】对话框中，可以通过左键点击选择或取消选择一个或多个字段进行删除，本例选择删除的字段如图 3-96 所示。

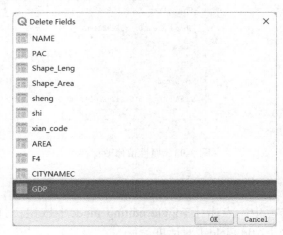

图 3-96　【Delete Fields】对话框

（3）字段选择好后，点击【OK】按钮即可。

4. 新建要素

（1）在属性表工具栏中，点击【Toggle editing mode】按钮，打开编辑状态。再点击【Add feature】按钮，弹出对话框。

（2）在弹出的对话框（图 3-97）中，可以直接输入属性信息创建新的要素。

（3）属性信息输入后，保存当前编辑状态即可。

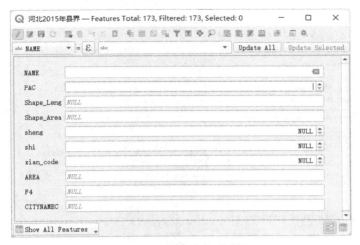

图 3-97　新建要素对话框

3.3.6　字段计算器

QGIS 中的字段计算器可通过逻辑运算创建新的字段，或者更新已有字段的属性值。本节对字段计算器的创建字段和更新字段两个功能分别进行介绍。

1. 创建字段

（1）在图层面板（Layers）中，右键点击需要进行属性编辑的图层，并在弹出的菜单中选择【Open Attribute Table】，打开该图层属性表。

（2）在属性表工具栏中，点击如图 3-98 所示按钮，打开【Field Calculator】（字段计算器）。

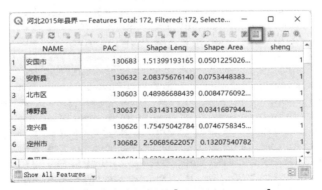

图 3-98　点击按钮打开【Field Calculator】

（3）如图 3-99 所示，在【Field Calculator】窗口中，勾选【Create a new field】创建新字段；在【Output field name】选项中输入新字段的名称；在【Output field type】选项中选择字符类型；在【Output field length】和【Precision】选项中分别输入字段的长度和精度。在【Expression】输入框中，输入用于逻辑运算生成新字段的表达式（"CITYNAMEC"+"NAME"），表示将"CITYNAMEC"和"NAME"字段中的属性值按次序连接，组合成新字段对应的属性值。

图 3-99　属性计算器选项设置

（4）最后，点击【OK】按钮即可，生成的新字段属性值如图 3-100 所示。

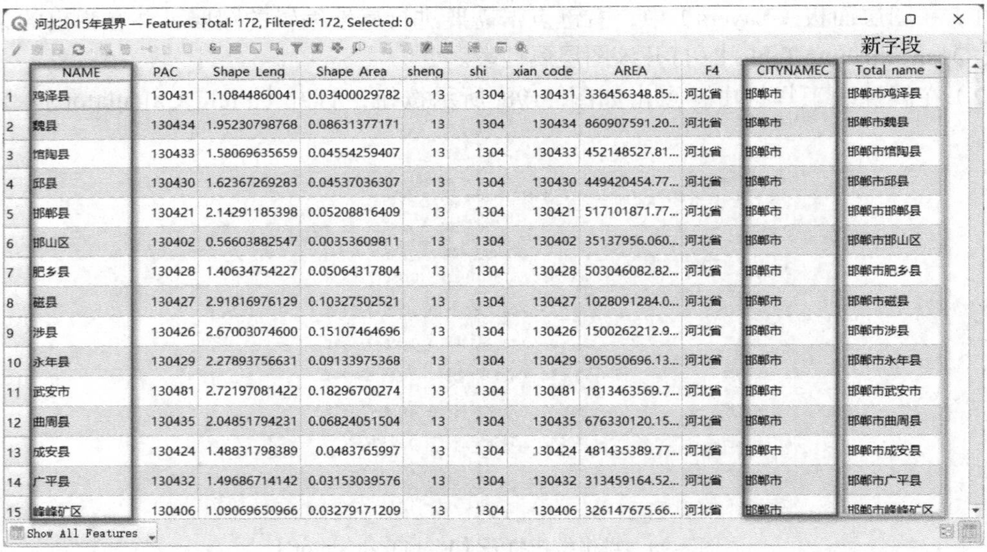

图 3-100　创建字段结果

2. 更新字段

（1）在图层面板（Layers）中，右键点击需要进行字段编辑的图层，并在弹出的菜单中选择【Open Attribute Table】，打开该图层属性表。

（2）在属性表工具栏中，打开【Field Calculator】（字段计算器）。

（3）如图 3-101 所示，在【Field Calculator】窗口中，勾选【Update existing field】

（更新字段）；在下拉选项中选择被更新属性值的字段名称；在【Expression】输入框中，输入用于逻辑运算生成新字段的表达式（"F4"+"CITYNAMEC"+"NAME"），表示将"F4""CITYNAMEC""NAME"字段中的属性值按次序连接，组合成被更新字段中新的属性值。

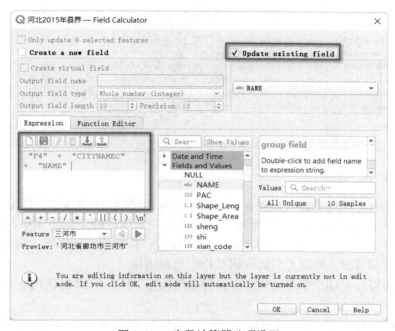

图 3-101　字段计算器选项设置

（4）最后点击【OK】按钮。字段更新前后的属性值分别如图 3-102 和图 3-103 所示。

	NAME	PAC	Shape Leng	Shape Area	sheng
1	安国市	130683	1.51399193165	0.0501225026	13
2	安新县	130632	2.08375676140	0.07534483838	13
3	北市区	130603	0.48986688439	0.00847760928	13
4	博野县	130637	1.63143130292	0.03416879442	13
5	定兴县	130626	1.75475042784	0.07467583457	13
6	定州市	130682	2.50685622057	0.13207540782	13
7	阜平县	130624	2.62214748114	0.25907793143	13
8	高碑店市	130684	1.94825337198	0.07033934966	13
9	高阳县	130628	1.68738796224	0.05145859623	13
10	满城县	130621	2.73348014153	0.06846974472	13
11	南市区	130604	0.65092606737	0.00980642296	13
12	清苑县	130622	2.31150846818	0.08934020604	13

河北2015年县界 — Features Total: 172, Filtered: 172, Selected: 0

Show All Features

图 3-102　更新字段之前

	NAME	PAC	Shape Leng	Shape Area	sheng	shi	xian code	AREA	F4	CITYNAMEC
1	河北省保定市北市区	130603	0.48986688439	0.00847760928	13	1306	130603	81648453.717...	河北省	保定市
2	河北省保定市南市区	130604	0.65092606737	0.00980642296	13	1306	130604	94546194.222...	河北省	保定市
3	河北省保定市博野县	130637	1.63143130292	0.03416879442	13	1306	130637	331094958.26...	河北省	保定市
4	河北省保定市雄县	130627	2.69653432105	0.14680365135	13	1306	130627	1413857784.8...	河北省	保定市
5	河北省保定市安国市	130683	1.51399193165	0.0501225026	13	1306	130683	486134046.84...	河北省	保定市
6	河北省保定市安新县	130632	2.08375676140	0.07534483838	13	1306	130632	725884599.24...	河北省	保定市
7	河北省保定市定兴县	130626	1.75475042784	0.07467583457	13	1306	130626	716121407.84...	河北省	保定市
8	河北省保定市定州市	130682	2.50685622057	0.13207540782	13	1306	130682	1279672175.2...	河北省	保定市
9	河北省保定市容城县	130629	1.34191801881	0.03230465105	13	1306	130629	310454166.58...	河北省	保定市
10	河北省保定市徐水县	130625	1.79841272235	0.0751660823	13	1306	130625	722525358.76...	河北省	保定市
11	河北省保定市新市区	130602	0.69126664279	0.01561135516	13	1306	130602	150378336.08...	河北省	保定市

图 3-103　更新字段之后

3.3.7　拓扑检查

在实际操作时，几何要素间需要保持与现实世界相同的拓扑关系。例如，行政区的范围不能重叠，代表道路的线段不能重复等。这些拓扑关系能反映实际应用中的拓扑规则。因此，在 QGIS 中对几何要素进行操作时，有时需要进行拓扑检查并修正，使几何要素间的拓扑关系更符合真实情况，并防止后续编辑操作中出现错误。

本节介绍如何在 QGIS 中对几何要素进行拓扑检查，所使用的 X 区域边界数据（已随书发布）。具体操作方法如下。

（1）在浏览面板（Browser）中，找到 X 区域边界数据"Zone_X.shp"，将其拖动至 QGIS 界面右侧的显示区（或拖动至下方图层面板）。打开后的数据如图 3-104 所示。

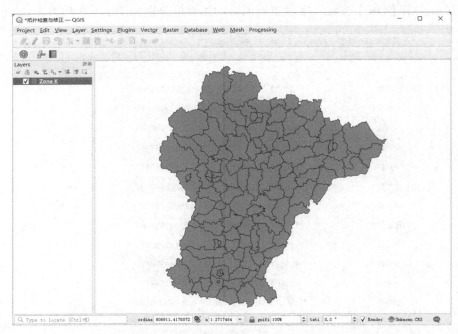

图 3-104　打开示例数据"Zone_X.shp"

（2）在菜单栏中，选择【Plugins】|【Manage and Install Plugins…】命令（图 3-105）。在随后弹出的【Plugins】对话框中（图 3-106），检查确认【Topology Checker】插件已被启用。

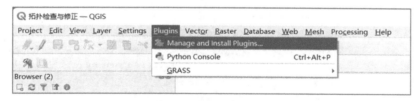

图 3-105　在菜单栏中选择【Manage and Install Plugins…】命令

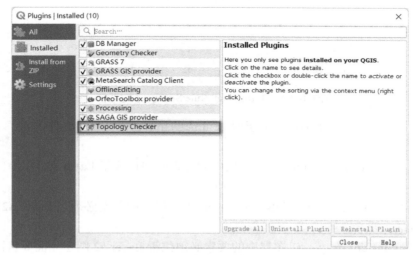

图 3-106　【Plugins】对话框

（3）在菜单栏中，选择【Vector】|【Topology Checker】命令（图 3-107），界面出现拓扑检查面板（图 3-108）。

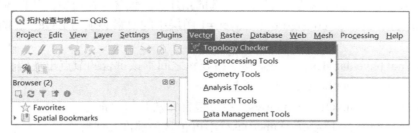

图 3-107　在菜单栏中选择【Topology Checker】命令

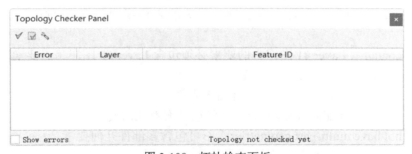

图 3-108　拓扑检查面板

（4）在拓扑检查面板中，点击 按钮，弹出【Topology Rule Settings】对话框（图 3-109）。在该对话框中，通过选择图层及拓扑规则建立拓扑关系。

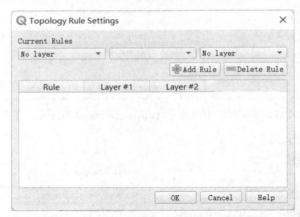

图 3-109　【Topology Rule Settings】对话框

当图层（Layer #1）为点要素图层时，可选的拓扑规则包含 6 种类型，其具体含义如下。

- must be covered by：Layer #1 图层中的要素必须包含于 Layer #2 图层（点要素图层或线要素图层）中。
- must be covered by endpoints of：Layer #1 图层中的要素必须与 Layer #2 图层（线要素图层）中的端点重合。
- must be inside：Layer #1 图层中的要素必须位于 Layer #2 图层（面要素图层）中。
- must not have duplicates：不可重复。
- must not have invalid geometries：不可包含无效几何要素。
- must not have multi-part geometries：不可包含多部件几何要素。

当图层（Layer #1）为线要素图层时，可选的拓扑规则包含 6 种类型，其具体含义如下。

- endpoints must be covered by：Layer #1 图层中的要素必须与 Layer #2 图层（点要素图层）重合。
- must not have dangles：不可悬挂（线要素之间本该重合的节点出现偏移）。
- must not have duplicates：不可重复。
- must not have invalid geometries：不可包含无效几何要素。
- must not have multi-part geometries：不可包含多部件几何要素。
- must not have pseudos：不可包含伪节点（线要素相连共用一个节点）

当图层（Layer #1）为面要素图层时，可选的拓扑规则包含 7 种类型，其具体含义如下。

- must contain：Layer #1 图层中的要素必须包含 Layer #2 图层（点要素图层）。
- must not have duplicates：不可重复。
- must not have gaps：几何要素间不能有间隙。
- must not have invalid geometries：不可包含无效几何要素。
- must not have multi-part geometries：不可包含多部件几何要素。
- must not overlap：不能重叠。

● must not overlap with：Layer #1 图层中的要素不能与 Layer #2 图层（面要素图层）中的要素重叠。

（5）本例检查数据中的面要素之间是否存在间隙。因此，在拓扑规则设置中（图 3-110），Layer #1 图层选择 "Zone_X"，拓扑关系选择【must not have gaps】。点击【Add Rule】按钮即可添加新建的拓扑规则。待所有拓扑规则添加完成后，点击【OK】按钮即可。

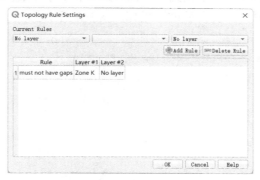

图 3-110　拓扑规则设置

（6）点击 ✓ 按钮可以查找预设拓扑规则下全局范围的拓扑错误，点击 ☑ 按钮可以查找预设拓扑规则下当前范围的拓扑错误。本例点击 ✓ 按钮查找全局范围的拓扑错误。拓扑错误会显示在拓扑检查面板下方的列表中（图 3-111），勾选【Show errors】复选框可以在地图视图中查看拓扑错误所在的位置。

图 3-111　拓扑错误列表

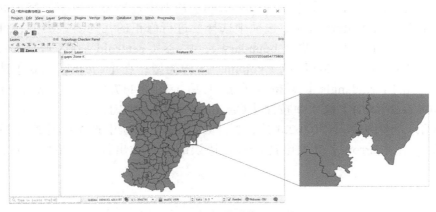

图 3-112　拓扑错误位置查看

3.3.8　拓扑修正

通过拓扑检查发现拓扑错误后，一般要进行拓扑修正操作。除了通过手动编辑的方法修正拓扑错误，还可以通过 GRASS 工具中的【v.clean】命令对拓扑错误进行修正。本节通过运用【v.clean】命令对示例数据拓扑错误进行修正，介绍拓扑修正的基本操作过程。

（1）在浏览面板（Browser）中找到"示例数据.shp"，将其拖动至 QGIS 界面右侧的显示区（或拖动至下方图层面板）。打开后的数据如图 3-113 所示。

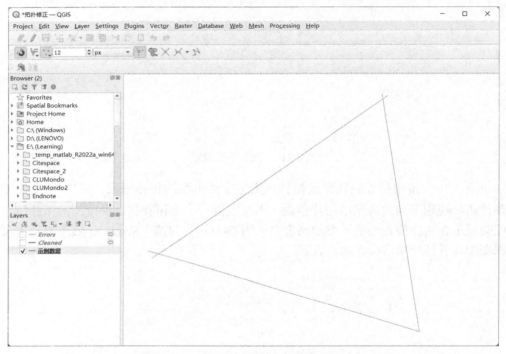

图 3-113　打开示例数据"示例数据.shp"

（2）如图 3-114 所示，对该图层中的线要素进行拓扑检查发现 4 处线要素悬挂错误。

（3）在 QGIS 软件中的【Processing Toolbox】处理工具箱面板中，选择【GRASS】|【Vector(v.*)】|【v.clean】工具，如图 3-115 所示。

（4）如图 3-116 所示，在【Layer to clean】选项中选择要进行拓扑修正的图层"示例数据"；在【Input feature type】选项中选择要进行修正的几何要素类型，可选项包含点（point）、线（line）、边界（boundary）、中心（centroid）、区域（area）、表面（face）、核心（kernel）和 3D 区域（volume）8 种类型；在【Cleaning tool】选项中选择【break】【snap】【rmdangle】等拓扑修正工具（图 3-117）；在【Threshold (comma separated for each tool)】选项中按照【Cleaning tool】中的工具选择顺序依次输入阈值（用逗号隔开），本例输入"0,0.2,0.2"；在【Cleaned】选项中选择拓扑修正后图层的文件输出位置；在【Errors】选项中选择修正错误的文件输出位置；最后，点击【Run】按钮运行该工具。

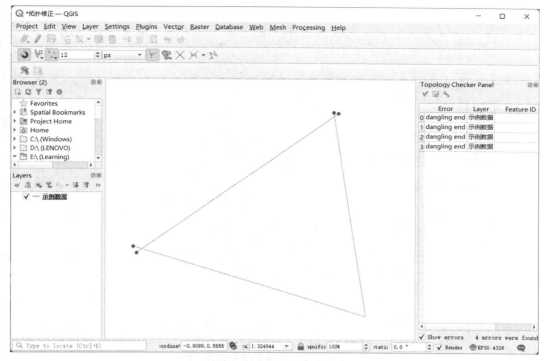

图 3-114　拓扑悬挂错误

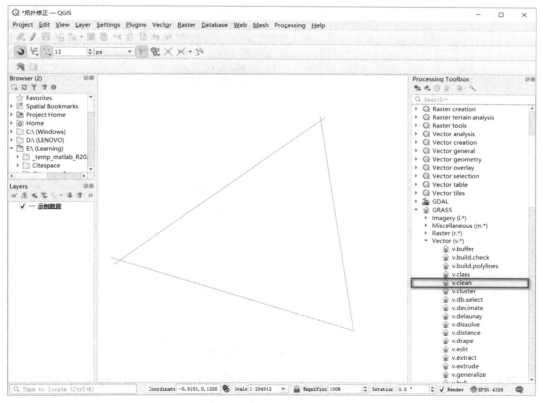

图 3-115　在工具箱中选择【v.clean】命令

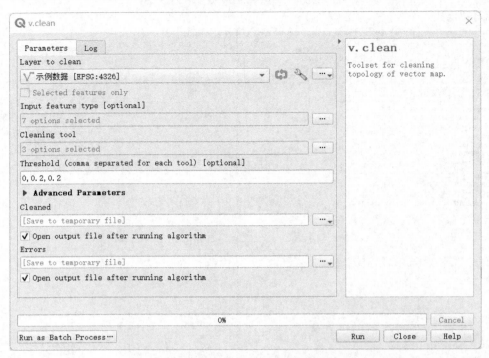

图 3-116　【v.clean】命令选项设置

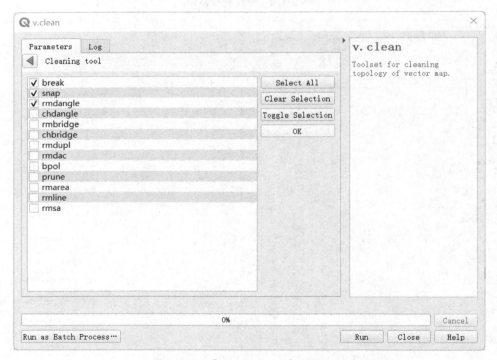

图 3-117　【Cleaning tool】选项选择

GRASS 工具的【v.clean】命令共包含 13 种拓扑修正工具，其具体功能如表 3-3 所示。

表 3-3 拓扑修正工具及具体功能

拓扑修正工具	功能
break	在相交节点处打断线（line）或边界（boundary）
snap	在设置的阈值范围内将顶点捕捉至相近的节点位置
rmdangle	去除线（line）或边界（boundary）小于设置阈值长度的悬挂
chdangle	将边界（boundary）上小于设置阈值长度的悬挂转换成线（line）
rmbridge	去除内环与外环之间的桥接（面要素与在其内部面要素间的连接）
chbridge	将边界（boundary）中的桥接转换成线（line）
rmdupl	去除重复的几何要素
rmdac	去除区域（area）中重复的中心（centroid）
bpol	打断区域边界（boundary）
prune	在设置的阈值范围内去除线（line）与边界（boundary）的节点
rmarea	去除面积小于设置阈值范围的区域（area）
rmline	去除零长度的线（line）或边界（boundary）
rmsa	去除线（line）与线（line）之间小的夹角，并将夹角的两边合并

（5）工具运行完毕后，去除线要素悬挂后的图层如图 3-118 所示。

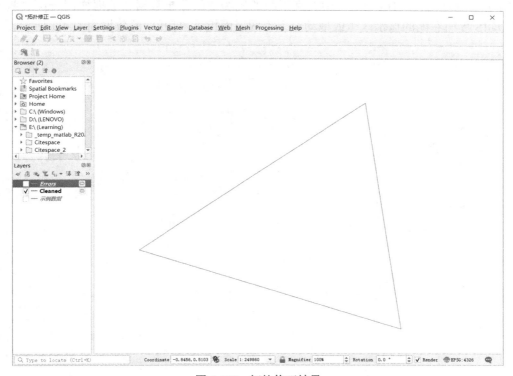

图 3-118 拓扑修正结果

第 4 章　矢量数据的空间分析

4.1　缓冲区分析

缓冲区分析是重要的空间分析功能之一，常用于分析或可视化地理要素的影响范围，在生态保护、城市规划和农业生产等领域均有所应用。缓冲区分析根据设定的宽度范围，为地理要素（点要素、线要素及面要素）生成多边形的缓冲区。本节对简单缓冲区、多层缓冲区、单侧缓冲区、锥形缓冲区和楔形缓冲区等的创建过程及方法进行介绍。

4.1.1　简单缓冲区

简单缓冲区是最常见的缓冲区形式。简单缓冲区是以地理要素为中心、按照设定宽度向各个方向均匀扩展而成的多边形。

本节依据机场空间分布数据生成简单缓冲区。机场空间分布数据来自中国科学院资源环境科学与数据中心全国机场空间分布数据（https://www.resdc.cn/data.aspx?DATAID=298）中的数据样例。具体步骤如下。

（1）在浏览面板（Browser）中找到下载的机场空间分布数据"数据样例.shp"，将其拖动至 QGIS 界面右侧的显示区（或拖动至下方图层面板），打开后的数据如图 4-1 所示。

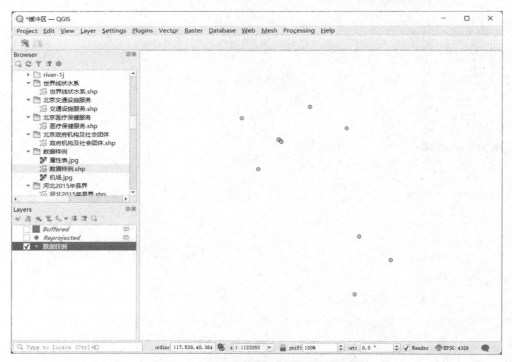

图 4-1　打开示例数据"数据样例.shp"

（2）生成简单缓冲区需要设定距离，因此需要确认数据的参考坐标系设置是否为投影坐标系。若参考坐标系为地理坐标系，则需要转换（重投影）为投影坐标系。经查看，当前数据的参考坐标系为地理坐标系，如图 4-2 所示。

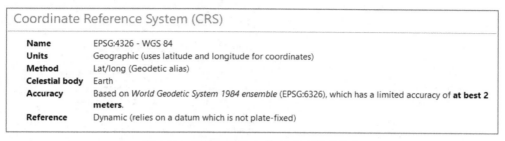

图 4-2　"数据样例.shp"参考坐标系信息

（3）接下来，对示例数据进行重投影。重投影后的示例数据为"Reprojected.shp"（图 4-3 和图 4-4），对该操作过程不作赘述。

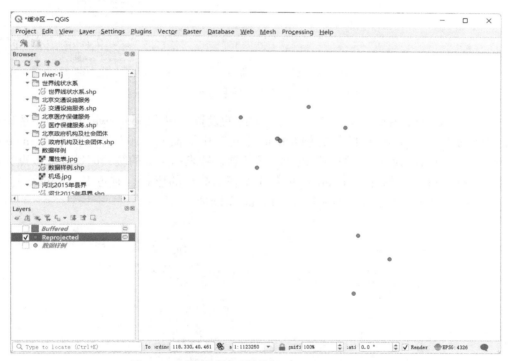

图 4-3　重投影后的示例数据"Reprojected.shp"

图 4-4　"Reprojected"图层参考坐标系信息

（4）在 QGIS 软件中的【Processing Toolbox】处理工具箱面板中选择【Vector geometry】|【Buffer】工具，如图 4-5 所示。

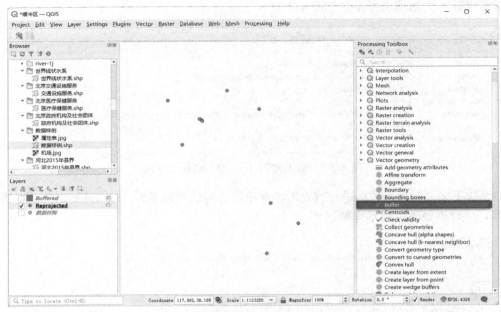

图 4-5　在工具箱中选择【Buffer】工具

（5）在【Buffer】窗口（图 4-6）中进行详细的设置。在【Input layer】选项中选择重投影后的数据示例 "Reprojected"；在【Distance】选项中，输入 "10" 并选择【kilometers】；【Segments】选项默认为 5，本例不作改变，该选项设置表示生成的缓冲区边界在以点为圆心作 1/4 圆内的分段数量；【End cap style】选项表示端点的形状，有方形（Square）、扁平（Flat）和圆形（Round）三种，本例选择【Round】圆形。

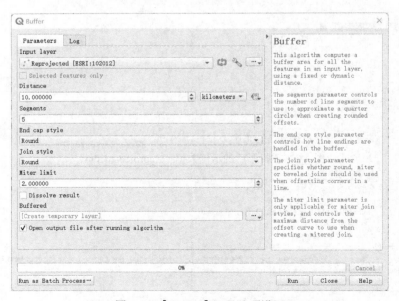

图 4-6　【Buffer】工具选项设置

【Join style】选项表示节点的形状，有斜角（Bevel）、尖角（Miter）和圆角（Round）三种，本例选择【Round】圆角；【Miter limit】选项可对最大斜接长度进行设置，以防相邻线段夹角过小，或使用尖角的节点形状时缓冲区过于狭长，本例保持默认设置状态；勾选【Dissolve result】选项可使相互叠加的缓冲区融合，本例不作勾选。

（6）最后，点击【Run】按钮运行该工具，运行成功后会自动加载结果，即图层"Buffered"，如图 4-7 所示。

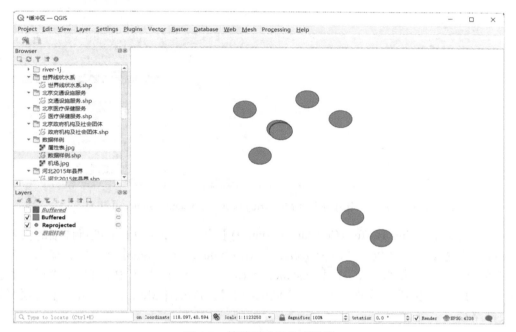

图 4-7　简单缓冲区生成结果

4.1.2　多层缓冲区

在空间分析过程中，有时需要同时创建多个不同宽度的缓冲区，并进行缓冲区间的对比分析。然而，简单缓冲区只能生成设定宽度的缓冲区范围，多层缓冲区功能可满足该需求。本节依据机场空间分布数据生成多层缓冲区。与 4.1.1 节相同，机场空间分布数据依然来自中国科学院资源环境科学与数据中心全国机场空间分布数据（https://www.resdc.cn/data.aspx?DATAID=298）中的数据样例。具体步骤如下。

（1）在浏览面板（Browser）中，找到下载的机场空间分布数据"数据样例.shp"，将其拖动至 QGIS 界面右侧的显示区（或拖动至下方图层面板）。

（2）生成多层缓冲区需要设定距离，因此需要将本节示例数据进行重投影，将其参考坐标系设置为投影坐标系。本节重投影后的示例数据为"Reprojected"图层。

（3）在 QGIS 软件中的【Processing Toolbox】处理工具箱面板中，选择【Vector geometry】|【Multi-ring buffer (constant distance)】工具，如图 4-8 所示。

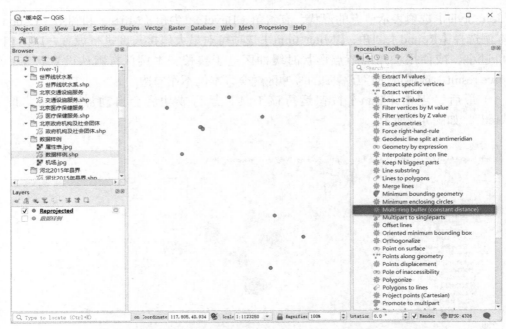

图 4-8　在工具箱中选择【Multi-ring buffer (constant distance)】工具

（4）在【Multi-Ring Buffer (Constant Distance)】窗口（图 4-9）中进行详细的设置。在【Input layer】选项中选择数据 "Reprojected"；在【Number of rings】选项中，输入 "5"，表示生成的缓冲区环数为 5；在【Distance between rings】选项中，输入 "1" 并选择【kilometers】，表示生成的缓冲区环与环之间的距离为 1km；【Multi-ring buffer】选项可设置输出文件路径。

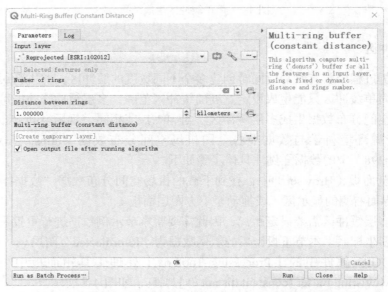

图 4-9　【Multi-Ring Buffer (Constant Distance)】选项设置

（5）最后，点击【Run】按钮运行该工具，运行成功后会自动加载结果，即图层 "Buffered"，如图 4-10 所示。

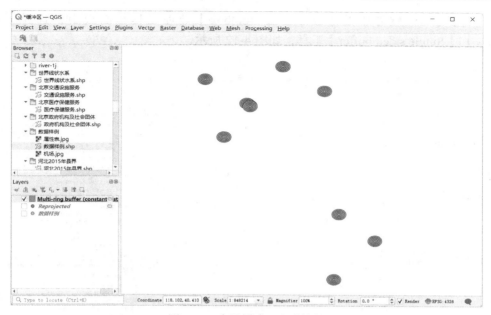

图 4-10　多层缓冲区生成结果

4.1.3　单侧缓冲区

单侧缓冲区是指从线要素某一侧按照设定宽度均匀扩展而成的缓冲区。本节依据自主设定的线要素（模拟数据）对单侧缓冲区工具使用的过程进行演示介绍。具体步骤如下。

（1）在浏览面板（Browser）中找到线要素数据"Paths.shp"，将其拖动至 QGIS 界面右侧的显示区（或拖动至下方图层面板）。打开后的数据如图 4-11 所示。

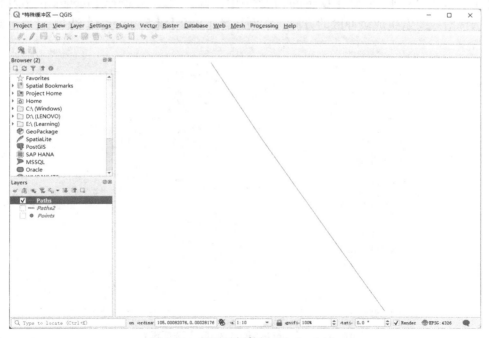

图 4-11　打开示例数据"Paths.shp"

（2）在 QGIS 软件中的【Processing Toolbox】处理工具箱面板中，选择【Vector geometry】|【Single sided buffer】工具，如图 4-12 所示。

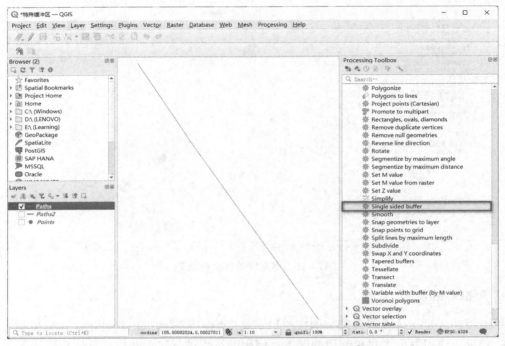

图 4-12　在工具箱中选择【Single sided buffer】工具

（3）在【Single Sided Buffer】窗口（图 4-13）中进行详细的设置。在【Input layer】选项中选择示例数据 "Paths"；在【Distance】选项中，输入 "1" 并选择【meters】；在【Side】选项中选择沿线要素生成缓冲区的方向，本例选择【Left】；【Segments】选项、【Join style】

图 4-13　【Single Sided Buffer】选项设置

选项及【Miter limit】选项设置与"简单缓冲区"的选项设置相同，本例保持默认设置状态；【Buffered】选项可设置输出的结果文件位置，本例不作设置。

（4）最后，点击【Run】按钮运行该工具，运行成功后会自动加载结果，即图层"Buffered"，如图 4-14 所示。

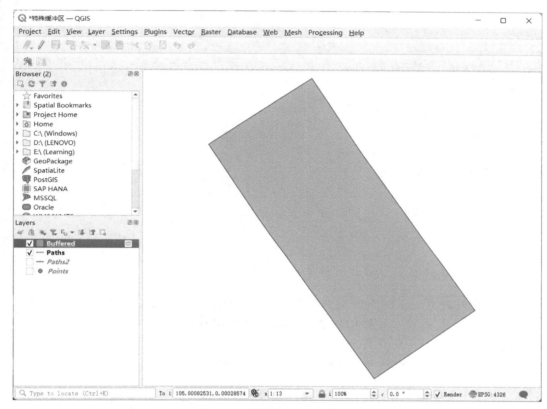

图 4-14　单侧缓冲区生成结果

4.1.4　锥形缓冲区

锥形缓冲区指沿线要素方向按照设定范围宽度均匀增大的缓冲区。本节依据自主设定的线要素（模拟数据）对锥形缓冲区工具使用的过程进行演示介绍。具体步骤如下。

（1）在浏览面板（Browser）中找到线要素数据"Paths2.shp"，将其拖动至 QGIS 界面右侧的显示区（或拖动至下方图层面板）。打开后的数据如图 4-15 所示。

（2）在 QGIS 软件中的【Processing Toolbox】处理工具箱面板中，选择【Vector geometry】|【Tapered buffers】工具，如图 4-16 所示。

（3）在【Tapered Buffers】窗口（图 4-17）中进行详细的设置。在【Input layer】选项中选择示例数据"Paths2"；在【Start width】选项中，输入"0.1"，表示缓冲区的起始宽度为0.1m；在【End width】选项中，输入"0.3"，表示缓冲区的终点宽度为 0.3m；【Segments】表示生成缓冲区的分段数量，选项设置与"简单缓冲区"的选项设置相同，本例保持默认设置状态；【Buffered】选项可设置输出的结果文件位置，本例不作设置。

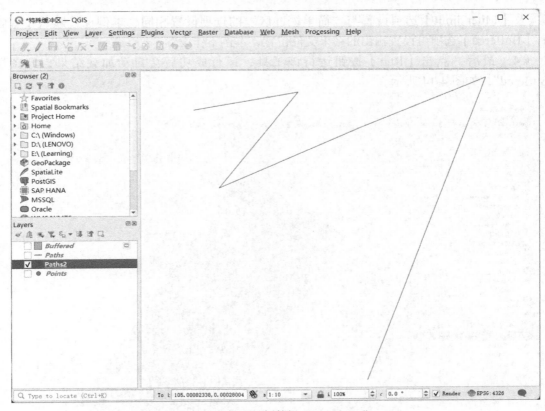

图 4-15　打开示例数据 "Paths2.shp"

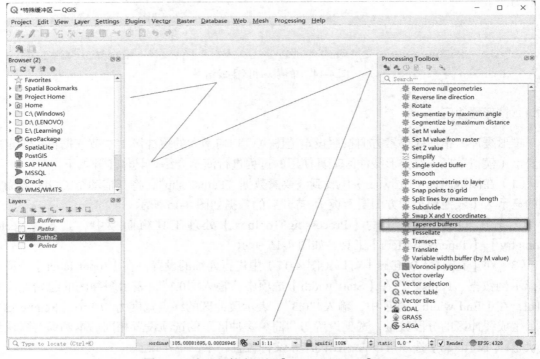

图 4-16　在工具箱中选择【Tapered buffers】工具

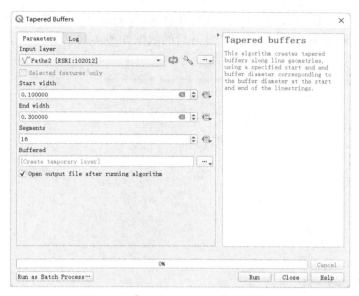

图 4-17　【Tapered Buffers】选项设置

（4）最后，点击【Run】按钮运行该工具，运行成功后会自动加载结果，即图层"Buffered"，如图 4-18 所示。

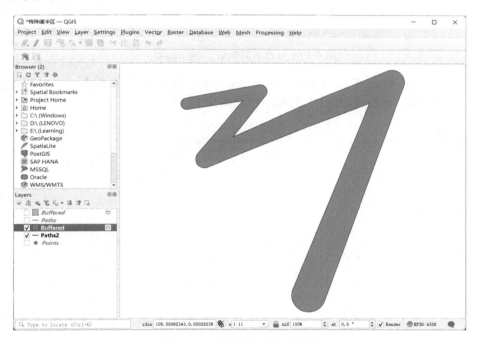

图 4-18　锥形缓冲区生成结果

4.1.5　楔形缓冲区

与 4.1 节其他缓冲区（均针对线要素形成）不同，楔形缓冲区是针对点要素形成的缓冲区。具体而言，楔形缓冲区是对点要素按照设定的角度范围、特定宽度生成的缓冲区。本节基于自制的点要素（模拟数据），对楔形缓冲区工具使用的过程进行演示介绍。具体步骤如下。

（1）在浏览面板（Browser）中找到点要素数据"Points.shp"，将其拖动至 QGIS 界面右侧的显示区（或拖动至下方图层面板）。打开后的数据如图 4-19 所示。

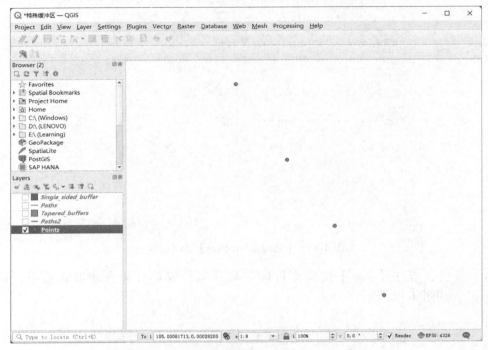

图 4-19　打开示例数据"Points.shp"

（2）在 QGIS 软件中的【Processing Toolbox】处理工具箱面板中，选择【Vector geometry】|【Create wedge buffers】工具，如图 4-20 所示。

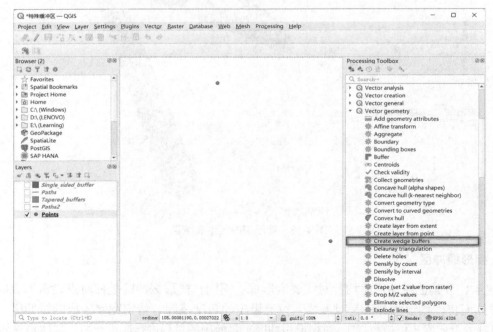

图 4-20　在工具箱中选择【Create wedge buffers】

（3）在【Create Wedge Buffers】窗口（图 4-21）中进行详细的设置。在【Input layer】选项中选择示例数据"Points"；在【Azimuth】选项中，输入"45"，代表生成楔形的方位角为 45°（以正北向为基准，顺时针方向）；在【Wedge width (in degrees)】选项中设置楔形缓冲区的角度范围，本例设置为"90"，表示生成缓冲区的角度范围为 90°；在【Outer radius】选项中，设置楔形的外环半径为 0.2m；在【Inner radius】选项中，设置楔形的内环半径为 0.1m；【Buffers】选项可设置输出的结果文件位置，本例不作设置。

图 4-21　【Create Wedge Buffers】选项设置

（4）最后，点击【Run】按钮运行该工具，运行成功后会自动加载结果，即图层"Buffers"，如图 4-22 所示。

图 4-22　楔形缓冲区生成结果

4.1.6 根据 *M* 值设定宽度生成缓冲区

根据 *M* 值设定宽度生成缓冲区（Variable width buffer (by M value)）指依照线要素各个节点的 *M* 值大小生成不同宽度的缓冲区。其中，*M* 值存储的是节点上除 *X* 坐标、*Y* 坐标及高程值外的其他属性信息，具体可为温度、浓度、影响范围等。根据 *M* 值设定宽度生成的缓冲区中，缓冲区在每个节点处的宽度等于该节点的 *M* 值。

本节依据自主设定的线要素及节点 *M* 值（模拟数据）对线要素交点工具使用的过程进行演示介绍。具体步骤如下。

（1）在浏览面板（Browser）找到线要素数据"line.shp"，将其拖动至 QGIS 界面右侧的显示区（或拖动至下方图层面板）。打开后的数据如图 4-23 所示，线要素节点的 *M* 值如图 4-24 所示。

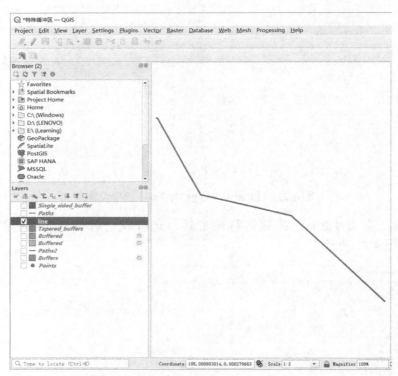

图 4-23　打开示例数据"line.shp"

Vertex Editor			
x	y	z	m
0 105.00080197	0.00028228	0.00000000	0.00000020
1 105.00080244	0.00028143	0.00000000	0.00000010
2 105.00080340	0.00028120	0.00000000	0.00000030
3 105.00080440	0.00028024	0.00000000	0.00000010

图 4-24　线要素节点 *M* 值

（2）在 QGIS 软件中的【Processing Toolbox】处理工具箱面板中，选择【Vector geometry】|【Variable width buffer (by M value)】工具，如图 4-25 所示。

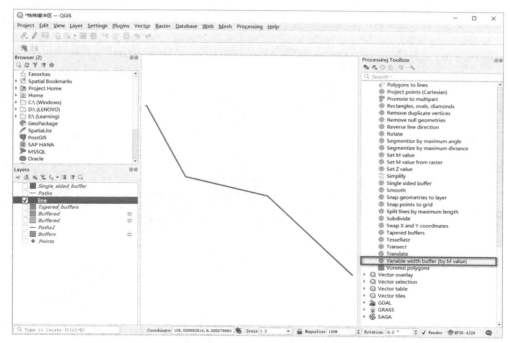

图 4-25　在工具箱中选择【Variable width buffer (by M value)】工具

（3）在【Variable Width Buffer (by M Value)】窗口（图 4-26）中进行详细的设置。在【Input layer】选项中选择示例数据"line"；【Segments】选项与"简单缓冲区"的选项设置相同，本例设置为"4"；【Buffered】选项可设置输出的结果文件位置，本例不作设置。

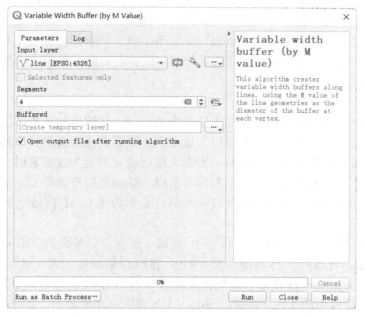

图 4-26　【Variable Width Buffer (by M Value)】工具选项设置

（4）最后，点击【Run】按钮运行该工具，运行成功后会自动加载结果，即图层"Buffered"，如图 4-27 所示。

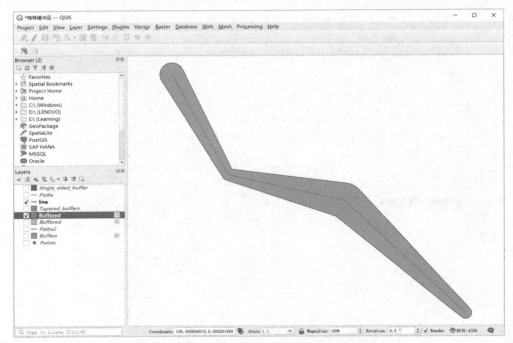

图 4-27　根据 M 值设定宽度生成缓冲区结果

4.2　叠 加 分 析

　　叠加分析指将两个包含要素数据（点、线、面要素）的图层叠加起来，经过一系列运算生成新要素数据的过程。叠加分析包括的操作有：裁剪、联合、擦除、相交、交集取反、线要素分割和线要素交点。裁剪操作过程与 3.1.2 节一致，联合操作在 3.1.3 节已介绍过。因此，本节对擦除、相交、交集取反、线要素分割和线要素交点的操作过程及方法进行介绍。

4.2.1　擦除

　　擦除操作可以擦除输入图层与叠加图层交集的部分，且输出的结果图层的属性与输入图层的属性一致。输入图层的要素类型可以为点要素、线要素或面要素。当输入图层要素类型为点要素时，叠加图层要素类型无限制；当输入图层要素类型为线要素时，叠加图层要素类型不能为点要素；当输入图层要素类型为面要素时，叠加图层要素类型不能为点要素和线要素。本节操作所用的输入数据为 H 区域一级河流分布数据和 H 区域边界数据（已随书发布）。具体步骤如下。

　　（1）在浏览面板（Browser）中，找到 H 区域一级河流分布数据"river_H.shp"和 H 区域边界数据"Zone_H.shp"，将其拖动至 QGIS 界面右侧的显示区（或拖动至下方图层面板）。打开后的数据如图 4-28 所示，其属性表内容分别如图 4-29 与图 4-30 所示。

　　（2）在QGIS软件中的【Processing Toolbox】处理工具箱面板中，选择【Vector overlay】|【Difference】工具，如图 4-31 所示。

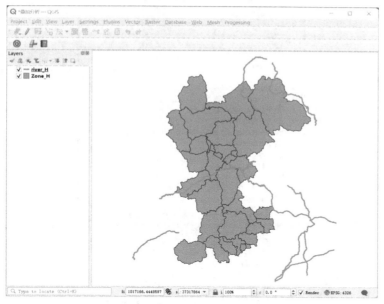

图 4-28　打开示例数据“river_H.shp”和“Zone_H.shp”

river_H — Features Total: 34, Filtered: 34, Selected: 0

	LENGTH	RIVER1	RIVER1_ID	名称	GB	分级	长度	ID	FROMNODE	TONODE	LEFTPOLYG
1	138201.00000...	330	1725	潮河	21011.000000...	3.0000000000	138201.09000...	0	302	326	-1
2	181854.00000...	336	1730	闪电河	21011.000000...	3.0000000000	181854.09000...	0	300	332	-1
3	116064.00000...	348	1696	滦河	21011.000000...	3.0000000000	116063.55000...	0	342	326	-1
4	25713.300000...	415	1614	永定河(桑干河...	23010.000000...	3.0000000000	25713.313000...	0	395	411	-1
5	4138.4300000...	417	1598	永定河(桑干河...	21011.000000...	3.0000000000	4138.4290000...	0	411	413	-1
6	34946.300000...	419	1613	永定河(桑干河...	23010.000000...	3.0000000000	34946.250000...	0	415	395	-1
7	26906.100000...	423	1597	永定河(桑干河...	23010.000000...	3.0000000000	26906.123000...	0	411	415	-1
8	49308.800000...	424	1626	永定河(桑干河...	23010.000000...	3.0000000000	49308.719000...	0	413	387	-1
9	52943.900000...	428	1625	永定河(桑干河...	23010.000000...	3.0000000000	52943.930000...	0	421	387	-1
10	13689.800000...	429	1595	永定河(桑干河...	23010.000000...	3.0000000000	13689.888000...	0	413	421	-1
11	59279.800000...	450	1593	永定河(桑干河...	21011.000000...	3.0000000000	59279.766000...	0	443	415	-1
12	84629.800000...	461	1562	永定河(桑干河...	21011.000000...	3.0000000000	84629.750000...	0	467	443	-1
13	47764.200000...	483	1554	北运河	22012.000000...	9.0000000000	47764.180000...	0	469	454	-1
14	21282.500000...	484	1542	永定河(桑干河...	23010.000000...	3.0000000000	21282.563000...	0	467	470	-1
15	27108.800000...	487	1541	永定河(桑干河...	23010.000000...	3.0000000000	27108.752000...	0	472	467	-1
16	45368.600000...	500	1539	北运河	22012.000000...	9.0000000000	45368.633000...	0	484	469	-1
17	205724.00000...	501	1587	永定河(桑干河...	21011.000000...	3.0000000000	205724.14999...	0	421	483	-1
18	2639.9600000...	502	1525	北运河	22012.000000...	9.0000000000	2639.9640000...	0	485	484	-1
19	16419.500000...	503	1526	永定河(桑干河...	21011.000000...	3.0000000000	16419.488000...	0	483	485	-1
20	9266.4900000...	507	1522	北运河	22012.000000...	9.0000000000	9266.4460000...	0	489	485	-1
21	57828.500000...	509	1523	永定河(桑干河...	21011.000000...	3.0000000000	57828.500000...	0	489	491	-1

Show All Features

图 4-29　“river_H.shp”属性表

Zone_H — Features Total: 31, Filtered: 31, Selected: 0

	NAME	PAC	Shape_Leng	Shape_Area	sheng	shi	xian_code	AREA
1	北市区	130603	0.48986688439	0.00847760929	13	1306	130603	81648453.717...
2	定兴县	130626	1.75475042784	0.07467583457	13	1306	130626	716121407.84...
3	阜平县	130624	2.62214748114	0.25907793143	13	1306	130624	2495499150.0...
4	高碑店市	130684	1.94825337198	0.07033934966	13	1306	130684	674026439.86...
5	满城县	130621	2.73348014153	0.06846974472	13	1306	130621	658757472.47...
6	顺平县	130636	1.84059612636	0.07409029165	13	1306	130636	713322570.87...
7	唐县	130627	2.69653432105	0.14680365135	13	1306	130627	1413857784.8...
8	新市区	130602	0.69126664279	0.01561135516	13	1306	130602	150378336.08...
9	徐水县	130625	1.79841272235	0.0751660823	13	1306	130625	722525358.76...
10	易县	130633	3.24770102309	0.2649903554	13	1306	130633	2537442725.1...
11	涞水县	130623	3.87552970861	0.17301901204	13	1306	130623	1649789592.2...
12	涞源县	130630	3.36790911533	0.25512823222	13	1306	130630	2441306436.4...
13	涿州市	130681	1.98385510497	0.07855672375	13	1306	130681	750471911.26...
14	丰宁满族自治县	130826	5.84620185151	0.94111214883	13	1308	130826	8738577942.1...
15	赤城县	130732	4.41936346057	0.56397445115	13	1307	130732	5273725962.8...
16	崇礼县	130733	2.90666699876	0.25015999781	13	1307	130733	2336818220.8...

Show All Features

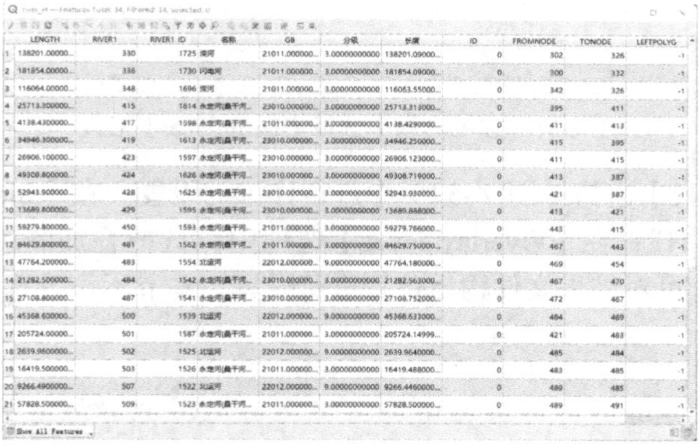

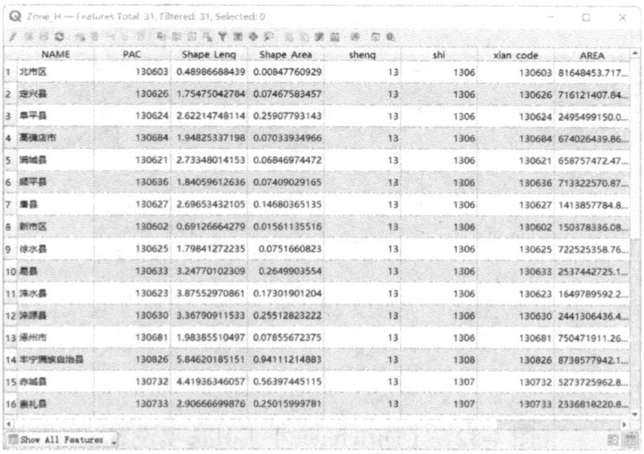

图 4-30　“Zone_H.shp”属性表

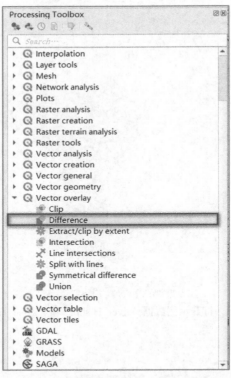

图 4-31　在工具箱中选择【Difference】工具

（3）在【Difference】窗口（图 4-32）中进行详细的设置。在【Input layer】选项中选择输入图层数据"river_H"；在【Overlay layer】选项中，选择叠加图层数据"Zone_H"；在【Difference】选项中，可对结果文件输出位置进行设置，本节不作设置。

图 4-32　【Difference】工具选项设置

（4）最后，点击【Run】按钮运行该工具，运行成功后会自动加载结果，即图层"Difference"，如图 4-33 所示，其属性表如图 4-34 所示。

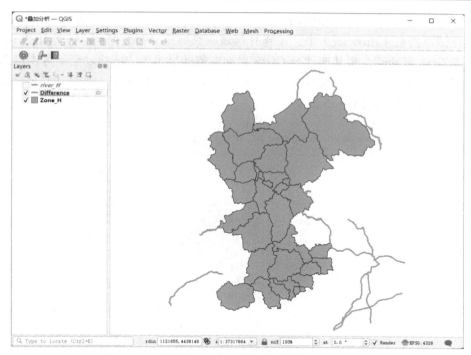

图 4-33　擦除结果（与 H 区域边界范围叠加显示）

	LENGTH	RIVER1	RIVER1_ID	名称	GB	分级	长度	ID	FROMNODE	TONODE
1	138201.00000...	330	1725	滦河	21011.000000...	3.00000000000	138201.09000...	0	302	326
2	181854.00000...	336	1730	闪电河	21011.000000...	3.00000000000	181854.09000...	0	300	332
3	116064.00000...	348	1696	滦河	21011.000000...	3.00000000000	116063.55000...	0	342	326
4	49308.800000...	424	1626	永定河(桑干河...	23010.000000...	3.00000000000	49308.719000...	0	413	387
5	52943.900000...	428	1625	永定河(桑干河...	23010.000000...	3.00000000000	52943.930000...	0	421	387
6	84629.800000...	481	1562	永定河(桑干河...	21011.000000...	3.00000000000	84629.750000...	0	467	443
7	47764.200000...	483	1554	北运河	22012.000000...	9.00000000000	47764.180000...	0	469	454
8	21282.500000...	484	1542	永定河(桑干河...	23010.000000...	3.00000000000	21282.563000...	0	467	470
9	27108.800000...	487	1541	永定河(桑干河...	23010.000000...	3.00000000000	27108.752000...	0	472	467
10	45368.600000...	500	1539	北运河	22012.000000...	9.00000000000	45368.633000...	0	484	469
11	205724.00000...	501	1587	永定河(桑干河...	21011.000000...	3.00000000000	205724.14999...	0	421	483
12	2639.96000000...	502	1525	北运河	22012.000000...	9.00000000000	2639.9640000...	0	485	484
13	16419.500000...	503	1526	永定河(桑干河...	21011.000000...	3.00000000000	16419.488000...	0	483	485
14	9266.49000000...	507	1522	北运河	22012.000000...	9.00000000000	9266.4460000...	0	489	485
15	57828.500000...	509	1523	永定河(桑干河...	21011.000000...	3.00000000000	57828.500000...	0	489	491
16	12963.600000...	510	1519	北运河	22012.000000...	9.00000000000	12963.592000...	0	492	489
17	25840.700000...	515	1516	南运河(卫运河...	22012.000000...	9.00000000000	25840.695000...	0	498	492

图 4-34　擦除结果图层属性表

4.2.2　相交

相交操作可以获得输入图层与叠加图层交集的部分，且输出的结果图层的属性既包含输入图层的属性，也包含叠加图层的属性。输入图层的要素类型可以为点要素、线要素或面要素。当输入图层要素类型为点要素时，叠加图层要素类型无限制；当输入图层要素类型为线要素时，叠加图层要素类型不能为点要素；当输入图层要素类型为面要素时，叠加图层要素类型不能为点要素和线要素。本节操作所用的输入数据为 H 区域一级河流分布数据和 H 区域边界数据（已随书发布），具体步骤如下。

（1）在浏览面板（Browser）中，找到 H 区域一级河流分布数据"river-H.shp"和 H 区域边界数据"Zone_H.shp"，将其拖动至 QGIS 界面右侧的显示区（或拖动至下方图层面板）。

（2）在 QGIS 软件中的【Processing Toolbox】处理工具箱面板中，选择【Vector overlay】|【Intersection】工具，如图 4-35 所示。

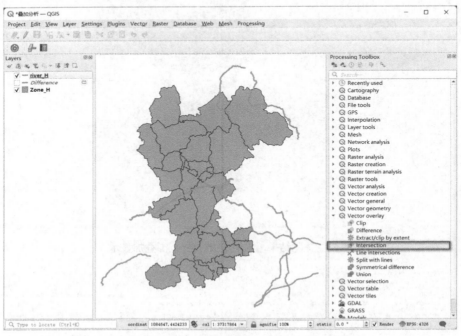

图 4-35　在工具箱中选择【Intersection】工具

（3）在【Intersection】窗口（图 4-36）中进行详细的设置。在【Input layer】选项中选择输入图层数据"river_H"；在【Overlay layer】选项中，选择叠加图层数据"Zone_H"在

图 4-36　【Intersection】工具选项设置

【Input fields to keep (leave empty to keep all fields)】选项中，可以设置输出结果图层中所保留的输入图层中的属性字段，本例不作设置，默认保留输入图层中的所有属性字段；在【Overlay fields to keep (leave empty to keep all fields)】选项中，可以设置输出结果图层中所保留的叠加图层中的属性字段，本例不作设置，默认保留叠加图层中的所有属性字段。

（4）最后，点击【Run】按钮运行该工具，运行成功后会自动加载结果，即图层"Intersection"，如图 4-37 所示，其属性表字段如图 4-38 所示。

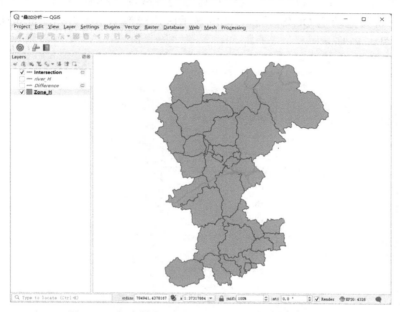

图 4-37　相交结果（与 H 区域边界范围叠加显示）

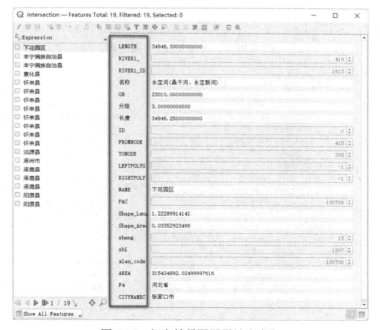

图 4-38　相交结果图层属性表字段

4.2.3 交集取反

交集取反操作可以获取输入图层中与叠加图层互不重叠的部分，且结果图层的属性包含输入图层和叠加图层的属性。输入图层的要素类型可以为点要素、线要素或面要素，叠加图层的要素类型需与输入图层要素类型相同，否则无法达到交集取反的效果。本节对 H 区域边界数据和 N 区域边界数据（均已随书发布）进行交集取反操作。具体步骤如下。

（1）在浏览面板（Browser）中，找到 H 区域边界数据"Zone_H.shp"及 N 区域边界数据"Zone_N.shp"，将其拖动至 QGIS 界面右侧的显示区（或拖动至下方图层面板），数据的属性表如图 4-39 和图 4-40 所示。

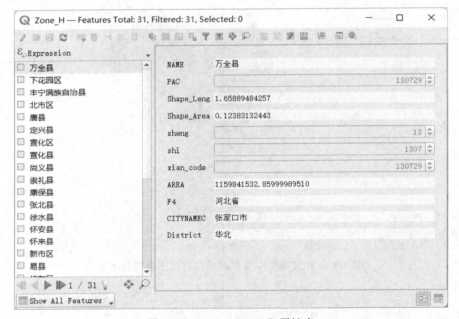

图 4-39　"Zone_H.shp"属性表

图 4-40　"Zone_N.shp"属性表

（2）在 QGIS 软件中的【Processing Toolbox】处理工具箱面板中，选择【Vector overlay】
|【Symmetrical difference】工具，如图 4-41 所示。

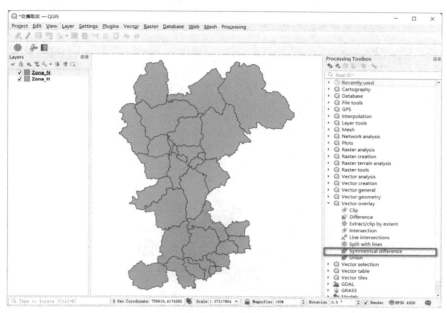

图 4-41　在工具箱中选择【Symmetrical difference】工具

（3）在【Symmetrical Difference】窗口（图 4-42）中进行详细的设置。在【Input layer】
选项中选择"Zone_H"作为输入图层数据；在【Overlay layer】选项中，选择 N 区域边界数
据"Zone_N"作为叠加图层数据；在【Symmetrical difference】选项中，可对结果文件输出
位置进行设置，本节不作设置。

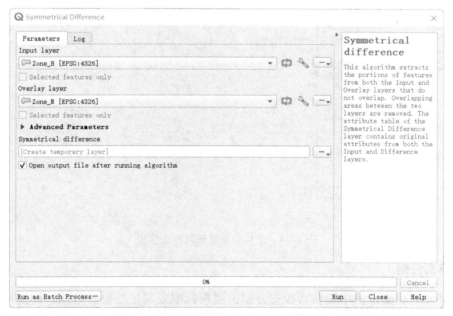

图 4-42　【Symmetrical Difference】选项设置

（4）最后，点击【Run】按钮运行该工具，运行成功后会自动加载结果，即图层"Symmetrical_difference"，如图 4-43 所示，其属性表字段如图 4-44 所示。

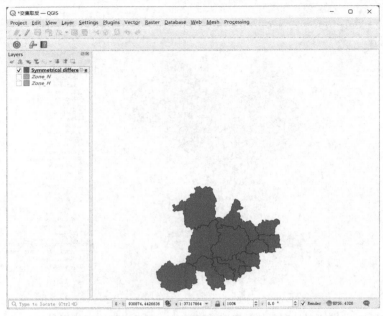

图 4-43　交集取反结果

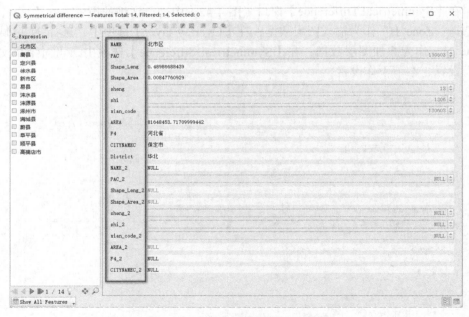

图 4-44　交集取反结果属性表字段

4.2.4　线要素分割

线要素分割功能指使用线要素数据分割面要素数据或其他线要素数据，即使用线要素达到对目标要素的分割效果。本节依据自主设定的线要素和面要素（即模拟数据）对线要素分割工具的使用过程进行演示介绍。具体步骤如下。

（1）在浏览面板（Browser）中，找到线要素数据"Paths.shp"和面要素数据"Polygon.shp"，将其拖动至 QGIS 界面右侧的显示区（或拖动至下方图层面板）。打开后的数据如图 4-45 和图 4-46 所示。

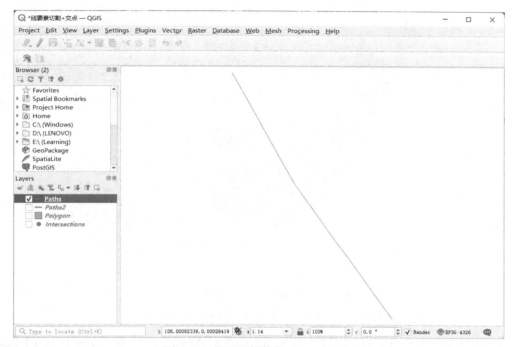

图 4-45　打开示例数据"Paths.shp"

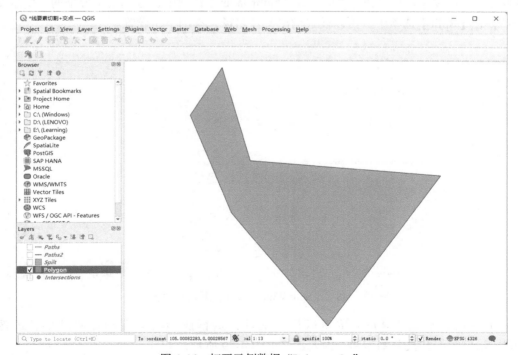

图 4-46　打开示例数据"Polygon.shp"

（2）在 QGIS 软件中的【Processing Toolbox】处理工具箱面板中，选择【Vector overlay】|【Split with lines】工具，如图 4-47 所示。

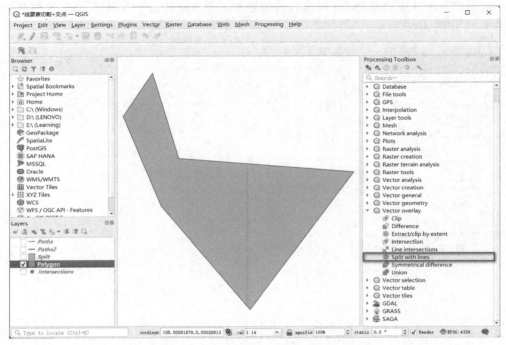

图 4-47　在工具箱中打开【Split with lines】工具

（3）在【Split With Lines】窗口（图 4-48）中进行详细的设置。在【Input layer】选项中选择被分割的面要素图层"Polygon"；在【Split layer】选项中，选择用于分割的线要素图层"Paths"；在【Split】选项中，可以设置输出文件路径，本例不作设置。

图 4-48　【Split With Lines】工具选项设置

（4）最后，点击【Run】按钮运行该工具，运行成功后会自动加载结果，即图层"Split"。示例数据共被分割为两个面要素，如图 4-49 所示。

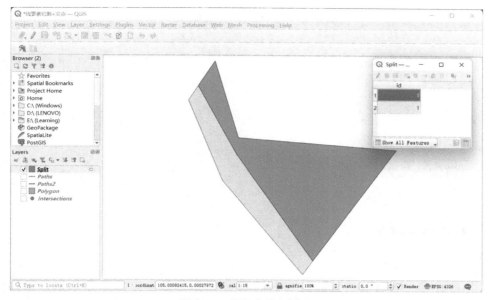

图 4-49　线要素分割结果

4.2.5　线要素交点

线要素交点工具可用来提取两个图层中线要素的交点，输入要素数据类型只能为线要素，输出结果图层为点要素图层。本节依据自主设定的线要素（模拟数据）对线要素交点工具使用的过程进行演示介绍。具体步骤如下。

（1）在浏览面板（Browser）中，找到线要素数据"Paths.shp"和"Paths2.shp"，将其拖动至 QGIS 界面右侧的显示区（或拖动至下方图层面板）。打开后的数据如图 4-50 和图 4-51 所示。

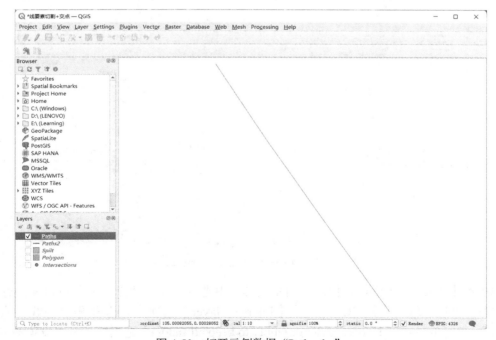

图 4-50　打开示例数据"Paths.shp"

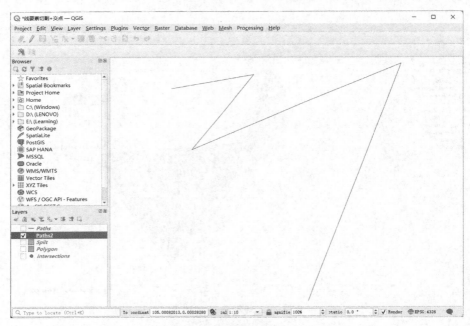

图 4-51　打开示例数据 "Paths2.shp"

（2）在 QGIS 软件中的【Processing Toolbox】处理工具箱面板中，选择【Vector overlay】|【Line intersections】工具，如图 4-52 所示。

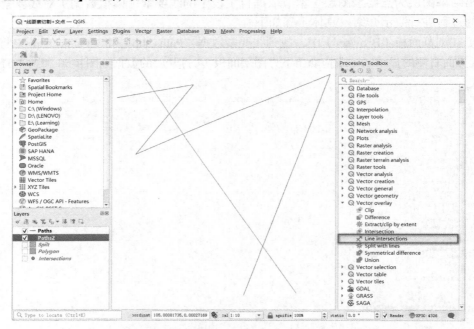

图 4-52　在工具箱中打开【Line Intersections】工具

（3）在【Line Intersections】窗口（图 4-53）中进行详细的设置。在【Input layer】选项中选择输入的线要素图层 "Paths"；在【Intersect layer】选项中，选择相交的线要素图层 "Paths2"；在【Input fields to keep (leave empty to keep all fields)】选项中，可以设置输出结果

图 4-53　【Line Intersections】工具选项设置

图层中所保留的输入图层中的属性字段，在【Intersect fields to keep (leave empty to keep all fields)】选项中，可以设置输出结果图层中所保留的相交图层中的属性字段，本例均不作设置，默认保留两个线要素图层中的所有属性字段；在【Intersections】选项中，可以设置输出文件路径，本例不作设置。

（4）最后，点击【Run】按钮运行该工具，运行成功后会自动加载结果，即图层"Intersections"，如图 4-54 所示。

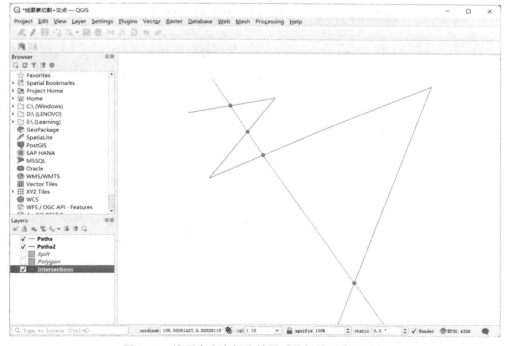

图 4-54　线要素交点提取结果（叠加线要素显示）

4.3　网　络　分　析

网络是指承载信息或资源流动的一系列相互连接的线要素集合，如交通网络、管线网络等。网络分析是对信息或资源在网络中的流动或分配情况进行分析，以实现对网络结构和资源分配的优化。QGIS 工具箱中关于网络分析的工具可分为两种类型。

（1）最短路径分析工具，包括三项具体的工具：Shortest path（layer to point）工具是生成一个图层中所有点要素到指定终点的最短路径；Shortest path（point to layer）工具是生成指定起点到一个图层中所有点要素的最短路径；Shortest path（point to point）工具是生成指定起点至指定终点的最短路径。

（2）服务区域分析工具，包括两项具体的工具：Service area（from point）工具可生成图层中某个点要素在网络中的服务区域范围；Service area（from layer）工具可生成图层中所有点要素在网络中的服务区域范围。

本节以 Shortest path（point to point）和 Service area（from layer）两个工具为例，分别对最短路径分析和服务区域分析的过程进行介绍。

4.3.1　最短路径分析

最短路径分析在生活中有着广泛应用，导航功能中的出行路线规划可根据出行者的个性化需求生成最短路径。最短路径分析指生成两个点要素在网络中的最短路径。其中"最短"不仅可以狭义地计算为距离最短，还可以广义地限定为时间消耗最少等。本节以某市道路数据为例，对最短路径分析的方法和过程进行介绍。

（1）在浏览面板（Browser）中找到道路数据"roads.shp"，将其拖动至 QGIS 界面右侧的显示区（或拖动至下方图层面板）。打开后的数据如图 4-55 所示。

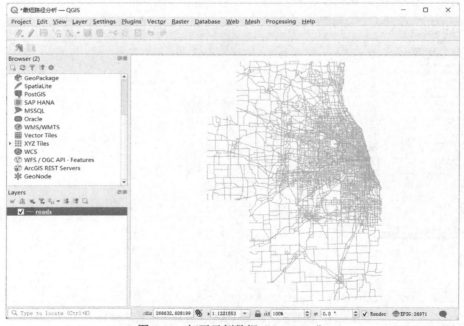

图 4-55　打开示例数据"roads.shp"

（2）在 QGIS 软件中的【Processing Toolbox】处理工具箱面板中，选择【Network analysis】|【Shortest path (point to point)】工具，如图 4-56 所示。

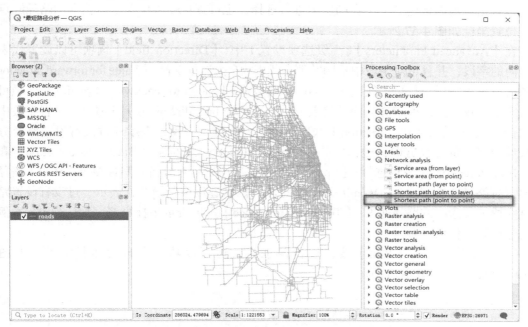

图 4-56　在工具箱中选择【Shortest path (point to point)】工具

（3）在【Shortest Path (Point to Point)】窗口（图 4-57）中进行详细的设置。在【Vector layer representing network】选项中选择 "roads" 构建网络；在【Path type to calculate】选项

图 4-57　【Shortest Path (Point to Point)】工具选项设置

中选择计算所得的路径类型，分为距离最短（Shortest）和时间最短（Fastest）两种，本例选择 "Shortest" 类型；在【Start point】和【End point】选项中选择或路径起点和终点位置，可通过点击选项右侧的 "…" 在图层中进行选择，也可直接输入位置坐标，本例路径起点和终点位置坐标如图 4-57 所示。

在【Advanced Parameters】（高级选项设置）中，【Direction field】选项可以设置代表路径方向的字段，并且可对字段中不同数值所代表的含义进行设置；【Value for forward direction】选项可以设置字段中仅可沿线要素方向向前的数值；【Value for backward direction】选项可以设置字段中仅可沿线要素方向向后的数值；【Value for both directions】选项可以设置字段中代表双向的数值；【Default direction】选项对默认方向进行设置，表示经过没有设置路径方向字段线要素时的路径方向，包括向前（Forward direction）、向后（Backward direction）和双向（Both directions）三种选择；【Speed field】选项用于针对分析时间最短（Fastest）路径类型时设置路径速度字段；【Default speed】选项对默认速度进行设置，表示经过没有设置路径速度字段线要素时的路径速度；【Topology tolerance】选项表示拓扑容差，默认为 0。本例对高级选项未作任何设置。

（4）最后，点击【Run】按钮运行该工具，运行成功后会自动加载结果，即图层 "Shortest path"，如图 4-58 所示。

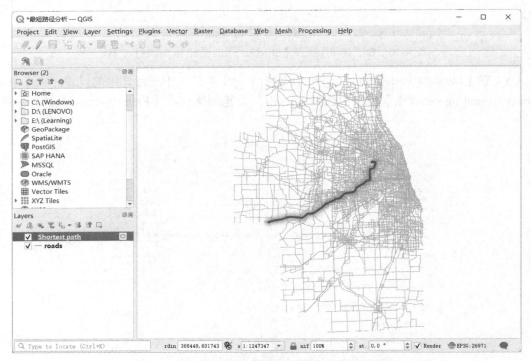

图 4-58　最短路径分析结果（与道路网络叠加显示）

4.3.2　服务区域分析

服务区域（或范围）分析是可达性研究中重要的一部分，指分析服务设施（医院、学校等）通过网络（道路网络等）提供服务时可覆盖的范围。本节以某市道路数据和医院位置数据为例，对服务区域分析的方法和过程进行介绍。

（1）在浏览面板（Browser）中，找到道路数据"roads.shp"和医院位置数据"hospital.shp"，将其拖动至 QGIS 界面右侧的显示区（或拖动至下方图层面板）。打开后的数据如图 4-59 和图 4-60 所示。

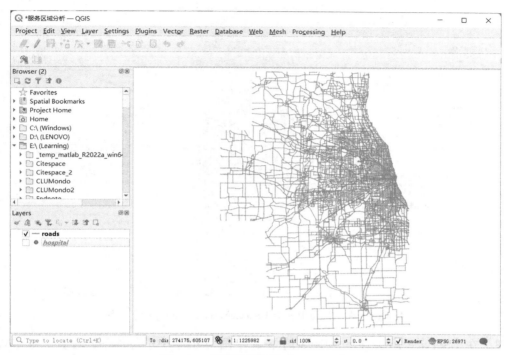

图 4-59　打开示例数据"roads.shp"

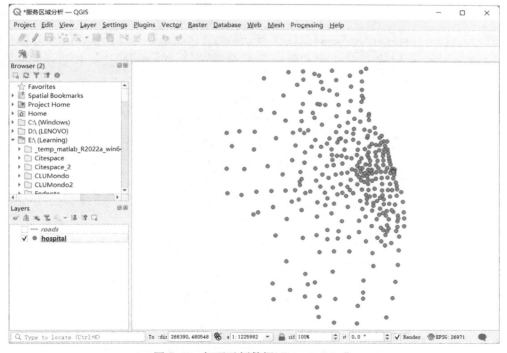

图 4-60　打开示例数据"hospital.shp"

（2）在 QGIS 软件中的【Processing Toolbox】处理工具箱面板中，选择【Network analysis】|【Service area (from layer)】工具，如图 4-61 所示。

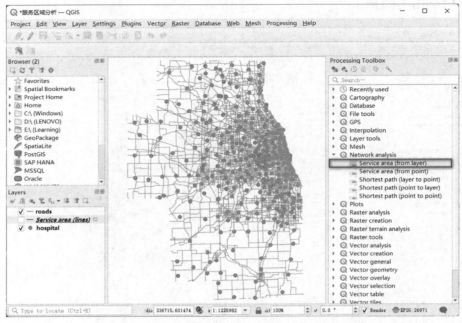

图 4-61　在工具箱中选择【Service area (from layer)】工具

（3）在【Service Area (From Layer)】窗口（图 4-62）中进行详细的设置。在【Vector layer representing network】选项中选择"roads"构建网络；【Path type to calculate】选项与

图 4-62　【Service Area (From Layer)】选项设置

"最短路径分析"中的工具选项功能相同，本例选择"Shortest"类型；在【Vector layer with start points】选项中选择"hospital"，表示生成服务区域的起点所在图层；在【Travel cost (distance for 'Shortest', time for 'Fastest')】选项中输入"8000"，表示生成的服务区域为从起点沿道路网络 8000m 能够到达的范围。【Advanced Parameters】（高级选项设置）同"最短路径分析"中的高级选项功能相同。

（4）最后，点击【Run】按钮运行该工具，运行成功后会自动加载结果，即图层"Service area (lines)"，如图 4-63 中加粗网络所示。

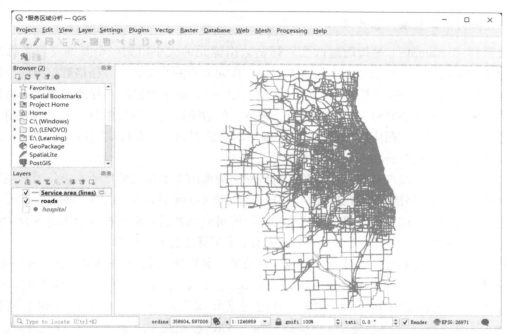

图 4-63　服务区域分析结果（与道路网络叠加显示）

第 5 章　栅格数据的编辑与处理

5.1　预　处　理

5.1.1　空间分辨率变换：重采样

重采样（resample）是指通过改变原栅格数据像元的大小得到一个新的栅格数据的过程。由于栅格数据所代表的地理空间范围不变，像元大小的改变意味着栅格数据空间分辨率的变化。"重采样"中的"采样"一词实际上体现的是对栅格数据的一种理解方式。栅格数据的传统来源依赖于在野外采集的样本点，样本点的数值即栅格数据中单个格子的数值。之所以称为"重采样"，是因为该过程相当于采用不同的规则（如采样间隔等）对研究区进行重新采样，从而生成分辨率不同的栅格数据。

重采样可分为升尺度和降尺度，分别对应栅格数据的基本单元的尺寸（边长）升高和降低两种情况。从空间分辨率的角度而言，升尺度和降尺度分别对应空间分辨率降低和升高两种情况。从实现途径的角度而言，升尺度和降尺度可分别通过栅格数据单元值的聚合和内插实现。在 QGIS 中，可以借助【Warp (reproject)…】工具进行实现重采样。

为演示【Warp (reproject)…】工具的重采样功能，本节对某区域植被指数地图 "NDVI.tif"（已随书发布）进行重采样。使用【Warp (reproject)…】工具进行重采样操作的具体步骤如下。

（1）在浏览面板（Browser）中，通过浏览和双击展开文件目录，找到示例数据 "NDVI.tif" 所在位置，将其拖动至 QGIS 界面右侧的显示区（或拖动至下方图层面板）打开。经颜色设置后的示例数据如图 5-1 中的显示区所示。

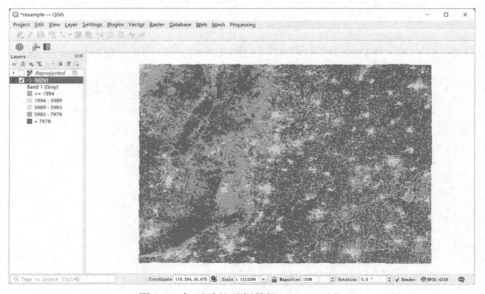

图 5-1　打开后的示例数据 "NDVI.tif"

（2）在 QGIS 软件中的菜单栏中，选择【Raster】|【Projections】，然后打开【Warp (reproject)...】工具，如图 5-2 所示。

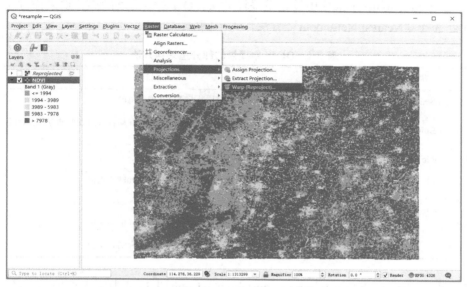

图 5-2　选择【Warp (reproject)...】工具

（3）在【Warp (reproject)】窗口中，在【Input layer】选项中选择需要进行重采样的栅格数据，本例中选择"NDVI"，如图 5-3 所示。在【Source CRS】选项中选择默认的坐标系

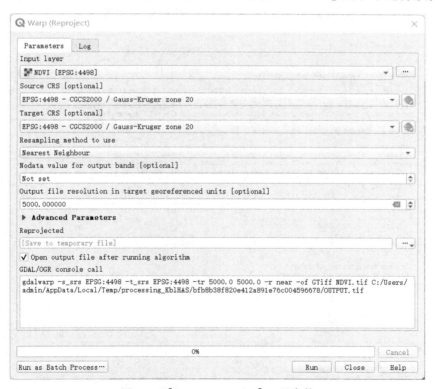

图 5-3　【Warp (reproject)】工具参数

"Clarke_1866_Albers"，此为栅格数据原本的投影坐标系。由于重采样过程不需要对坐标系进行改变，在【Target CRS】选项中选择的坐标系同样为"Clarke_1866_Albers"。在【Resampling method to use】选项中设置重采样方法，QGIS 中提供的部分重采样方法如表 5-1 所示，此处选择"Nearest Neighbour"方法作为示例。

表 5-1　QGIS 中提供的部分重采样方法

方法	特点
最近邻距离法（Nearest Neighbour）	为未知（重采样）点赋予其最近邻已知像元值的值
双线性内插法（Bilinear）	基于未知点周围的最近邻的 4 个像元，通过在横轴方向和纵轴方向分别进行线性插值的方法求解未知点的属性值
三次卷积法（Cubic）	使用三次多项式进行插值
平均值（Average）	未知点的值等于其对应所有原像元中非空像元的平均值
众数（Mode）	未知点的值等于其对应所有原像元中非空像元的众数
最大值（Max）	未知点的值等于其对应所有原像元中非空像元的最大值
最小值（Min）	未知点的值等于其对应所有原像元中非空像元的最小值

在【Output file resolution in target georeferenced units】选项中输入重采样后的空间分辨率，本例中输入"5000"，表示重采样后的栅格数据分辨率为 5km；最后，在【Reprojected】选项中设置输出文件位置。若不设置，将输出至临时文件夹。

（4）上述设置全部完成后，点击【Run】按钮运行重采样工具，运行成功后有如图 5-4 所示的提示"Execution completed in 0.14 seconds"，并提示会加载结果。

图 5-4　工具运行成功提示

（5）重采样前后的数据对比如图 5-5 所示。

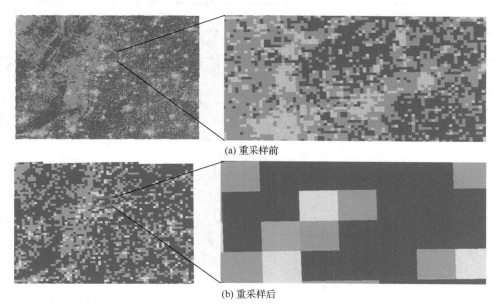

(a) 重采样前

(b) 重采样后

图 5-5　重采样前后的数据对比

5.1.2　主题分辨率变换：重分类

　　栅格数据的重分类是指按照新的分类规则对原有栅格数据的像元值进行重新分类，从而获得新的栅格数据的过程。重分类的关键是设置新的分类规则。在 QGIS 中，最常用的重分类工具是工具箱中【Raster analysis】模块下的【Reclassify by table】。在使用该工具的过程中，需要在 QGIS 界面中手动输入重分类表格。

　　本节对土地利用与土地覆盖变化地图进行重分类以演示【Reclassify by table】的功能。具体数据为某区域土地利用与土地覆盖变化地图 "LUCC.tif"（已随书发布）。在该数据中，共有水田、旱地、有林地、灌木林、疏林地等 26 种土地利用与土地覆盖类型。在网站的数据说明中，这 26 种土地利用与土地覆盖类型被称为"二级类型"，并从概念上和耕地、林地等 7 种"一级类型"具有对应关系，如表 5-2 所示。

表 5-2　原类别与新类别的对应关系

原分类体系（二级类型）		新分类体系（一级类型）	
像元值	含义	像元值	含义
11	水田	1	耕地
12	旱地		
21	有林地	2	林地
22	灌木林		
23	疏林地		
24	其他林地		

续表

原分类体系（二级类型）		新分类体系（一级类型）	
像元值	含义	像元值	含义
31	高覆盖度草地		
32	中覆盖度草地	3	草地
33	低覆盖度草地		
41	河渠		
42	湖泊		
43	水库坑塘		
44	永久性冰川雪地	4	水域
45	滩涂		
46	滩地		
51	城镇用地		
52	农村居民点	5	城乡、工矿、居民用地
53	其他建设用地		
61	沙地		
62	戈壁		
63	盐碱地		
64	沼泽地	6	未利用土地
65	裸土地		
66	裸岩石质地		
67	其他		
99	海洋	9	海洋

本例将利用【Reclassify by table】工具，根据表 5-2 中的对应关系，将土地利用与土地覆盖变化地图中的像元从原始的 26 类重分类为 7 类。具体步骤如下。

（1）在浏览面板（Browser）（图 5-6）中，通过浏览和双击展开文件目录，找到示例数据 "LUCC.tif" 所在位置，将其拖动至 QGIS 界面右侧的显示区（或拖动至下方图层面板）打开。打开后的示例数据如图 5-6 中的显示区所示。

（2）在 QGIS 软件中的【Processing Toolbox】处理工具箱面板中（图 5-7），选择【Raster analysis】|【Reclassify by table】工具，如图 5-8 所示。

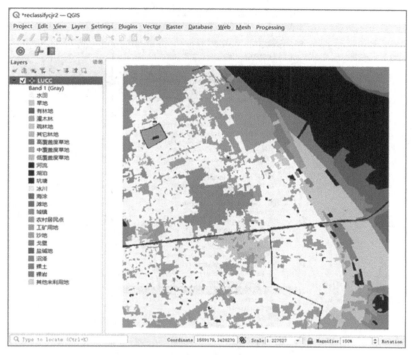

图 5-6 打开示例数据"LUCC.tif"

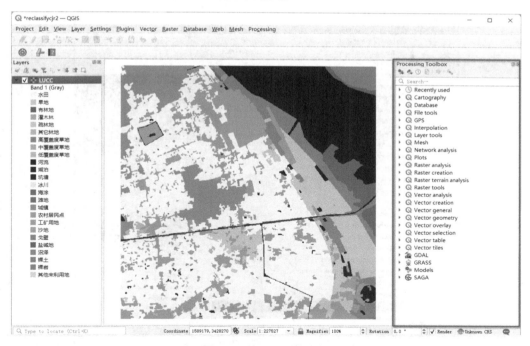

图 5-7 处理工具箱面板

注意,【Processing Toolbox】处理工具箱面板一般在 QGIS 软件中会被默认开启,显示在界面的右侧。若未默认开启,则可在 QGIS 软件界面的菜单栏中依次勾选【View】|【Panels】|【Processing Toolbox】,如图 5-9 所示。

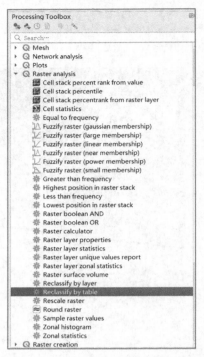

图 5-8 选择【Raster analysis】|【Reclassify by table】工具

图 5-9 在软件界面上显示处理工具箱面板

（3）在【Reclassify by table】窗口中，在【Raster layer】选项中选择需要进行重分类的栅格数据，本例中选择"LUCC"；在【Band number】选项中，选择栅格数据中的 1 个波段作为重分类的对象。在本例中，栅格数据"LUCC.tif"是单波段的数据，默认名称是"Band 1"，因此选择"Band 1（Gray）"，如图 5-10 所示。

图 5-10　【Reclassify by table】工具

（4）在【Reclassification table】选项的右侧点击【...】按钮，如图 5-11 所示。

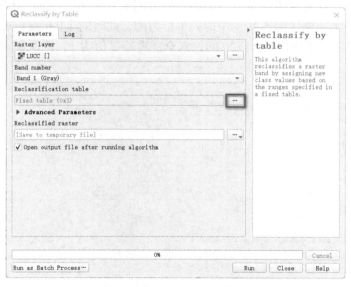

图 5-11　点击【...】按钮

（5）在随后出现的窗口中，添加重分类表格。依照原类别与新类别间的对应关系（表 5-2），手动设置重分类表格。本例中，手动设置重分类表格如图 5-12 所示。图 5-12 中，【Minimum】和【Maximum】代表原类别的像素值范围，【Value】代表对应的新类别的像素值。例如，图中的第 1 行表示将原类别中像素值在 10～20（该范围是否包括 10 和 20 在下步中设置）内的像素全部重新赋值为 1，由此实现重分类。最后点击【OK】按钮。

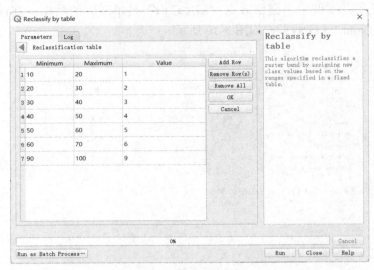

图 5-12　手动设置重分类表格

（6）重新回到【Reclassify by table】窗口，在【Advanced Parameters】模块下面的【Range boundaries】选项中选择范围边界，共有【min < value <= max】、【min <= value < max】、【min <= value <= max】和【min < value < max】四个选项。这些选项将决定 QGIS 如何解读手动设置的重分类表格。本例选择的选项为【min < value < max】，

如图 5-13 所示，这意味着在重分类表格中的范围为开区间，value 的取值范围不包括 min 和 max 值。以重分类表格（图 5-12）中的第 1 行为例，此时的【Range boundaries】设置意味着将原类别中像素值大于 10 且小于 20 的像素全部重新赋值为 1，由此实现重分类。

图 5-13　设置【Range boundaries】选项

（7）在【Reclassify by table】窗口中的【Reclassified raster】选项中，设置输出文件位置。上述设置全部完成后，点击【Run】按钮运行重分类工具，运行成功后有图 5-14 所示的提示"Execution completed in 0.35 seconds"，并提示会加载结果。

图 5-14　工具运行成功的提示

（8）重分类前后效果对比如图 5-15 所示。

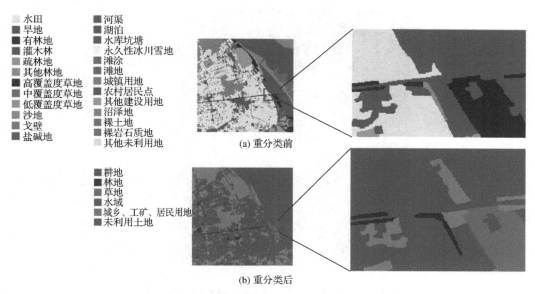

(a) 重分类前

(b) 重分类后

图 5-15　重分类前后效果对比

5.1.3　空间范围变换：裁剪与拼接

栅格数据的空间范围变换主要通过裁剪与拼接操作完成。在 QGIS 中，对栅格数据进行裁剪（简称栅格裁剪）有"按任意范围裁剪"（Clip raster by mask layer）和"按矩形范围裁剪"（Clip raster by extent）两种实现途径。栅格拼接指对有空间重叠范围的栅格数据进行拼接，主要通过"合并"（Merge）途径实现该操作。

本节将对栅格数据的裁剪与拼接的操作过程进行详细介绍。

1. 按任意范围裁剪

按任意范围裁剪指通过参照矢量面要素的空间范围裁剪目标栅格数据，其中矢量面要素可以为任意形状。本节将全国 1km 土地利用遥感监测数据 "ld2020.tif" 按照自行创建的矢量面要素（的空间范围）进行裁剪。其中，遥感监测数据来源为中国科学院资源环境科学与数据中心（https://www.resdc.cn/DOI/DOI.aspx?DOIID=54）。具体步骤如下。

（1）在浏览面板（Browser）中，找到下载的 2020 年全国 1km 土地利用遥感监测数据与区域范围数据，并将其拖动至 QGIS 界面右侧的显示区（或拖动至下方图层面板）。此外，打开自行创建的区域范围数据。

（2）在 QGIS 软件中的【Processing Toolbox】处理工具箱面板中，选择【GDAL】|【Raster extraction】|【Clip raster by mask layer】工具（图 5-16），或在菜单栏中选择【Raster】|【Extraction】|【Clip Raster by Mask Layer…】（图 5-17）。

（3）在【Clip Raster by Mask Layer】窗口（图 5-18）中进行详细的设置。在【Input layer】选项中选择全国 1km 土地利用遥感监测数据 "ld2020"；在【Mask layer】选项中，选

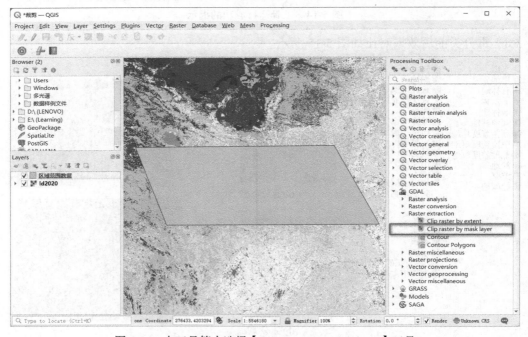

图 5-16　在工具箱中选择【Clip raster by mask layer】工具

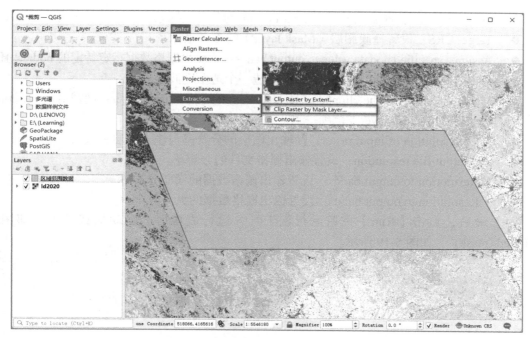

图 5-17　在菜单栏中选择【Clip Raster by Mask Layer…】命令

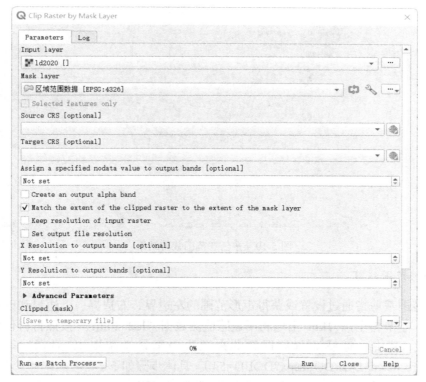

图 5-18　【Clip Raster by Mask Layer】选项设置

择裁剪参照矢量面数据"区域范围数据"，在【Clipped (mask)】选项中选择输出文件位置。其他可选选项的含义如下。

- Source CRS：设置输入图层（Input layer）的参考坐标系。
- Target CRS：设置掩膜图层（Mask layer）的参考坐标系。
- Assign a specified nodata value to output bands：为输出栅格数据指定特定的 nodata 值。
- Create an output alpha band：为结果创造一个透明度波段。
- Match the extent of the clipped raster to the extent of the mask layer：使裁剪后的栅格数据范围与掩膜图层（Mask layer）范围一致。
- Keep resolution of input raster：使输出图层的分辨率与输入图层一致。
- Set output file resolution：设置输出栅格文件的分辨率。
- X Resolution to output bands：设置输出栅格数据的横向分辨率。
- Y Resolution to output bands：设置输出栅格数据的纵向分辨率。

（4）最后，点击【Run】按钮运行该工具，运行成功后会自动加载结果，即图层"Clipped (mask)"，如图 5-19 所示。

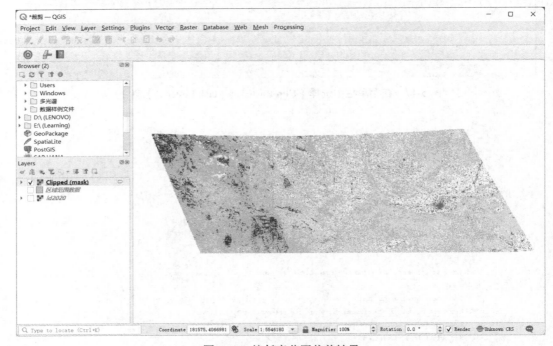

图 5-19　按任意范围裁剪结果

2. 按矩形范围裁剪

按矩形范围裁剪指通过设置或获得矩形范围的左边界、右边界、上边界和下边界裁剪目标栅格数据。本节将全国 1km 土地利用遥感监测数据"ld2020.tif"按照自行创建的区域范围进行裁剪。其中，遥感监测数据集的来源为中国科学院资源环境科学与数据中心（https://www.resdc.cn/ DOI/DOI.aspx?DOIID=54）。具体步骤如下。

（1）在浏览面板（Browser）中，找到下载的全国 1km 土地利用遥感监测数据"ld2020.tif"与区域范围数据，并将其拖动至 QGIS 界面右侧的显示区（或拖动至下方图层面板）。

（2）在 QGIS 软件中的【Processing Toolbox】处理工具箱面板中，选择【GDAL】|

【Raster extraction】|【Clip raster by extent】工具（图 5-20），或在菜单栏中选择【Raster】|
【Extraction】|【Clip Raster by Extent…】（图 5-21）。

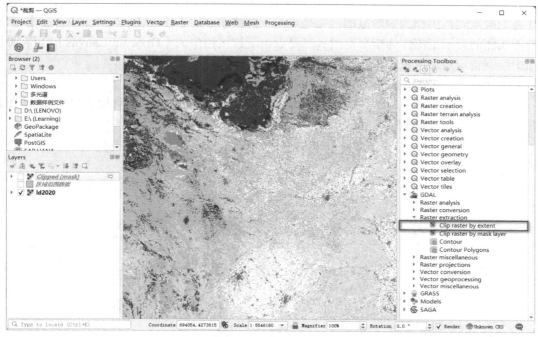

图 5-20　在工具箱中选择【Clip raster by extent】工具

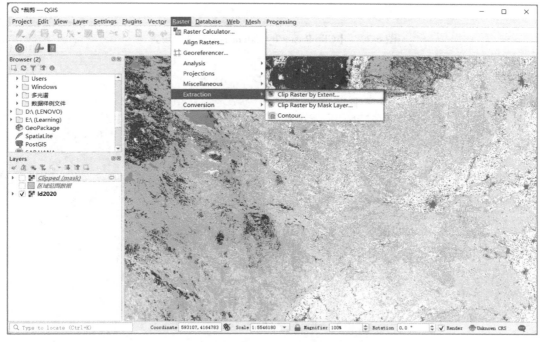

图 5-21　在菜单栏中选择【Clip Raster by Extent…】命令

（3）在【Clip Raster by Extent】窗口（图 5-22）中进行详细的设置。在【Input layer】选

项中选择被裁剪的目标栅格数据"ld2020";在【Clipping extent】选项中，可手动输入或获取矩形范围的左边界、右边界、下边界和上边界。

矩形范围可通过三种方式获取：一是点击下拉按钮中的【Calculate from Layer】选项，可获得图层空间范围作为矩形范围；二是点击下拉按钮中的【Use Map Canvas Extent】，可获得地图视图的显示范围作为矩形范围；三是点击下拉按钮中的【Draw on Canvas】，可在地图视图中绘制特定矩形区域作为矩形范围。

本例选择【Use Map Canvas Extent】获得矩形范围的边界（图 5-22）。

（4）最后，点击【Run】按钮运行该工具，运行成功后会自动加载结果，即图层"Clipped (extent)"，如图 5-23 所示。

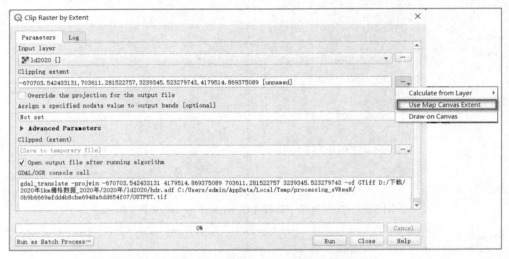

图 5-22　【Clip Raster by Extent】工具选项设置

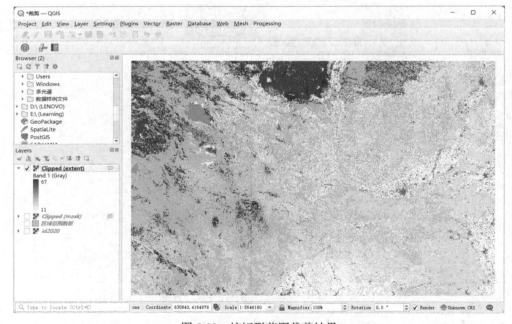

图 5-23　按矩形范围裁剪结果

3. 栅格拼接

本例将具有重叠区域的栅格数据进行拼接。具体步骤如下。

（1）在浏览面板（Browser）中，找到下载的遥感影像数据，并将其拖动至 QGIS 界面右侧的显示区（或拖动至下方图层面板），如图 5-24 所示。

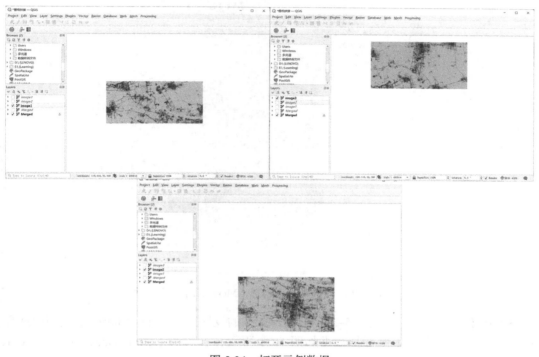

图 5-24　打开示例数据

（2）在 QGIS 软件中的【Processing Toolbox】处理工具箱面板中，选择【GDAL】|【Raster miscellaneous】|【Merge】工具（图 5-25），或在菜单栏中选择【Raster】|【Miscellaneous】|

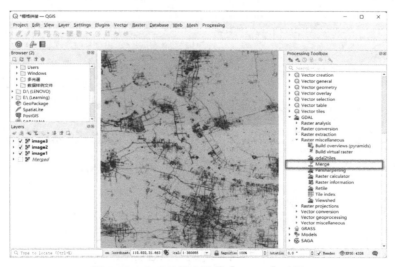

图 5-25　在工具箱中选择【Merge】工具

【Merge…】（图 5-26）。

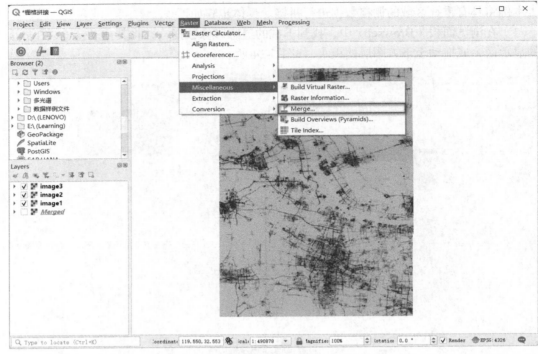

图 5-26　在菜单栏中选择【Merge…】命令

（3）在【Merge】窗口（图 5-27）中进行详细的设置。在【Input layers】选项中选择要进行栅格拼接的数据，本例选择数据如图 5-28 所示；若勾选【Grab pseudocolor table from

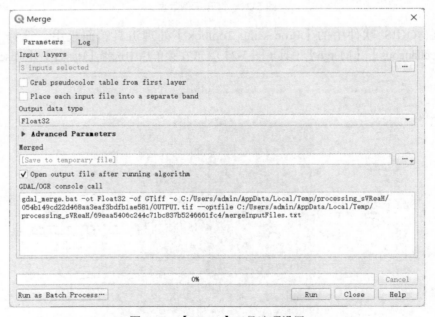

图 5-27　【Merge】工具选项设置

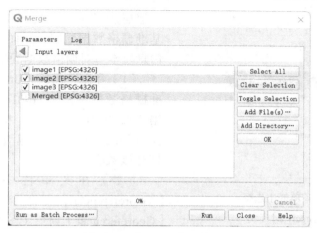

图 5-28　【Input layers】选择

first layer】选项，则表示输出数据的颜色表使用第一个输入图层的图像颜色表；若勾选
【Place each input file into a separate band】选项，则表示在栅格拼接的同时进行波段合成；在
【Output data type】选项中选择输出数据类型；在【Merged】选项中选择输出文件位置。

（4）最后，点击【Run】按钮运行该工具，运行成功后会自动加载结果，即图层
"Merged"，如图 5-29 所示。

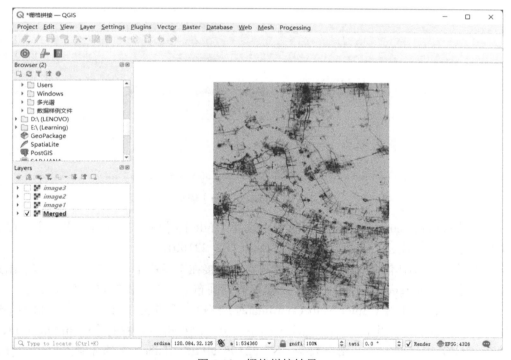

图 5-29　栅格拼接结果

5.1.4　栅格数据的配准

对于没有坐标系信息或者坐标错误的栅格数据（如直接扫描而得的电子地图、原始的卫

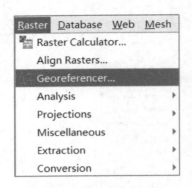

图 5-30　在菜单栏中选择
【Georeferencer…】命令

星遥感影像），需要将其与已知坐标系信息的基准栅格数据配准，从而获得正确的地理坐标信息。本节对栅格数据的配准过程进行介绍。

（1）在浏览面板（Browser）中，找到待配准栅格数据"S2_221001all.tif"和基准栅格数据"S2_221003all.tif"，将其拖动至 QGIS 界面右侧的显示区（或拖动至下方图层面板），打开该数据。

（2）在菜单栏中选择【Raster】|【Georeferencer…】命令（图 5-30），打开【Georeferencer】窗口（图 5-31）。

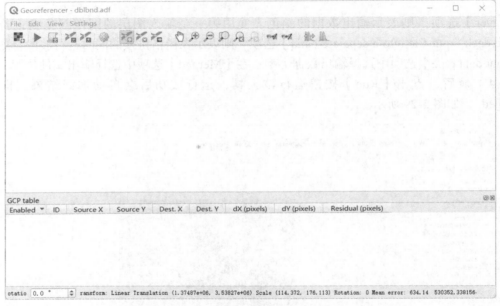

图 5-31　【Georeferencer】窗口

（3）在【Georeferencer】窗口的菜单栏中选择【File】|【Open Raster…】命令，或者直接在工具栏中点击■按钮，加载待配准栅格数据"S2_221001all.tif"。

（4）随后，在待配准栅格数据中添加控制点。直接在工具栏中点击■按钮，随后出现十字光标。在【Georeferencer】窗口中待配准栅格数据画布上下选择控制点（图 5-32）。

（5）点选后，会弹出【Enter Map Coordinates】窗口（图 5-33）。既可以在窗口中手动输入该控制点的 X 坐标、Y 坐标并选择相应坐标系，也可以点击右下方的【From Map Canvas】按钮，在 QGIS 主界面的基准栅格数据"S2_221003all.tif"地图上点选控制点对应位置，自动获取坐标及坐标系信息。最后，点击【OK】按钮。

（6）只有在待配准栅格数据地图上找到三个或以上的控制点，才可以进行栅格数据配准。通常，控制点数量越多，配准精度越高。点选完控制点后，在【Georeferencer】窗口中下方的"GCP Table"中可以查看控制点和配准点的信息（图 5-34）。其中"Source X"和

图 5-32　在【Georeferencer】窗口中点选控制点

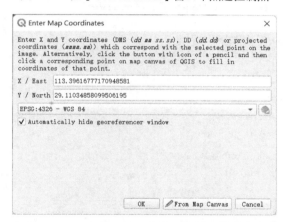

图 5-33　在【Enter Map Coordinates】窗口中设置控制点真实坐标信息

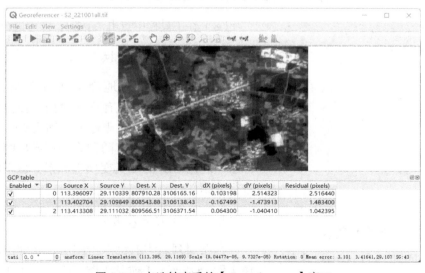

图 5-34　点选结束后的【Georeferencer】窗口

"Source Y"代表控制点在待配准栅格中的 *X* 坐标和 *Y* 坐标。"Dest. X"和"Dest. Y"代表控制点对应位置在基准栅格中的 *X* 坐标和 *Y* 坐标。

（7）在工具栏中点击 按钮，弹出【Transformation Settings】窗口（图 5-35），对栅格配准的【Transformation type】匹配模式、【Resampling method】重采样方法、【Target SRS】目标坐标系、【Output raster】输出栅格位置等进行具体设置。最后，点击【OK】按钮。

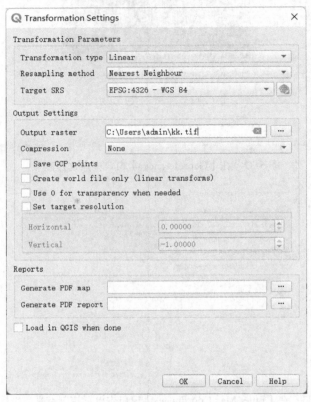

图 5-35　【Transformation Settings】窗口设置

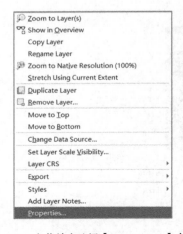

图 5-36　在菜单中选择【Properties...】命令

（8）在工具栏中点击 按钮，即可进行配准。

5.1.5　坐标系定义与变换

正确的坐标系对地理空间数据至关重要。在 QGIS 中，坐标系定义有三种途径：在显示时定义坐标系、导出图层时定义坐标系、利用 GDAL 工具定义坐标系；坐标系变换有两种途径：导出图层时变换坐标系、利用 GDAL 工具变换坐标系。以下将对其分别进行介绍。

1. 在显示时定义坐标系

在图层列表中右键点击图层，在弹出的菜单中选择【Properties...】命令（图 5-36）。在随后弹出的对话框中选择【Source】选项卡，在【Assigned Coordinate Reference System (CRS)】中设置坐标系信息即可（图 5-37）。需要注意的是，该方法并未改变原始数据的坐标系，只对本次显示有效。

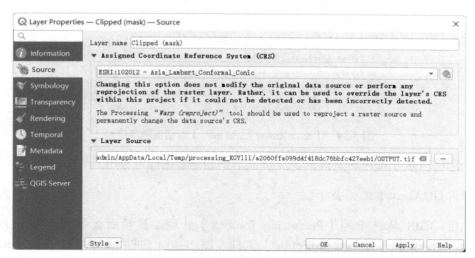

图 5-37　在【Source】选项卡中定义坐标系

2. 导出图层时定义/变换坐标系

在导出图层时也可以定义或变换坐标系信息。具体方法如下。

（1）在图层列表中右键点击图层，在弹出的菜单中选择【Export】|【Save As...】命令（图 5-38）。

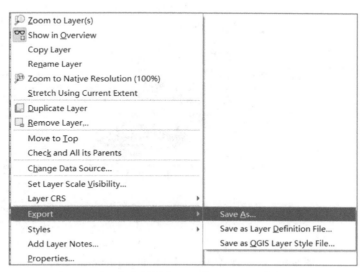

图 5-38　在菜单栏中选择【Save As...】命令

（2）在弹出的【Save Raster Layer as...】对话框中，将【CRS】选项设置为要定义或转换的坐标系；在【Output mode】选项中选择【Raw data】；在【Format】选项中选择输出文件格式；其余选项保持默认状态（图 5-39）。

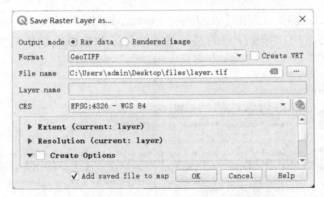

图 5-39　【Save Raster Layer as...】对话框选项设置

（3）点击【OK】按钮，坐标系定义/变换后的栅格数据即可导出。

3. 利用 GDAL 工具定义坐标系

（1）在 QGIS 软件中的【Processing Toolbox】处理工具箱面板中，选择【GDAL】|【Raster projections】|【Assign projection】工具（图 5-40），或在菜单栏中选择【Raster】|【Projections】|【Assign Projection...】命令（图 5-41）。

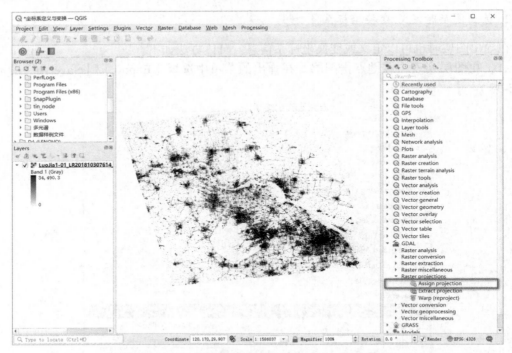

图 5-40　在工具箱中选择【Assign projection】工具

（2）在【Assign Projection】窗口（图 5-42）中进行详细的设置。在【Input layer】选项中选择需要定义坐标系的栅格数据；在【Desired CRS】选项中，选择新定义的坐标系。最后，点击【Run】按钮即可。

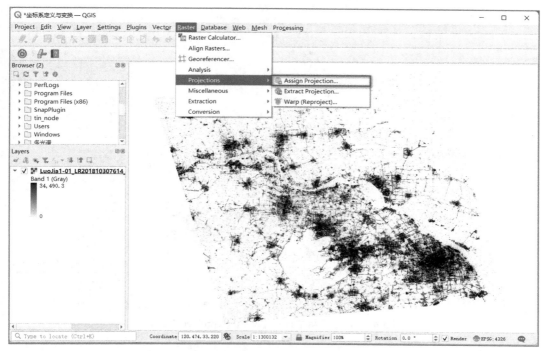

图 5-41　在菜单栏中选择【Assign Projection...】命令

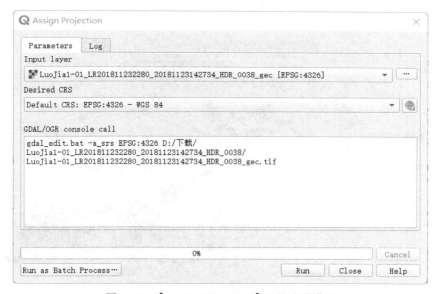

图 5-42　【Assign Projection】工具选项设置

4. 利用 GDAL 工具变换坐标系

（1）在 QGIS 软件中的【Processing Toolbox】处理工具箱面板中，选择【GDAL】|
【Raster projections】|【Warp (reproject)】工具（图 5-43），或在菜单栏中选择【Raster】|
【Projections】|【Warp (Reproject)...】命令（图 5-44）。

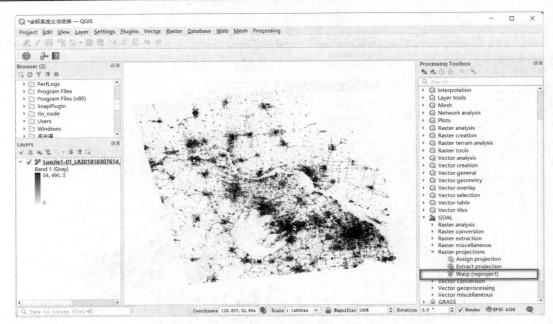

图 5-43　　在工具箱中选择【 Warp (reproject) 】工具

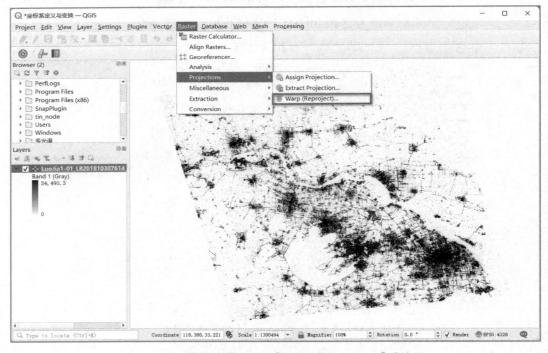

图 5-44　　在菜单栏中选择【 Warp (Reproject)... 】命令

（2）在【 Warp (Reproject) 】窗口（图 5-45）中进行详细的设置。在【 Input layer 】选项中选择需要变换坐标系的栅格数据；在【 Target CRS 】选项中，选择变换后的坐标系。如果原始的栅格数据坐标系信息不正确，则需要在【 Source CRS 】选项中将原始栅格数据设置为正确的坐标系。其余选项保持默认状态。最后，点击【 Run 】按钮即可。

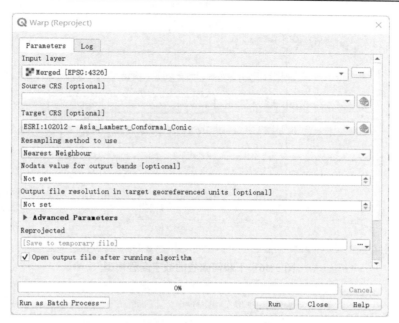

图 5-45　【Warp (Reproject)】工具选项设置

5.2　数字地形分析

5.2.1　坡度分析

坡度分析指计算地形的坡度。坡度值反映地形的陡峭程度，坡度值越大代表地形越陡峭。坡度分析的输入数据通常为数字高程模型（digital elevation model，DEM），即像元值为高程的栅格数据。注意，从技术可行性上而言，任何数值型栅格数据均可作为 QGIS 坡度分析功能的输入数据，但其结果解释可能不再是地形坡度。

此外，QGIS 要求输入数据的平面空间坐标值（x 值和 y 值）与高程值（z 值）具有相同的单位，如均为米。若单位不同，则需要设置额外的转换参数 "scale"，且该转换参数的数值与地理位置有关。例如，当空间坐标值的形式是经纬度（即单位是弧度），但高程值的单位是英尺时，转换参数 "scale" 在赤道附近的数值是 370400。又如，当空间坐标值的形式是经纬度，但高程值的单位是米时，转换参数 "scale" 在赤道附近的数值是 111120。

本节对河南省的地形进行坡度分析，输入数据为河南省的数字高程模型。数据来源为中国科学院资源环境科学与数据中心（https://www.resdc.cn/data.aspx?DATAID=284），如图 5-46 所示。该数据的空间分辨率为 90m，文件格式为 adf（该格式是 ArcGIS 内部的栅格数据结构，QGIS 软件也可直接打开该格式的文件）。具体步骤如下。

（1）在浏览面板（Browser）中，找到下载的河南省高程数据 "hdr.adf"，将其拖动至 QGIS 界面右侧的显示区（或拖动至下方图层面板），打开后的数据如图 5-47 所示。这些数据刚好覆盖河南省地理范围。

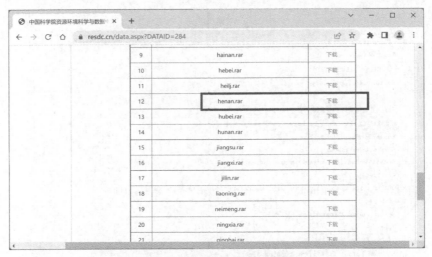

图 5-46　下载河南省的数字高程模型

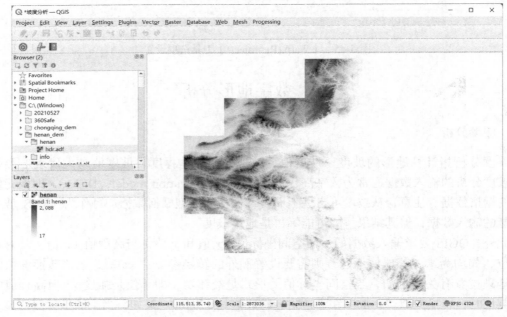

图 5-47　打开示例数据 "hdr.adf"

　　通过查看该数据的属性可知，该数据的空间参考系统为地理坐标系 WGS 84，空间坐标值的形式是经纬度，如图 5-48 所示。

Coordinate Reference System (CRS)

Name	EPSG:4326 - WGS 84
Units	Geographic (uses latitude and longitude for coordinates)
Method	Lat/long (Geodetic alias)
Celestial body	Earth
Accuracy	Based on *World Geodetic System 1984 ensemble* (EPSG:6326), which has a limited accuracy of **at best 2 meters**.
Reference	Dynamic (relies on a datum which is not plate-fixed)

图 5-48　"henan" 图层的空间参考系统

（2）为简便起见，本书接下来进行投影转换，使数据的空间坐标值（x 值和 y 值）与高程值（z 值）具有相同的单位。具体方法如下：右键点击打开后示例数据所在的图层"henan"，依次选择【Export】|【Save As…】，如图 5-49 所示。

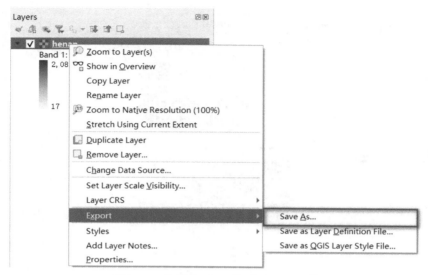

图 5-49　选择【Export】|【Save As…】

（3）在随后弹出的【Save Raster Layer as…】窗口（图 5-50）中，在【Format】选项的下拉菜单中选择"GeoTIFF"；在【File name】选项中选择输出文件路径；在【CRS】选项的下

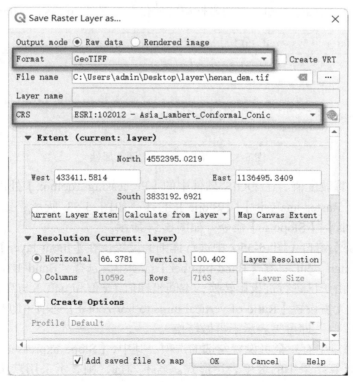

图 5-50　【Save Raster Layer as…】窗口

拉菜单中选择 "ESRI: 102010 – Asia_Lambert_Conformal_Conic" 投影坐标系。

（4）在【Save Raster Layer as…】窗口中完成设置后，点击【OK】。投影转换后的图层将自动加载，即图层 "henan_dem"，如图 5-51 所示。

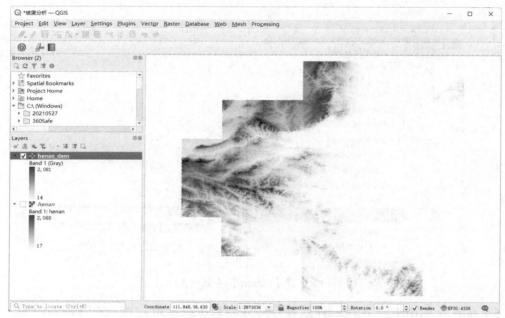

图 5-51　投影转换后的图层 "henan_dem" 自动加载

通过查询该图层的属性可知，空间坐标值的单位已是米（meters），如图 5-52 所示。

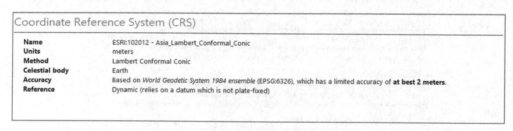

图 5-52　"henan_dem" 图层属性

（5）接下来计算坡度值。在 QGIS 软件中的【Processing Toolbox】处理工具箱面板中，选择【GDAL】|【Raster analysis】|【Slope】工具，如图 5-53 所示；或在菜单栏中选择【Raster】|【Analysis】|【Slope…】命令，如图 5-54 所示。

（6）在【Slope】窗口（图 5-55）中进行详细的设置。在【Input layer】选项中选择投影转换后的数据 "henan_dem"；在【Band number】选项中，选择 "Band 1 (Gray)"，表示该数据为单波段数据；由于已进行过投影转换，空间坐标值（x 值和 y 值）与高程值（z 值）具有相同的单位，因此无需设置【Ratio of vertical units to horizontal】选项（即前文提到的转换参数 "scale"），使用 "1" 即可（表示不再做转换）。

在【Slope】窗口中有三个可设置勾选的选项。其中，【Slope expressed as percent instead of degrees】表示计算结果中的坡度表达形式。若不勾选，则表示采用默认表达形式，即角度；若勾选，则转换为百分数。【Compute edges】表示坡度计算时考虑处理栅格数据边缘的

图 5-53 在工具箱中选择【Slope】工具

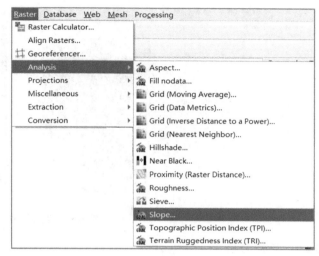

图 5-54 在菜单栏中选择【Slope...】命令

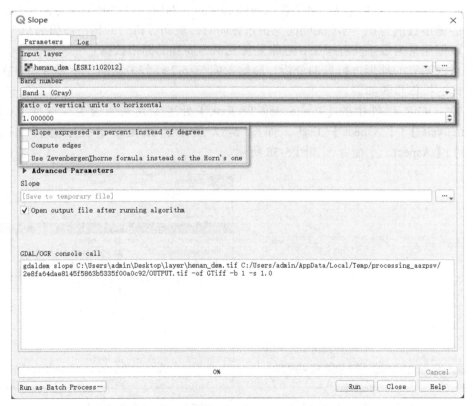

图 5-55 【Slope】工具选项设置

像元。【Use ZevenbergenThorne formula instead of the Horn's one】表示计算坡度时，采用更适用于平坦地方的 ZevenbergenThorne 算法代替默认的 Horn 算法。

（7）最后，点击【Run】按钮运行该工具，运行成功后会自动加载结果，即图层"Slope"，如图 5-56 所示。从图例中可知，结果中的坡度值分布于 0～73.93°。

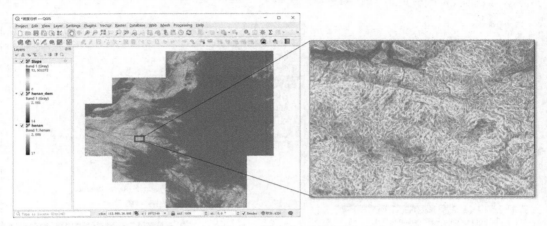

图 5-56　坡度分析结果

5.2.2　坡向分析

坡向分析是指计算地形表面的坡面朝向。在默认情况下，以正北方向为基准，顺时针方向旋转，依次从 0 到 360°，以此数值表示坡面的朝向。例如，当坡面朝向为正北方向时，坡向分析后的栅格数值为 0；当坡面朝向为正东方向时，坡向分析后的栅格数值为 90°。坡向分析的输入数据通常为数字高程模型，通常是像元值为高程的栅格数据。

本节对河南省的地形进行坡向分析，原始数据与 5.2.1 节中相同，不再赘述。在打开数据后，具体的操作步骤如下。

（1）在 QGIS 软件中的【Processing Toolbox】处理工具箱面板中，选择【GDAL】|【Raster analysis】|【Aspect】工具，如图 5-57 所示；或在菜单栏中选择【Raster】|【Analysis】|【Aspect...】命令，如图 5-58 所示。

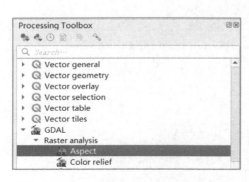

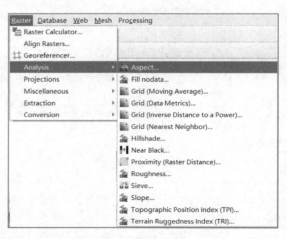

图 5-57　在工具箱中选择【Aspect】工具　　　　图 5-58　在菜单栏中选择【Aspect...】命令

（2）在【Aspect】窗口（图 5-59）中进行详细的设置。具体而言，在【Input layer】选项中选择数据 "henan"；在【Band number】选项中，选择 "Band 1: henan"，表示该数据为单波段数据；其余选项保持默认即可。

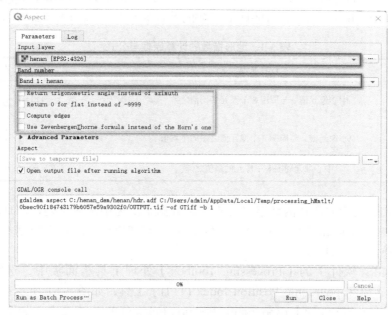

图 5-59　【Aspect】工具选项设置

【Aspect】窗口的下方有三个可供用户勾选的选项。其中，【Return trigonometric angle instead of azimuth】表示将输出结果从以 "正北方向" 为基准修改为以 "正东方向" 为基准；【Return 0 for flat instead of –9999】表示用 0 代替默认的–9999 作为无法计算坡向时（即地形平坦）的结果值；【Compute edges】表示坡向计算时包括处于栅格数据边缘的像元；【Use ZevenbergenThorne formula instead of the Horn's one】表示在计算坡向时，使用更适用于平坦地形的 ZevenbergenThorne 算法代替默认的 Horn 算法。

（3）最后，点击【Run】按钮运行该工具，运行成功后会自动加载结果，即图层 "Aspect"，如图 5-60 所示。从图例中可知，计算结果中的坡向值分布于 0～359.89°。

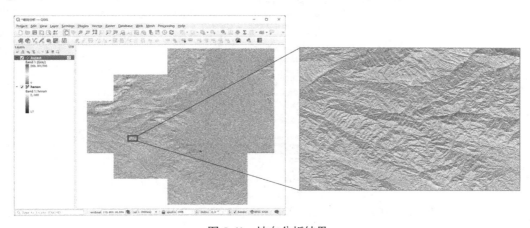

图 5-60　坡向分析结果

5.2.3　地形指数分析

在 QGIS 中，除了可以对地形数据进行坡度和坡向分析外，还可以计算三种地形指数：地形位置指数（topographic position index，TPI）、地形粗糙指数（terrain ruggedness index，TRI）、粗糙度（roughness，R）。这些地形指数的计算原理与公式如表 5-3 所示。

表 5-3　地形指数的计算原理与公式

地形指数	计算原理	公式
TPI	中心像元值 e 与周围 8 个像元平均值之差	$\mathrm{TPI} = e - \sum_{i=1}^{8} e_i / 8$
TRI	中心像元值 e 与周围 8 个像元值之差的平均值	$\mathrm{TRI} = \sum_{i=1}^{8} \lvert e - e_i \rvert / 8$
R	中心像元周围 8 个像元的最值之差	$R = \mathrm{Max}(e_i) - \mathrm{Min}(e_i)$

本节的输入数据为河南省的数字高程模型。数据来源为中国科学院资源环境科学与数据中心（https://www.resdc.cn/data.aspx?DATAID=284），与 5.2.1 节的输入数据相同。在打开数据后，具体的操作步骤如下。

（1）在 QGIS 软件中的【Processing Toolbox】处理工具箱面板中，选择【GDAL】|【Raster analysis】|【Topographic Position Index (TPI)】工具，如图 5-61 所示；或在菜单栏中选择【Raster】|【Analysis】|【Topographic Position Index (TPI)...】命令，如图 5-62 所示。

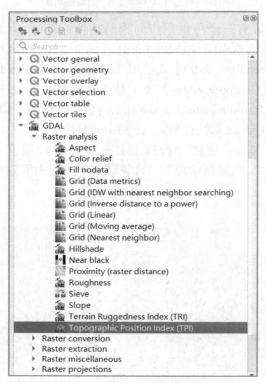

图 5-61　在工具箱中选择【Topographic Position Index (TPI)】工具

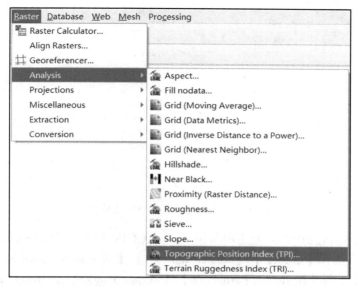

图 5-62　在菜单栏中选择【Topographic Position Index (TPI)】命令

（2）在【Topographic Position Index (TPI)】窗口（图 5-63）中进行详细的设置。其中，在【Input layer】选项中数据"henan"；在【Band number】选项中，选择"Band 1: henan"，表示该数据为单波段数据。

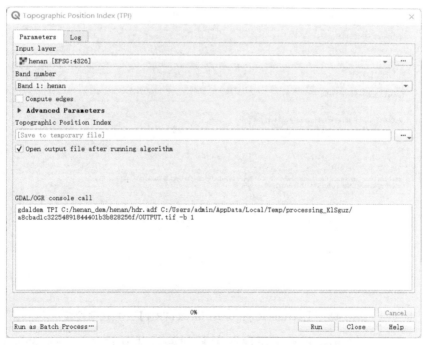

图 5-63　【Topographic Position Index (TPI)】工具选项设置

（3）最后，点击【Run】按钮运行该工具，运行成功后会自动加载结果，即图层"Topographic Position Index"，调整显示效果后的图层如图 5-64 所示。

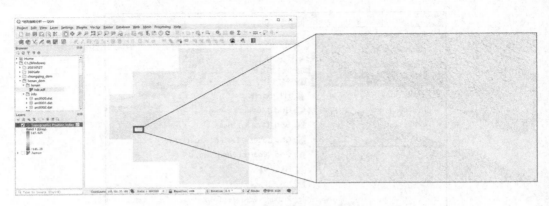

图 5-64　地形位置指数分析结果图

（4）地形粗糙指数的计算与上述步骤相似。在 QGIS 软件中的【Processing Toolbox】处理工具箱面板中，选择【GDAL】|【Raster analysis】|【Terrain Ruggedness Index (TRI)】工具；或在菜单栏中选择【Raster】|【Analysis】|【Terrain Ruggedness Index (TRI)...】命令。

（5）在【Terrain Ruggedness Index (TRI)】窗口（图 5-65）中进行详细设置。在【Input layer】选项中选择数据 "henan"；在【Band number】选项中，选择 "Band 1: henan"，表示该数据为单波段数据。

图 5-65　【Terrain Ruggedness Index (TRI)】工具选项设置

（6）最后，点击【Run】按钮运行该工具，运行成功后会自动加载结果，即图层 "Terrain Ruggedness Index"，调整显示效果后的图层如图 5-66 所示。

（7）粗糙度计算的功能可以在 QGIS 软件中的【Processing Toolbox】处理工具箱面板中打开，选择【GDAL】|【Raster analysis】|【Roughness】工具；或在 QGIS 软件的菜单栏中选择【Raster】|【Analysis】|【Roughness...】命令。过程与结果不再赘述。

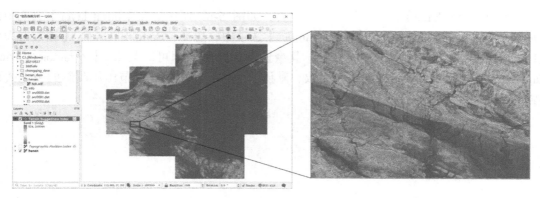

图 5-66　地形粗糙指数分析结果图

5.2.4　山体阴影分析

山体阴影分析是指在假设存在光源的情况下（在无穷远处的光源以特定方位和高度照射地形表面），计算地形所表现出的阴影视觉效果。山体阴影分析的结果是栅格数据，像元值范围为 0~255，数值越大代表越明亮（即阴影越少）。

本节的输入数据为河南省的数字高程模型。数据来源为中国科学院资源环境科学与数据中心（https://www.resdc.cn/data.aspx?DATAID=284），与 5.2.1 节的输入数据相同。山体阴影分析中也要求地形数据的空间坐标值（x 值和 y 值）与高程值（z 值）具有相同的单位，否则需设置额外的转换参数。本节采用 5.2.1 节中投影转换后的数据作为示例数据。在打开示例数据后，具体的操作步骤如下。

（1）在 QGIS 软件中的【Processing Toolbox】处理工具箱面板中，选择【GDAL】|【Raster analysis】|【Hillshade】工具，如图 5-67 所示；或在菜单栏中选择【Raster】|【Analysis】|【Hillshade...】命令，如图 5-68 所示。

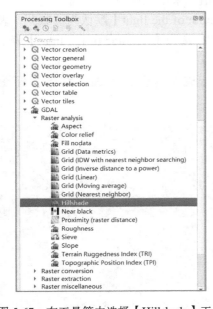

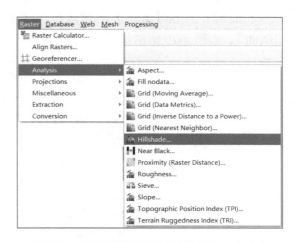

图 5-67　在工具箱中选择【Hillshade】工具　　　　图 5-68　在菜单栏中选择【Hillshade...】命令

（2）在【Hillshade】窗口中进行详细设置，如图 5-69 所示。在【Input layer】选项中选择输入数据 "henan_dem"；在【Band number】选项中，选择 "Band 1 (Gray)"（该数据为单波段数据，因此仅有 1 个波段可选），其余选项保持默认即可。其中，【Z factor (vertical exaggeration)】表示输出结果的缩放系数，默认值为 "1"，可用于调节山体阴影的视觉效果的强弱。

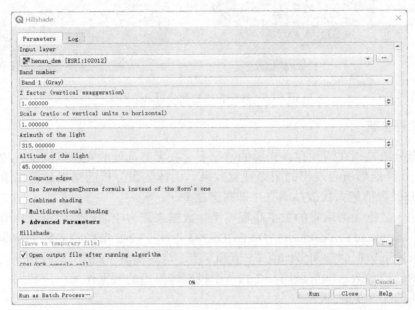

图 5-69　【Hillshade】工具选项设置

如果地形数据的空间坐标值（x 值和 y 值）与高程值（z 值）具有相同的单位，则无需调整【Scale (ratio of vertical units to horizontal)】选项的数值，采用默认值 "1" 即可。

另外，还可以调整光源的方向和高度。选项【Azimuth of the light】默认为 "315"，表示光源的方位角为以正北方向为基准，顺时针旋转的 315°；选项【Altitude of the light】表示光源的高度角为从地平线方向开始向头顶上方旋转 45°。

（3）最后，点击【Run】按钮运行该工具，运行成功后会自动加载结果，即图层 "Hillshade"，如图 5-70 所示。

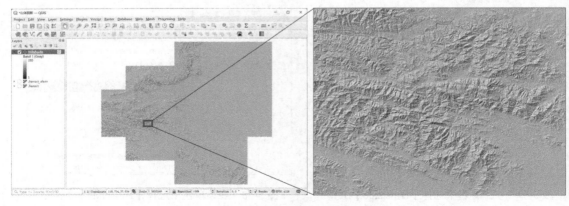

图 5-70　山体阴影分析结果

5.2.5　等值线分析

等值线是由制图对象上的一组属性值（如高程、温度、压强等）相等的空间位置连接而成的平滑曲线。不同的等值线一般不能相交或重合（陡崖地形的等值线等特殊情况除外）。根据属性值的具体含义，等值线可有具体的别称，如等高线、等温线、等压线等。等值线分布的疏密程度可以反映属性值变化的快慢。属性值变化得越快，等值线分布越密集；属性值变化得越慢，等值线分布则越稀疏。QGIS 中生成等值线的功能由 GDAL 提供，通过【Contour】工具或命令实现。

本节的输入数据为河南省的数字高程模型。数据来源为中国科学院资源环境科学与数据中心（https://www.resdc.cn/data.aspx?DATAID=284），与 5.2.1 节的输入数据相同。在打开数据后，具体的操作步骤如下。

（1）在 QGIS 软件中的【Processing Toolbox】处理工具箱面板中，选择【GDAL】|【Raster extraction】|【Contour】工具，如图 5-71 所示；或在菜单栏中选择【Raster】|【Extraction】|【Contour…】命令，如图 5-72 所示。

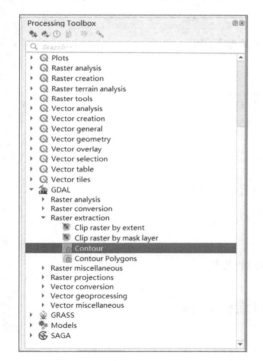

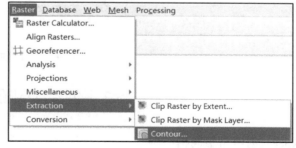

图 5-71　在工具箱中选择【Contour】工具　　　　图 5-72　在菜单栏中选择【Contour…】命令

（2）在【Contour】窗口中进行具体的设置，如图 5-73 所示。在【Input layer】选项中选择样例数据 "henan"；在【Band number】选项中，选择 "Band 1: henan"，表示该数据为单波段数据；在【Interval between contour lines】中输入等值线的数值间隔，本例输入的数值为 "50"，表示等高线的数值间隔为 50m，其余选项保持缺省设置。

（3）最后，点击【Run】按钮运行该工具，运行成功后会自动加载结果，即图层 "Contour"，调整显示效果后如图 5-74 所示。

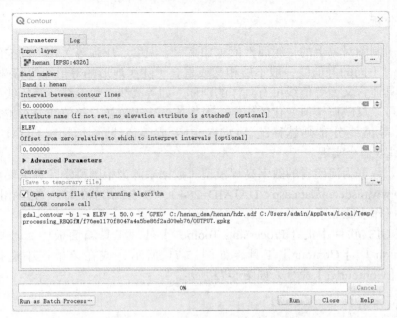

图 5-73 　【Contour】工具选项设置

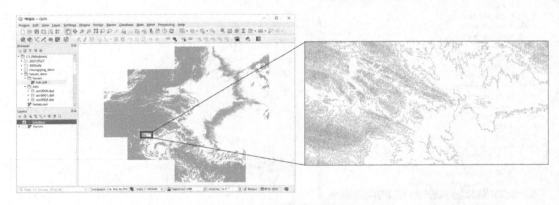

图 5-74 　等高线生成效果图

5.3　创建全新的栅格数据

5.3.1　创建常量栅格

在空间分析过程中，很多情况下需要依照设定范围和像元的大小创建像元值为常量的栅格数据，这种栅格数据称为"常量栅格"（constant raster）。常量栅格常用于掩膜分析和栅格计算的过程中。在 QGIS 中创建常量栅格的工具有两种，分别是【Raster creation】|【Create constant raster layer】工具和【SAGA】|【Raster - Tools】|【Constant raster…】工具。

本例中将演示【Create constant raster layer】工具的使用，创建与输入数据空间范围相同的常量栅格。此处，本书使用的输入数据为河南省的数字高程模型。数据来源为中国科学院资源环境科学与数据中心（https://www.resdc.cn/data. aspx?DATAID=284），与 5.2.1 节的输入数据相同。打开数据后，操作步骤如下。

（1）在 QGIS 软件中的【Processing Toolbox】处理工具箱面板中，选择【Raster creation】|【Create constant raster layer】工具，如图 5-75 所示。

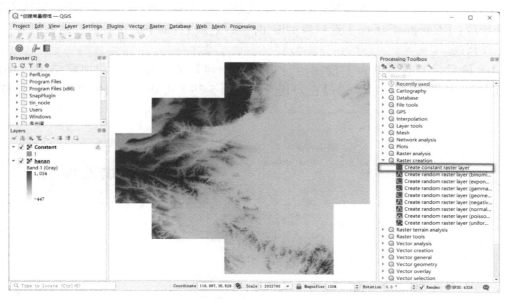

图 5-75　在工具箱中选择【Create constant raster layer】工具

（2）在【Create constant raster layer】窗口（图 5-76）中进行具体的设置。在【Desired extent】选项中设置常量栅格的左边界、右边界、上边界、下边界，本例通过选择该选项下拉

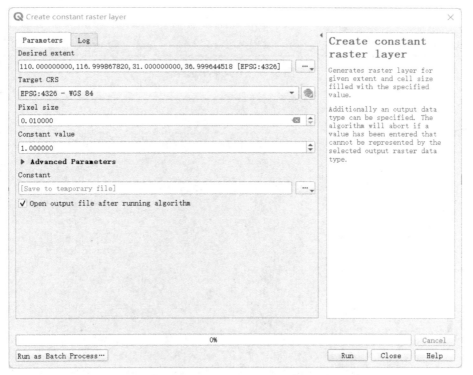

图 5-76　【Create constant raster layer】工具选项设置

菜单中的【Calculate from Layer】工具，从输入数据中算得四个边界的数值（图 5-77）；在【Target CRS】选项中，设置常量栅格的空间参考系统，本例选择"EPSG: 4326 - WGS 84"；在【Pixel size】选项中，设置常量栅格的像元大小，其最小值为 0.01（该选项的默认值），本例不作修改；【Constant value】选项表示输出的常量栅格数据中的常量值，默认值为"1"，本例不作修改。

（3）最后，点击【Run】按钮运行该工具，运行成功后会自动加载结果，即图层"Constant"，如图 5-78 所示，通过查询其属性（图 5-79）可知，输出的常量栅格数据宽度

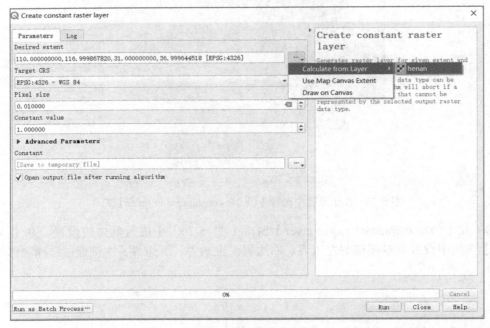

图 5-77　下拉菜单选择

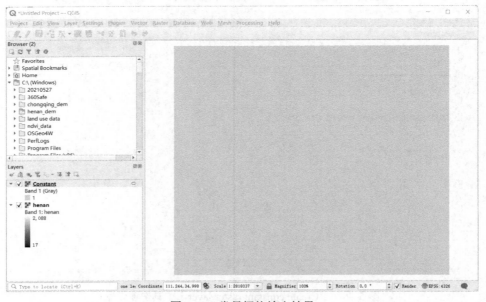

图 5-78　常量栅格输出结果

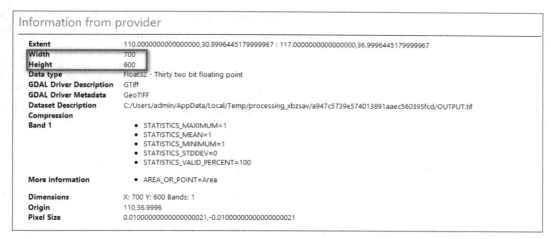

图 5-79　常量栅格属性

（Width）为"700"，高度（Height）为"600"，且常量值为"1"。

5.3.2　创建随机栅格

与常量栅格所对应的是随机栅格。随机栅格是指依照设定范围和像元大小创建的、像元值为随机数的栅格数据。QGIS 软件虽然没有提供直接可以使用的随机栅格的创建工具，但可以通过其中的 GRASS 插件提供的功能创建随机栅格。具体步骤如下。

（1）在 QGIS 菜单栏中选择【Plugins】|【GRASS】|【New Mapset】命令，如图 5-80 所示。

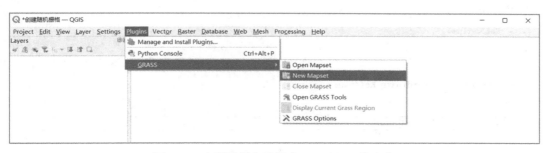

图 5-80　在菜单栏中选择【New Mapset】命令

（2）在随后弹出的【New Mapset】窗口（图 5-81）中，设置 GRASS 数据库中地理空间数据的存储目录位置，然后点击【下一步】按钮。

（3）在随后弹出的窗口（图 5-82）中设置"GRASS Location"（数据库的一个存储目录，该目录中存储的所有数据具有相同的空间参考系统），可以通过【Select location】选择已有位置，或者通过【Create new location】创建新的位置。然后点击【下一步】按钮。

（4）在随后弹出的窗口中设置空间参考系统，如图 5-83 所示。本例选择"Asia_Lambert_Conformal_Conic"坐标系。然后点击【下一步】按钮。

（5）设置数据库默认的空间范围，如图 5-84 所示。本例在【West】【East】【North】【South】选项中输入"110""117""36""31"，表示该 GRASS 数据库的空间范围是 110°E～

117°E，31°N～36°N。值得注意的是，在该步骤中，西经和南纬均用负值表示，如西边界的经度为 24°W，在【West】选项中便要输入 "−24"，南纬也是这样。点击【下一步】按钮。

图 5-81　【New Mapset】命令【GRASS Database】选项设置

图 5-82　【New Mapset】命令【GRASS Location】选项设置

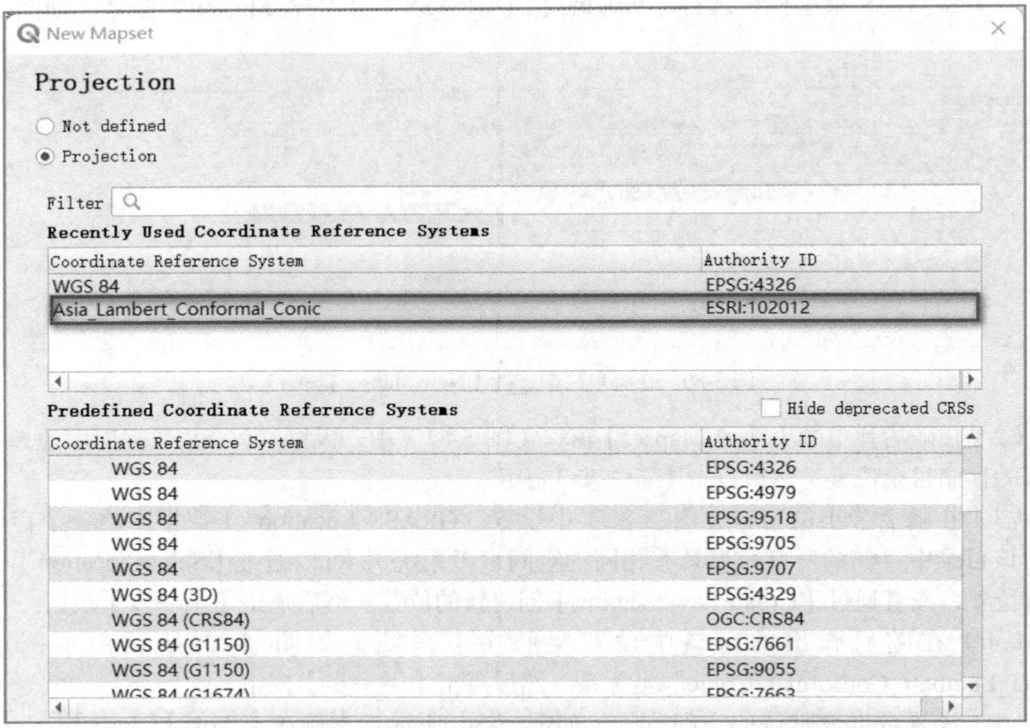

图 5-83　【New Mapset】命令【Projection】选项设置

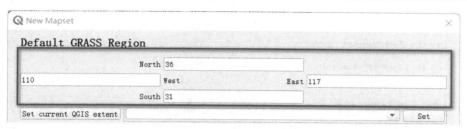

图 5-84　【New Mapset】命令【Default GRASS Region】选项设置

（6）在随后弹出的窗口（图 5-85）中，在【New mapset】选项中输入地图集的名称（数据库中的二级存储目录），然后点击【下一步】按钮。

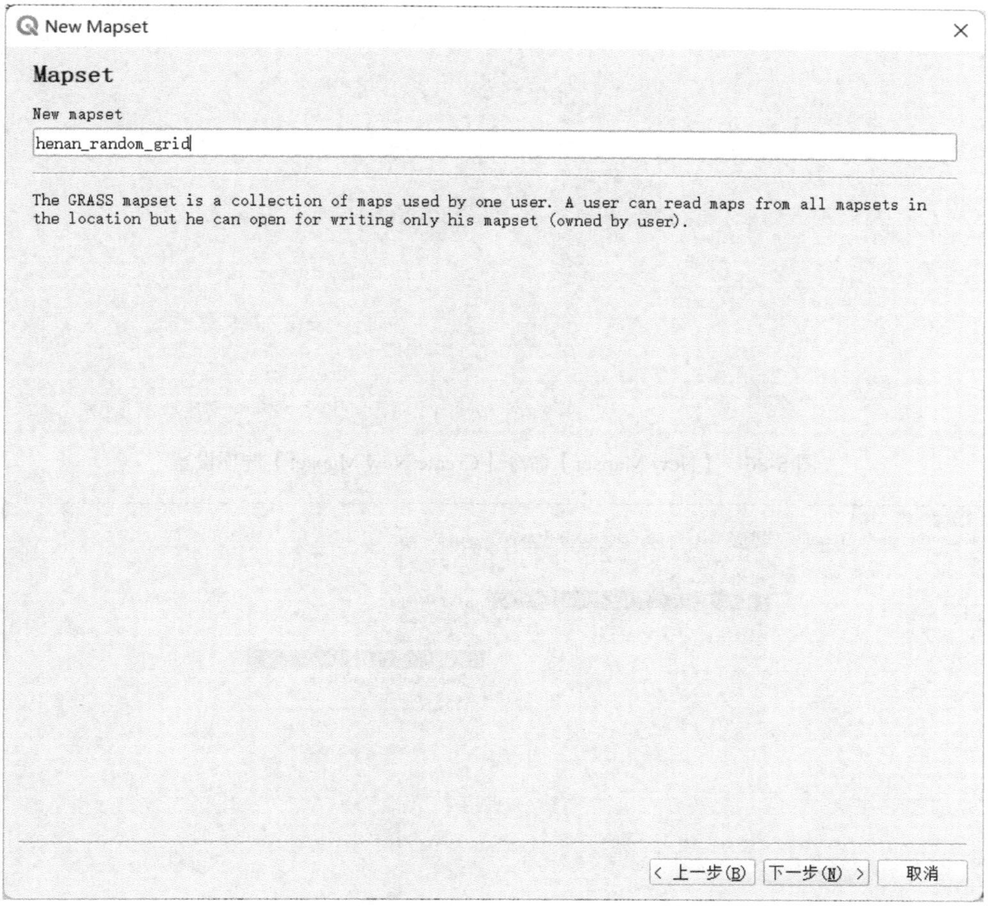

图 5-85　【New Mapset】命令【Mapset】选项设置

（7）在随后弹出的窗口（图 5-86）中，通过调整【Open new mapset】选项的勾选状态设置是否打开地图集。然后点击【完成】按钮，GRASS 地图集已创建好。

（8）GRASS 地图集的空间范围如图 5-87 中的矩形框所示。在 QGIS 的菜单栏中选择【Plugins】|【GRASS】|【Open GRASS Tools】命令，出现如图 5-88 所示的 GRASS 面板。

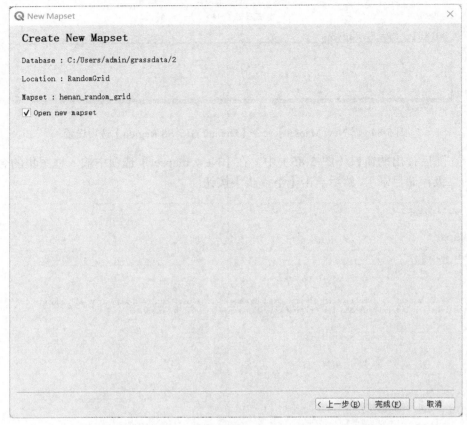

图 5-86　【New Mapset】命令【Create New Mapset】选项设置

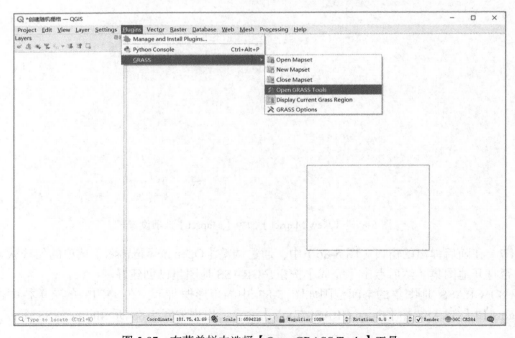

图 5-87　在菜单栏中选择【Open GRASS Tools】工具

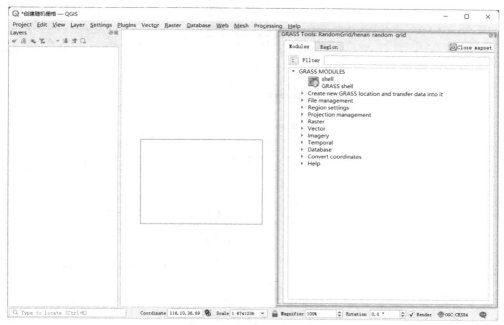

图 5-88 GRASS 面板

（9）在 GRASS 面板【GRASS MODULES】选项卡下选择【Raster】|【Surface management】|【Generate surface】|【r.surf.random】工具，如图 5-89 所示。

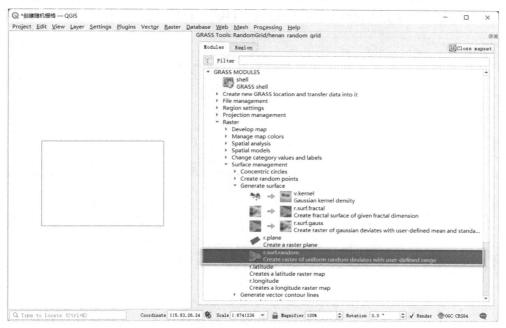

图 5-89 在【GRASS MODULES】选项卡中选择【r.surf.random】工具

（10）接下来，在窗口中输入最小随机值和最大随机值，默认为"0"和"100"，本例不作修改，如图 5-90 所示。在【Name for output raster map】选项中输入随机栅格的名称。

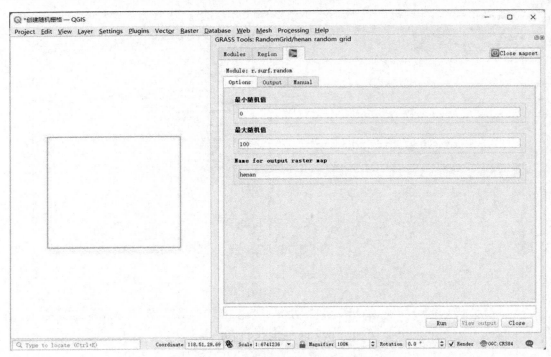

图 5-90 【r.surf.random】工具选项设置

（11）在【Region】选项卡【Extent】模块中可以通过输入数值设置空间范围，本例在【West】【East】【North】【South】选项中输入"110""117""37""31"，如图 5-91 所示。

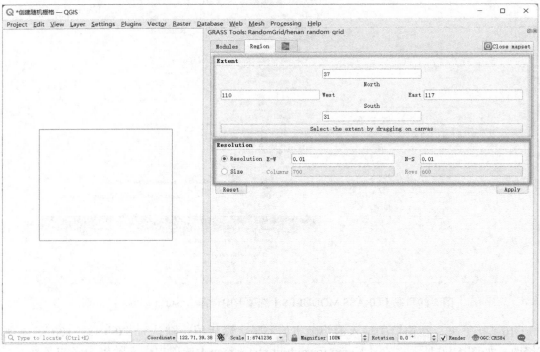

图 5-91 【Region】选项卡设置

在【Resolution】栏目可设置随机栅格的像元大小（可区分东西方向的长度和南北方向的长度），本例在【Resolution E-W】和【N-S】中均输入"0.01"，表示随机栅格的像元在东西方向和南北方向的长度均为 0.01（单位为度）。然后，点击【Apply】按钮。

（12）该工具运行成功后，点击【View output】按钮查看结果，如图 5-92 所示。

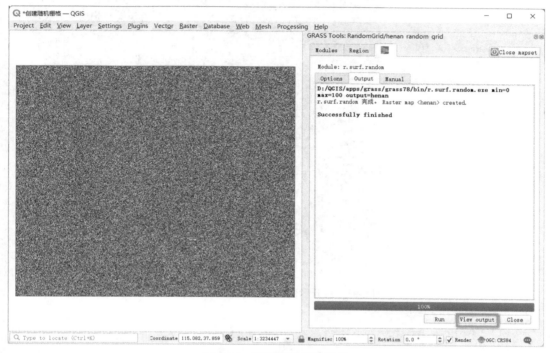

图 5-92　随机栅格创建结果

5.3.3　矢量数据转栅格数据

本节介绍矢量数据转栅格数据的过程。示例数据采用 3.2.4 节中由栅格数据转换而成的矢量数据。具体步骤如下。

（1）在浏览面板（Browser）中，找到矢量数据"Vectorized.shp"，将其拖动至 QGIS 界面右侧的显示区（或拖动至下方图层面板），打开后的数据如图 5-93 所示。

（2）在 QGIS 软件中的【Processing Toolbox】处理工具箱面板中，选择【GDAL】|【Vector conversion】|【Rasterize (vector to raster)】工具，如图 5-94 所示。

（3）在【Rasterize (Vector to Raster)】窗口（图 5-95）中进行详细的设置。在【Input layer】选项中选择待转换的矢量数据"Vectorized"；在【Field to use for a burn-in value】选项中，选择"class"字段的属性值作为生成栅格数据的像元值，当未选择任何字段的属性值作为生成栅格数据的像元值时，可以在【A fixed value to burn】选项中输入固定值作为像元值；在【Output raster size units】选项中选择输出栅格数据的单位，包括像元数（Pixels）和坐标系单位（Georeferenced units）两个可选选项，本例选择"Pixels"作为输出栅格数据的单位；在【Width/Horizontal resolution】选项中输入横向像元数（当栅格数据单位为"Pixels"时）或横向分辨率（当栅格数据单位为"Georeferenced units"时），本例输入原始

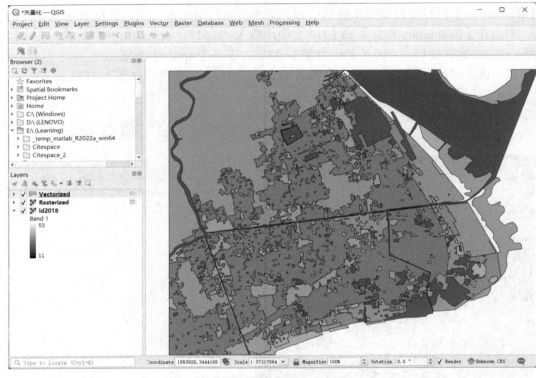

图 5-93　打开示例数据 "Vectorized.shp"

图 5-94　在工具箱中选择【Rasterize (vector to raster)】工具

图 5-95　【Rasterize（Vector to Raster）】工具选项设置

栅格数据（空间分辨率为 30m）的横向像元数"1992"；在【Height/Vertical resolution】选项中输入纵向像元数（当栅格数据单位为"Pixels"时）或纵向分辨率（当栅格数据单位为"Georeferenced units"时），本例输入原始栅格数据（空间分辨率为 30m）的纵向像元数"1577"；在【Rasterized】选项中，可以设置输出文件路径。

（4）最后，点击【Run】按钮运行该工具，运行成功后会自动加载结果，即图层"Rasterized"，如图 5-96 所示。

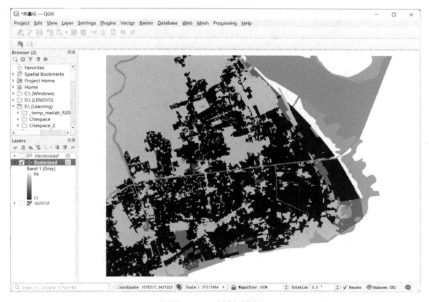

图 5-96　转换结果

第6章　栅格数据的空间分析

6.1　距　离　分　析

距离分析（或距离制图）是指计算栅格数据上每个像元到其最邻近的目标源的距离，其中目标源往往为用户指定的点要素（矢量形式），距离通常为欧氏距离（Euclidean distance）。在 QGIS 中，距离分析功能的输入数据是二值型栅格数据，该数据由矢量形式的点要素转换而来。二值型是指该栅格数据中只有两种数值，分别代表目标源的"有"和"无"。QGIS 中距离分析功能的输出数据也是栅格数据，并且与输入数据具有相同的空间分辨率和尺寸大小。接下来演示 QGIS 中的距离分析功能。

本节中使用的目标源是重庆市部分乡镇所在地分布数据，具体数据为"2014 年 1∶25 万重庆乡镇所在地数据样例.shp"。该数据由国家地球系统科学数据中心提供（http://www. geodata.cn/data/datadetails.html?dataguid=124613079335017&docid=24099），本例所采用的数据为其中的数据样例，即从数据中截取的部分内容。在接下来的操作中，首先将目标源数据转换为栅格形式，然后进行距离分析。

（1）在浏览面板（Browser）中，找到示例数据"2014 年 1∶25 万重庆乡镇所在地数据样例.shp"，将其拖动至 QGIS 界面右侧的显示区（或拖动至下方图层面板），打开后的示例数据如图 6-1 中的显示区所示。

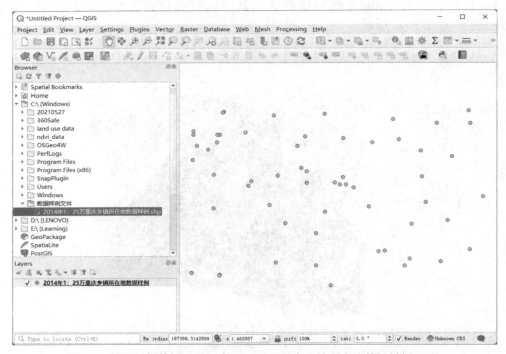

图 6-1　打开示例数据"2014 年 1∶25 万重庆乡镇所在地数据样例.shp"

（2）在 QGIS 软件中的【Processing Toolbox】处理工具箱面板中，选择【GDAL】|
【Vector conversion】|【Rasterize (vector to raster)】工具，如图 6-2 所示。

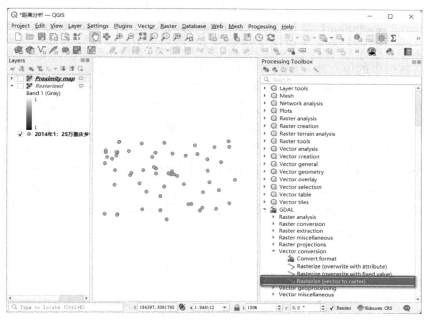

图 6-2　选择【Rasterize (vector to raster)】工具

（3）在随后弹出的【Rasterize (vector to raster)】窗口（图 6-3）中，在【Input layer】选
项中选择需要进行矢量数据栅格化的数据，本例中选择"2014 年 1 : 25 万重庆乡镇所在地

图 6-3　【Rasterize (vector to raster)】工具选项设置

数据样例"；在【A fixed value to burn】选项中输入自定义的数值，用于在生成的二值型栅格数据中表示存在目标源（乡镇所在地）的像元。本例中设置为 1。

在【Output raster size units】选项中，选择【Georeferenced units】，然后在【Width/Horizontal resolution】和【Height/Vertical resolution】两个选项中均输入"100"，表示栅格数据的空间分辨率在横向和纵向上均为 100m。在研究区范围相同的情况下，空间分辨率将决定栅格数据中的单元数（行数和列数）。本例中采用此种方案。

如果在【Output raster size units】选项中选择"Pixel"，然后在【Width/Horizontal resolution】和【Height/Vertical resolution】两个选项中均输入"100"，则表示栅格数据的行列数均为 100。行列数确定后，空间分辨率也将唯一确定，由系统自动计算。

（4）在【Output extent】选项的右侧点击【…】按钮（图 6-4），在随后出现的下拉菜单（图 6-5）中依次选择【Calculate from Layer】和【2014 年 1∶25 万重庆乡镇所在地数据样例】，表示输出栅格数据的范围与样例数据的最小外接四边形范围相同。在【Assign a specified nodata value to output bands】选项中不包含目标源的像元值，将作为栅格数据的背景值（nodata），此处设置为 0。

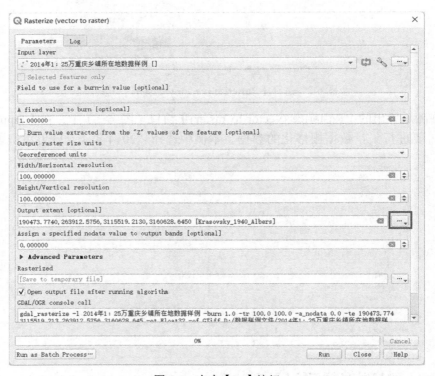

图 6-4　点击【…】按钮

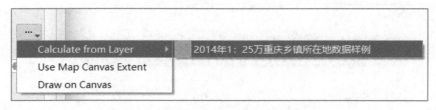

图 6-5　下拉菜单选择

（5）最后，点击【Run】按钮运行该工具，运行成功后会自动加载结果，即图层 "Rasterized"，转换结果与其局部放大图如图 6-6 所示。注意，此时显示的 "Rasterized" 数据 实际上已经是二值型栅格数据，该栅格数据中仅有 "1" 和 "0" 两种数值，分别在【A fixed value to burn】选项和【Assign a specified nodata value to output bands】选项中设置。其中 "0" 由于是背景值，在 QGIS 中不显示，但可在栅格数据的属性中查看。

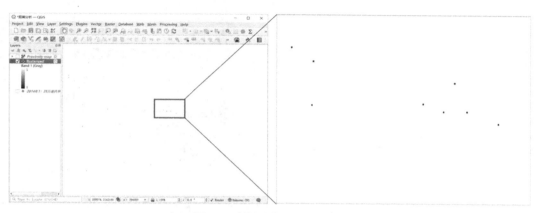

图 6-6　转换为栅格形式结果

（6）在 QGIS 软件中的【Processing Toolbox】处理工具箱面板中，选择【GDAL】| 【Raster analysis】|【Proximity (raster distance)】工具，如图 6-7 所示；或在菜单栏中选择 【Raster】|【Analysis】|【Proximity (raster distance)...】命令，如图 6-8 所示。

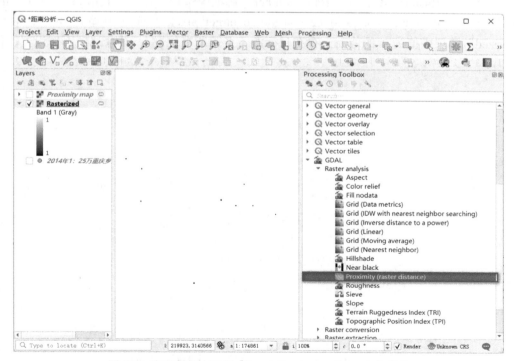

图 6-7　在工具箱中选择【Proximity (raster distance)】工具

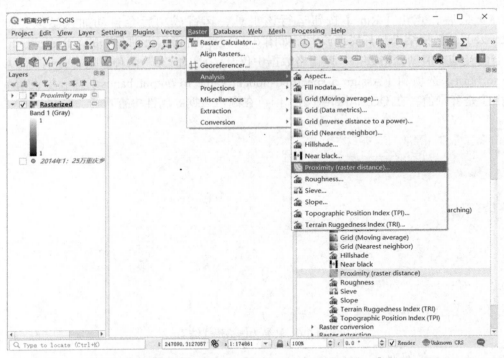

图 6-8　在菜单栏中选择【Proximity (raster distance)…】工具

（7）在【Proximity (Raster Distance)】窗口（图 6-9）中，在【Input layer】选项中选择刚才生成的数据 "Rasterized"；在【Band number】选项中选择 "Band 1 (Gray)"。在【A list of pixel values in the source image to be considered target pixels】选项中输入 "1"，表示在 "Rasterized" 图层中值为 1 的像元上存在目标源（乡镇所在位置），其余选项不作设置，保持默认即可。

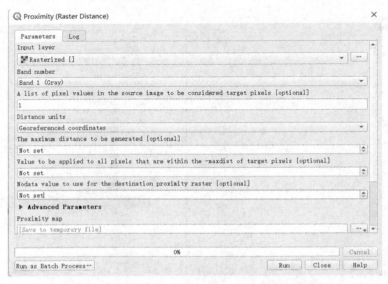

图 6-9　【Proximity (Raster Distance)】工具选项设置

（8）最后，点击【Run】按钮运行该工具，运行成功后会自动加载结果，即图层

"Proximity map"，如图 6-10 所示。该数据为栅格数据，放大后可见行列排列的像元。

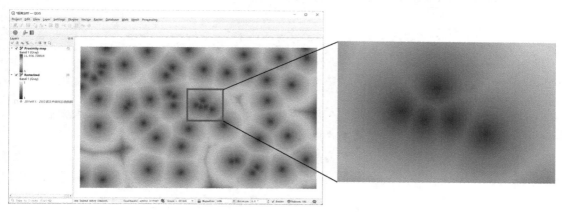

图 6-10　距离分析结果

6.2　核密度分析

核密度分析的核心是密度分析。密度分析是针对栅格数据中的每个像元计算像元邻域中给定点要素的数量，并换算成单位面积上的密度。密度分析的结果形式也是栅格数据，且和原栅格数据分辨率相同、尺寸相同。核密度分析中的核（kernel）是指核密度函数，该函数用于给邻域中的点要素赋予不同的权重值，从而实现点要素距离邻域中心像元越近，在计算密度时点要素的属性值影响越大（权重越大）的效果。

在 QGIS 中，核密度分析的输入数据只有矢量形式的点要素，而原栅格数据只需要在核密度分析过程中进行设置，输出数据的形式是栅格数据。

为对以上功能进行演示，本节对乡镇所在地数据进行距离分析。具体数据为"2014 年 1∶25 万重庆乡镇所在地数据样例.shp"。该数据由国家地球系统科学数据中心提供（http://www. geodata.cn/data/datadetails.html?dataguid=124613079335017&docid=24099），本例所采用的数据为其中的数据样例，即从数据中截取的部分内容。具体步骤如下。

（1）在浏览面板（Browser）中，找到示例数据"2014 年 1∶25 万重庆乡镇所在地数据样例.shp"，并将其打开。

（2）在 QGIS 软件中的【Processing Toolbox】处理工具箱面板中，选择【Interpolation】|【Heatmap (Kernel Density Estimation)】工具，如图 6-11 所示。

（3）在【Heatmap (Kernel Density Estimation)】窗口（图 6-12）中，在【Point layer】选项中选择需要进行核密度分析的数据，本例中选择"2014 年 1∶25 万重庆乡镇所在地数据样例"；【Radius】选项指核密度分析时所采用的像元邻域半径，需要根据实际情况和研究需要设置。此处输入"5000"，并在旁边的下拉菜单中将单位设置为"meters"。

在【Output raster size】选项中，【Rows】和【Columns】两个选项分别为输出的栅格数据的行数和列数，【Pixel size X】和【Pixel size Y】两个选项则分别表示输出的栅格数据在横向和纵向的空间分辨率，上述四个选项的数值会相互关联地变化。

在本例中，在【Pixel size X】或【Pixel size Y】选项中输入"200"，【Rows】和【Columns】选项的数值会自动生成，如图 6-12 所示。

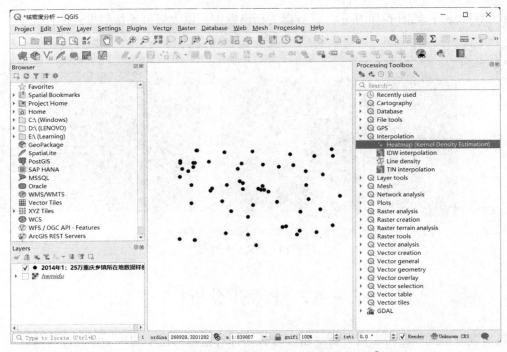

图 6-11　选择【Heatmap (Kernel Density Estimation)】工具

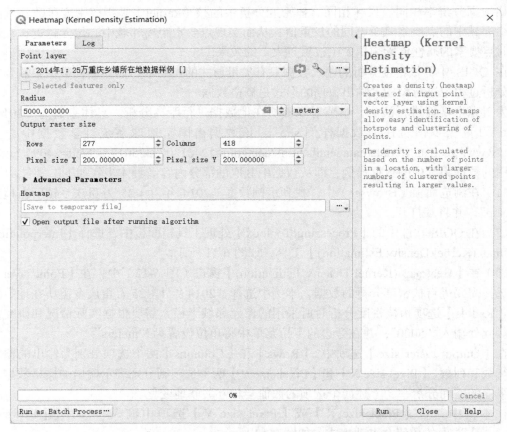

图 6-12　【Heatmap (Kernel Density Estimation)】工具选项设置

（4）在【Heatmap (Kernel Density Estimation)】窗口中的【Advanced Parameters】模块
（图 6-13）中，可对核密度分析进行高级设置。

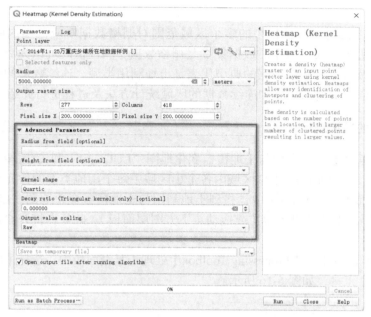

图 6-13　【Advanced Parameters】选项设置

其中，【Kernel shape】表示核函数的形态，不同的形态对应着不同的核密度函数。下拉
菜单中共包含"Quartic"（四次）、"Triangular"（三角）、"Uniform"（统一）、"Triweight"
（三次权重）和"Epanechnikov"（Epanechnikov 曲线）五种选项，可根据研究需要自行选
择；【Decay ratio (Triangular kernels only)】是选用"Triangular"选项时的附加参数。

【Output value scaling】表示在输出数值前是否进行标准化处理，共包含"Raw"和
"Scaled"两个选项，"Raw"表示输出原始数值，"Scaled"表示输出缩放后的数值。

（5）最后，点击【Run】按钮运行该工具，运行成功后会自动加载结果，设置符号和颜
色后的结果如图 6-14 所示。放大细节后可以看到，显示结果是由"方块"镶嵌组成的，这意
味着输出结果为栅格数据。

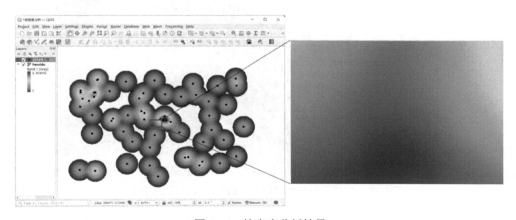

图 6-14　核密度分析结果

6.3　区　域　统　计

区域统计可以根据矢量数据中的多个区域范围对栅格数据对应范围内的属性值进行统计。其中，数据集 1 是矢量数据。数据集 2 是栅格数据，属性值既可以为离散（或类别）数据，也可以为连续数据。离散数据的典型代表是土地利用类型，连续数据的代表是高程、气温等数据。本节依次对离散数据和连续数据的区域统计方法及过程进行介绍。

6.3.1　离散数据的区域统计

本小节将以某区域土地利用与土地覆盖变化地图"LUCC.tif"和 C 区域边界数据（均已随书发布）为例，介绍如何统计 C 区域内各个小区域中每个用地类型的像元个数。

（1）在浏览面板（Browser）中，找到土地利用与土地覆盖变化地图"LUCC.tif"，并将其拖动至 QGIS 界面右侧的显示区（或拖动至下方图层面板）。此外，打开 C 区域边界数据，如图 6-15 所示。

（2）在 QGIS 软件中的【Processing Toolbox】处理工具箱面板中，选择【Raster analysis】|【Zonal histogram】工具，如图 6-16 所示。

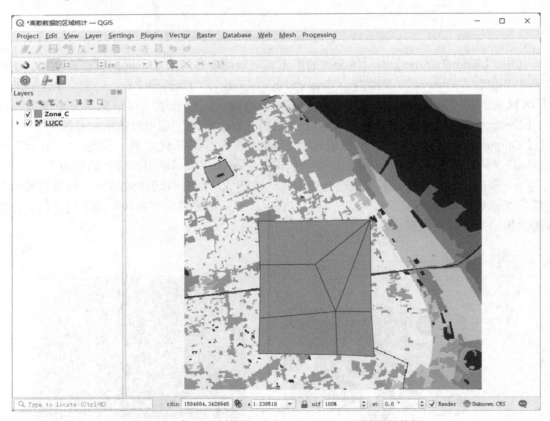

图 6-15　打开示例数据"LUCC.tif"和 C 区域边界数据

（3）在【Zonal Histogram】窗口（图 6-17）中进行详细的设置。在【Raster layer】选项中选择 1km 土地利用遥感监测数据"LUCC"；在【Band number】选项中，选择"Band 1"波段；在【Vector layer containing zones】中选择包含空间统计单元的示例区域数据"Zone_C"；在【Output column prefix】选项中输入所生成的统计数据字段的前缀"HISTO_"；在【Output zones】选项中，可以设置输出文件路径。

（4）最后，点击【Run】按钮运行该工具，运行成功后会自动加载结果，即图层"Output zones"（图 6-18）。打开图层属性表，如图 6-19 所示。其中，每种土地利用类型均用数值代表。每种土地利用类型在每个小区域的像元个数储存在以"HISTO_"为前缀的字段中。数值"12"代表旱地，属性表中的"HISTO_12"字段表示示例区域数据中各个小区域内代表旱地的像元个数。

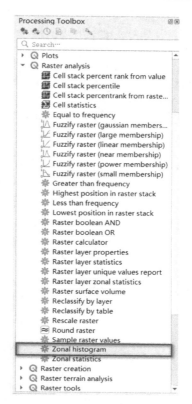

图 6-16　在工具箱中选择【Zonal histogram】工具

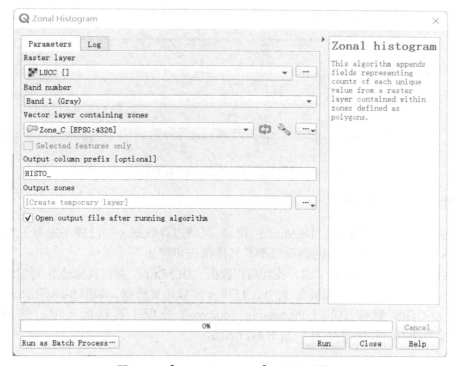

图 6-17　【Zonal Histogram】工具选项设置

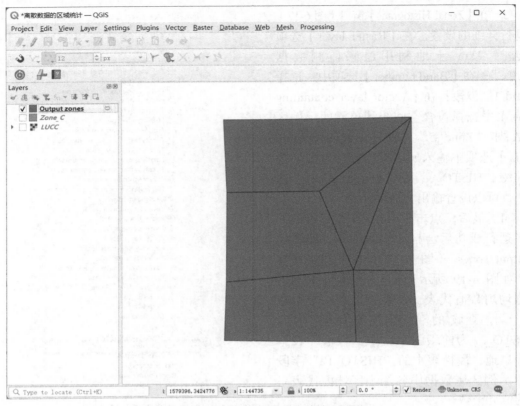

图 6-18　离散数据的区域统计输出图层

id	HISTO 11	HISTO 12	HISTO 21	HISTO 24	HISTO 41	HISTO 43	HISTO 51	HISTO 52	HISTO 53
1	19630	16	0	46	0	62	33452	4530	337
2	25422	10707	1076	2100	790	12	6943	5125	1460
3	19710	3420	333	210	426	205	2	3286	351
4	19024	2714	560	0	871	143	0	2936	46
5	36139	2235	0	346	0	92	0	8316	788
6	22395	853	0	0	759	0	0	973	421

图 6-19　离散数据的区域统计输出图层属性表

6.3.2　连续数据的区域统计

本节将以某区域高程数据 "DEM.tif" 和 A 区域边界数据（均已随书发布）为例，介绍如何统计 A 区域内各个小区域的高程数据。具体操作步骤如下。

（1）在浏览面板（Browser）中，找到高程数据 "DEM.tif" 并将其拖动至 QGIS 界面右侧的显示区（或拖动至下方图层面板）。此外，打开 A 区域边界数据，如图 6-20 所示。

（2）在 QGIS 软件中的【Processing Toolbox】处理工具箱面板中，选择【Raster analysis】|【Zonal statistics】工具，如图 6-21 所示。

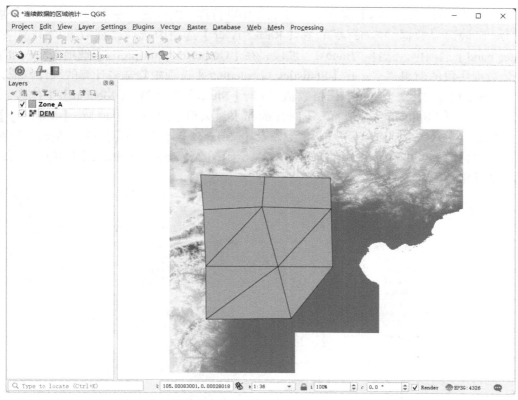

图 6-20　打开高程数据"DEM.tif"和 A 区域边界数据"Zone_A.shp"

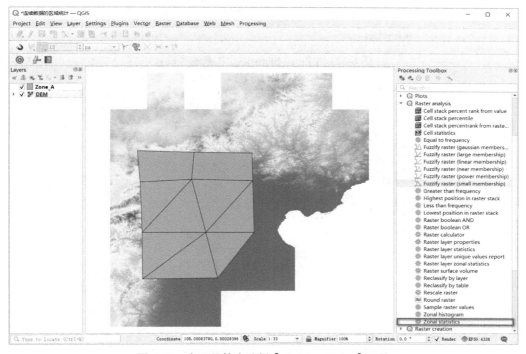

图 6-21　在工具箱中选择【Zonal statistics】工具

（3）在【Zonal Statistics】窗口（图 6-22）中进行详细的设置。在【Input layer】选项中选择 A 区域边界数据 "Zone_A"；在【Raster layer】选项中选择高程数据 "DEM"；在【Raster band】选项中，选择 "Band 1" 波段；在【Output column prefix】选项中输入所生成的统计数据字段的前缀 "_"；在【Statistics to calculate】选项中勾选需计算的统计特征，包括【Count】栅格数目、【Sum】栅格数值总和、【Mean】平均值、【Median】中位数、【St dev】标准差、【Minimum】最小值、【Maximum】最大值、【Range】值域、【Minority】寡数、【Majority】众数、【Variety】唯一值数目及【Variance】方差。本例所勾选的统计特征为平均值、中位数、最小值、最大值，如图 6-23 所示；在【Zonal Statistics】选项中，可以设置输出文件路径。

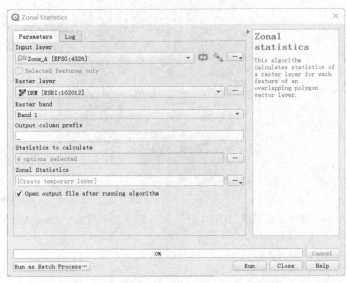

图 6-22　【Zonal Statistics】工具选项设置

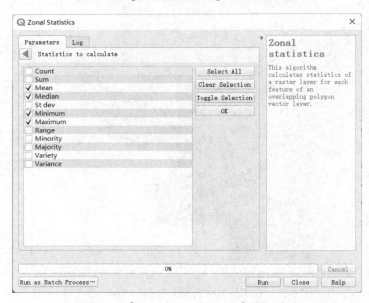

图 6-23　【Statistics to calculate】选项设置

（4）最后，点击【Run】按钮运行该工具，运行成功后会自动加载结果，即图层"Zonal_Statistics"（图 6-24）。打开图层属性表，如图 6-25 所示。其中，【_mean】【_median】【_min】【_max】字段中储存的数值分别代表各个小区域的高程的平均值、中位数、最小值、最大值。

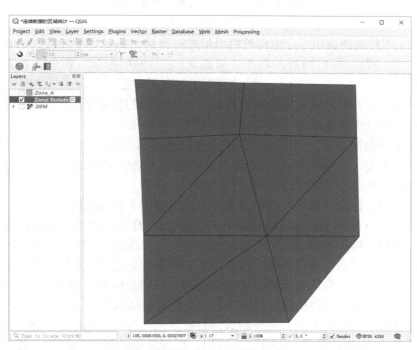

图 6-24　连续数据的区域统计输出图层

	id	mean	median	minority	majority
1	1	1105.7637900...	1077	518	1012
2	2	660.59671089...	649	-28	39
3	3	1277.9998219...	1243	305	916
4	4	527.60805231...	404	4	23
5	5	261.95724602...	45	-3	32
6	6	11.429877338...	9	45	7
7	7	269.88859744...	126	1714	58
8	8	73.218671771...	31	7	26
9	9	14.935984071...	15	-2	12

图 6-25　连续数据的区域统计输出图层属性表

第7章 地图制图

使用 QGIS 进行地图制图可产生两种结果形式：布局（layout）和报告（report）。布局是基础方式，可类比为一张整饰好的地图（页面），包括地图本身、图例、比例尺、指北针等，这些元素均称为"物件"（item）。特殊情况下，布局中也可包含多张地图（页面）。基于布局，可输出地图集。此处的"地图集"特指布局中地图的特定字段查询结果的连续输出，例如，根据省份字段查询输出的、由各省地图组成的地图集。

报告是复杂的制图方式，可类比为一本完整的地图出版物（如中国地图集），其既可以只包含上述"地图集"（特定字段查询结果的连续输出），也可以包括基于布局的任何输出形式、多种输出形式的组合和/或说明页面。

无论是布局还是报告，地图本身的制备（即地图制图）都是关键。地图制图包括两个核心步骤：符号化（symbolization）和渲染（rendering）。符号化指将地理空间数据（如点、线、面等地理要素）转换为可视化的图形符号的过程，并通过不同颜色、形状、大小进行要素属性的展示。渲染则指将经过符号化的地理空间数据转化为最终地图的整个过程，还包括应用阴影、渐变、纹理、叠加显示图表等视觉效果，以增强地图的美观性和功能性。注意，符号化仅适用于矢量数据，渲染同时适用于矢量数据与栅格数据。

本章从地图制图的流程出发，先介绍如何对数据进行符号化与渲染，再介绍如何创建布局和报告。此外，还将举例详细说明如何添加、设置地图物件（如图例、比例尺和指北针等）。最后，介绍如何导出布局（与地图集）和报告。

7.1 矢量数据的符号化与渲染

本节将分别介绍连续数值要素和离散（类别）数值要素的符号化与渲染方法。根据属性特征，矢量数据可以分为连续数值要素和离散（类别）数值要素。连续数值要素的属性是连续的数值，如气温、降水、海拔等。离散数值要素的属性通常表示类型，如土地利用类型、行政区划名称等。此外，本节还将重点介绍如何在渲染时添加图表。

7.1.1 连续数值要素

本节以某区域的气象站点数据（属性中包括海拔信息）为例，介绍连续数值要素符号化与渲染的方法。

（1）在浏览面板（Browser）中，找到下载的气象站点数据"stations_altitude.shp"，并将其拖动至 QGIS 界面右侧的显示区（或拖动至下方图层面板），如图 7-1 所示。

（2）在图层列表中右键点击图层，在弹出的菜单中选择【Properties…】命令（图 7-2）。在随后弹出的对话框中选择【Symbology】选项卡，并通过下拉菜单将对话框中最上方的符号化类型选项切换至【Graduated】选项，表示选择分级符号作为符号化类型，后续将基于分级符号化结果进行渲染（图 7-3）。

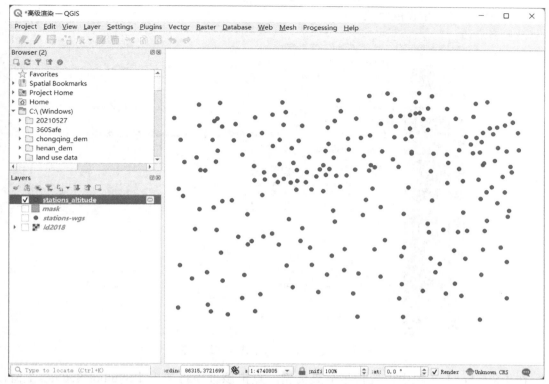

图 7-1　打开示例数据"stations_altitude.shp"

图 7-2　在菜单栏中选择
【Properties…】命令

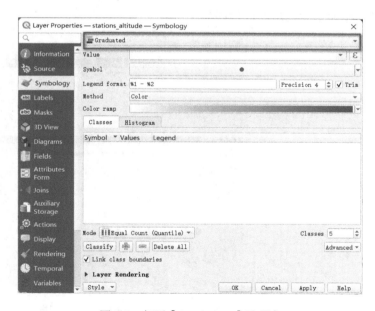

图 7-3　打开【Symbology】选项卡

（3）在选择【Graduated】符号化类型后，在【Symbology】其他选项中进行符号化与分级渲染的详细设置（图 7-4）。在【Value】选项中设置分级字段，本例选择"altitude"（海拔）作为分级渲染所依据的字段。

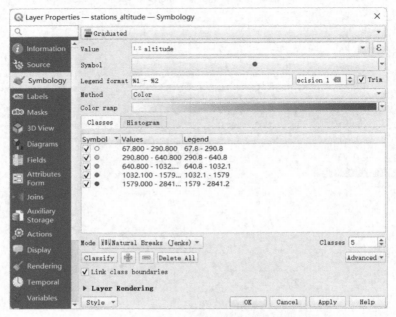

图 7-4　【Symbology】选项详细设置

在【Symbol】选项中设置符号渲染类型，点击该选项将弹出【Symbol Settings】窗口
（图 7-5），可在其中对符号样式、【Color】符号颜色、【Opacity】透明度、【Size】大小和
【Rotation】旋转角度进行详细设置。

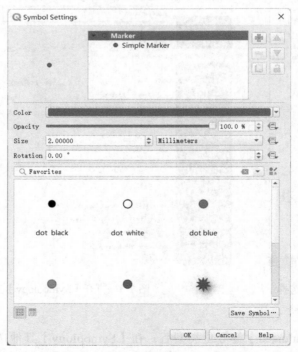

图 7-5　【Symbol Settings】选项设置

在图 7-4 的【Legend format】选项中对图例显示格式进行设置。可以在输入框中为图例显示手动输入样板，其中"%1"代表分级区间的下界，"%2"代表分级区间的上界，本例将图例样板设置为"%1 - %2"；在其右侧输入框"Precision X"中设置图例显示数字的精度；勾选【Trim】复选框代表忽略有效数字后多余的 0。

在【Method】选项中通过下拉菜单选择"Color"，表示通过颜色对级别进行区分。还可以选择"Size"，表示通过符号大小对级别进行区分。在【Color ramp】选项中通过下拉菜单（图 7-6）选择合适的配色方案，本例选择"Reds"。

点击【Classify】按钮，对选定的属性值"altitude"进行分级。在【Mode】选项的下拉菜单选择数值分级方法（图 7-7）。分级方法包括【Equal Count (Quantile)】等量分级、【Equal Interval】等距分级、【Logarithmic scale】对数等距分级、【Natural Breaks (Jenks)】自然断点法分级、【Pretty Breaks】整数分级、【Standard Deviation】标准差分级六种方法。在【Classes】选项中选择分级数量。

图 7-6　选择配色方案

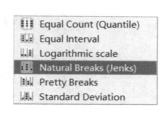

图 7-7　数值分级方法

- 　【Equal Count (Quantile)】等量分级：每个分类级别中包含同等数量的要素。
- 　【Equal Interval】等距分级：每个分类级别的数值范围大小相同，即分段值等距。
- 　【Logarithmic scale】对数等距分级：每个分类级别中的分段值的对数等距。
- 　【Natural Breaks (Jenks)】自然断点法分级：使用 Jenks 自然断点法进行分级。
- 　【Pretty Breaks】整数分级：分段值均为整数的分类方法。
- 　【Standard Deviation】标准差分级：以所有数值的标准差作为分类间隔从两侧依次进行分级。

在【Classes】选项卡的分级列表（图 7-8）中，"Symbol"列代表不同分级中的要素符号；"Values"列代表不同分级中要素属性值的范围；"Legend"列代表不同分级的图例中的标注。以上内容均可以在分级列表中双击相应内容进行手动修改。

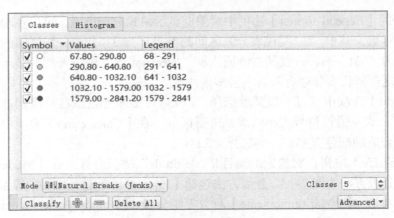

图 7-8　分级列表

此外，分级范围还可以在【Histogram】选项卡（图 7-9）中进行设置。点击【Load Values】按钮显示数据直方图，竖线所在位置是分级间断点，可以通过直接拖动的方式改变分级间断点所在位置，从而改变分级范围。

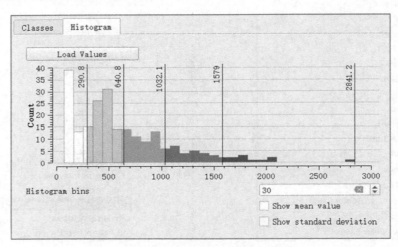

图 7-9　【Histogram】选项卡

（4）点击【Symbology】选项卡下的【OK】按钮（图 7-4），完成分级渲染，结果如图 7-10 所示。

7.1.2　离散数值要素

本节以某区域的土地利用矢量数据为例，介绍符号化与渲染的方法。

（1）在浏览面板（Browser）中，找到下载的土地利用矢量数据"Landuse.shp"，并将其拖动至 QGIS 界面右侧的显示区（或拖动至下方图层面板），如图 7-11 所示。

（2）在图层列表中右键点击图层，在弹出的菜单中选择【Properties…】命令（图 7-12）。在随后弹出的对话框中选择【Symbology】选项卡，并通过下拉菜单将对话框中最上方的符号化类型选项切换至"Categorized"选项，表示选择分类符号作为符号化类型，后续将基于分类符号结果进行渲染（图 7-13）。

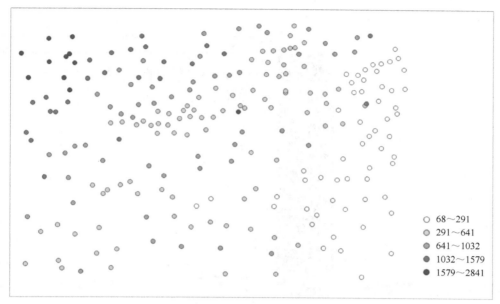

图 7-10 分级渲染结果

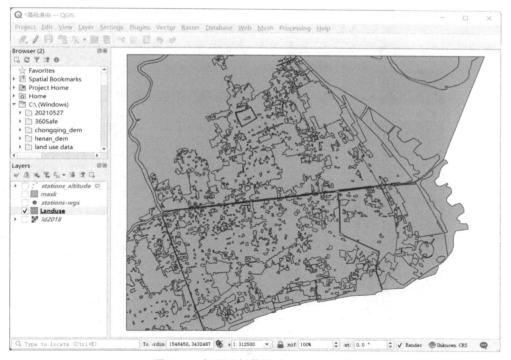

图 7-11 打开示例数据 "Landuse.shp"

（3）在选择 "Categorized"（分类）符号化类型后，在【Symbology】其他选项中进行符号化与分级渲染的详细设置（图 7-14）。在【Value】选项中设置分类字段，本例选择 "Landuse" 作为分类渲染所依据的字段。

如图 7-14 所示，点击【Classify】按钮，对选定的属性值 "Landuse" 进行分类。在【Color ramp】选项中通过下拉菜单（图 7-6）选择合适的配色方案，本例选择 "Random colors"。

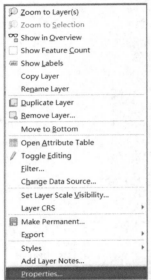

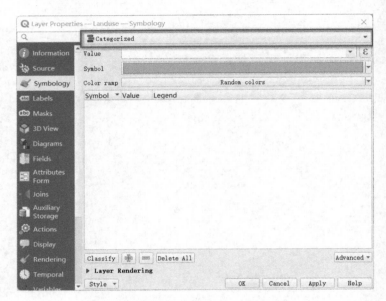

图 7-12　菜单栏中选择
【Properties…】命令

图 7-13　打开【Symbology】选项卡

图 7-14　【Symbology】选项详细设置

在【Classes】选项卡的分级列表（图 7-14）中，"Symbol"列代表不同分类中的要素符号；"Value"列代表不同分类中的属性值，代表不同的用地类型；"Legend"列代表不同分类的图例的标注。以上内容均可以在分类列表中双击相应内容进行手动修改。

（4）点击【Symbology】选项卡下的【OK】按钮（图 7-14），完成分层渲染，结果如图 7-15 所示。

图 7-15 分层渲染结果

7.1.3 图表的添加与设置

相比于直接在要素数据上进行符号化和渲染，在要素数据图层上叠加地图图表，可以更直观地可视化要素属性的数量特征。QGIS 中可以在地图上添加饼状图（pie chart）、文字图表（text diagram）、直方图（histogram）和堆积图（stacked bars）。本节介绍如何在地图图层上添加与要素属性相关的图表。

1. 通用设置

在 QGIS 中，各类图表均有共同的设置选项，这些选项的位置如下：在图层列表中右键点击图层，在弹出的菜单中选择【Properties...】命令。在随后弹出的对话框中选择【Diagrams】选项卡，并通过最上方的下拉菜单选择图表类型。选择任何一种图表类型后，均会出现【Attributes】属性、【Rendering】渲染、【Size】尺寸、【Placement】位置、【Options】设置和【Legend】图例六个选项卡（图 7-16）。本节依次对选项卡设置进行介绍。

1)【Attributes】属性选项卡

【Attributes】属性选项卡如图 7-17 所示。在【Available attributes】列表中选中制作图表所参照数据的属性表字段，点击按钮即可将其添加至【Assigned attributes】列表中。在【Assigned attributes】列表中点击想要移除的属性表字段，点击按钮即可将其移除。在【Assigned attributes】列表中，双击【Color】颜色和【Legend】图例可以直接进行修改。

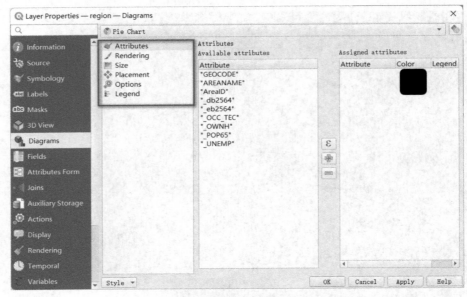

图 7-16　【Diagrams】选项卡

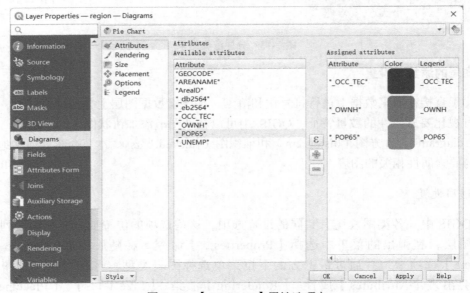

图 7-17　【Attributes】属性选项卡

2）【Rendering】渲染选项卡

在【Rendering】渲染选项卡（图 7-18）中，可以对图表的具体显示进行设置，一般包含【Opacity】透明度、【Line color】线条颜色、【Line width】线条宽度等。不同的图表类型所对应的设置选项有所不同。通用设置选项包括【Opacity】透明度、【Diagram z-index】标注 Z 值（当图层标注重叠时，Z 值最高的图层的标注叠置在最上方）、【Show all diagrams】显示全部图表、【Scale dependent visibility】图表显示的比例尺范围。

3）【Size】尺寸选项卡

在【Size】尺寸选项卡（图 7-19）中，可以就图表的尺寸进行设置。图表的尺寸单位可在【Size units】选项的下拉菜单选择。可将图表的尺寸类型设置为【Fixed size】固定尺寸

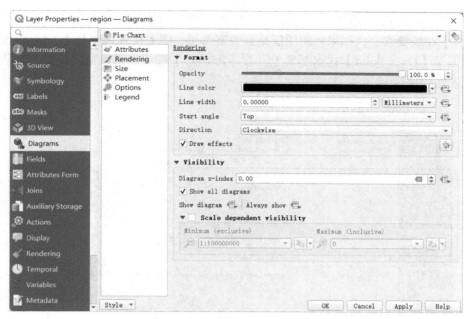

图 7-18　【 Rendering 】渲染选项卡

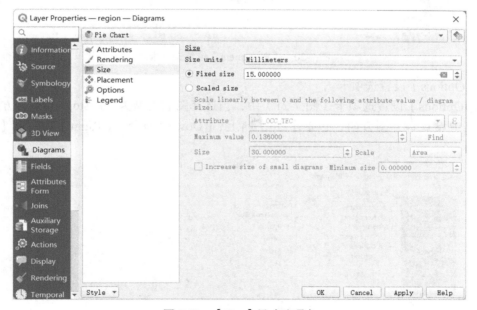

图 7-19　【 Size 】尺寸选项卡

或【 Scaled size 】比例尺寸。固定尺寸通过在【 Fixed size 】选项的输入框直接输入数值进行设置。比例尺寸通过依照要素某一属性值的大小对图表进行成比例大小显示，可以在【 Scaled size 】选项卡下的【 Attribute 】选项选择对应属性。

　　4)【 Placement 】位置选项卡

　　在【 Placement 】位置选项卡（图 7-20)中，可以设置图表在地图中的位置。如果地图图层是面要素图层，图表位置选项包括在【 Around Centroid 】面要素几何中心周围、【 Inside Polygon 】在面要素内部、【 Over Centroid 】在面要素几何中心上、【 Using Perimeter 】在面要素边缘；如果地图图层是线要素图层，图表位置选项包括【Around Line】在线要素周围及【Over Line】在线要素上；如果地图图层是点要素图层，图表位置选项是【Around Point】在点要素周围及【Over Point】在点要素上。在【Priority】选项中可以通过拖动滑块设置图表显示的优先性程度。

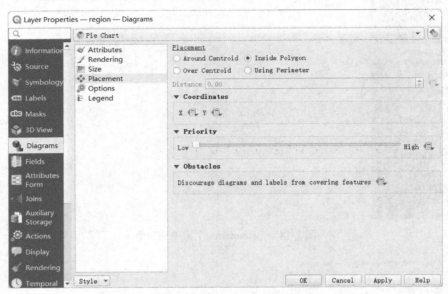

图 7-20　【Placement】位置选项卡

5）【Options】设置选项卡

在【Options】设置选项卡（图 7-21）中，当选择图表类型为【Histogram】直方图时，可以在其中设置直方图方向，包括【Up】向上、【Down】向下、【Right】向右和【Left】向左。

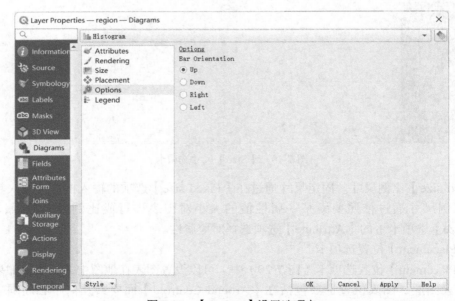

图 7-21　【Options】设置选项卡

6)【Legend】图例选项卡

在【Legend】图例设置选项卡（图 7-22）中，通过勾选【Show legend entries for diagram attributes】设置图表图例是否在地图图例中显示。点击【Legend Entries for Diagram Size…】按钮，在弹出的对话框中可以对图例的标题、显示方式等进行详细设置。

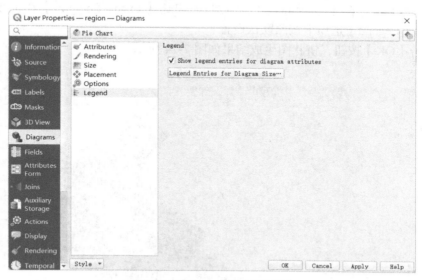

图 7-22　【Legend】图例选项卡

2. 饼状图

以自备数据为例，展示如何在地图中添加饼状图。

（1）在浏览面板（Browser）中，找到自备数据并将其拖动至 QGIS 界面右侧的显示区（或拖动至下方图层面板）。

（2）在图层列表中右键点击图层，在弹出的菜单中选择【Properties…】命令。在随后弹出的对话框中选择【Diagrams】选项卡，并通过最上方的下拉菜单选择【Pie Chart】饼状图。

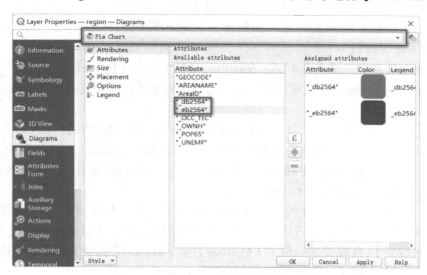

图 7-23　【Diagrams】选项卡详细设置

（3）在【Attributes】选项卡中，将【Available attributes】列表中的"_db2564"（实际人数）和"_eb2564"（预期人数）属性字段添加至【Assigned attributes】列表中，并调整颜色显示。【Rendering】选项卡按照默认设置。

（4）在【Size】选项卡中勾选【Fixed size】固定尺寸选项，将尺寸大小设置为"15"Millimeters（毫米）。在【Placement】选项卡中勾选【Inside Polygon】在面要素内部。【Options】和【Legend】选项卡按照默认设置。

（5）点击【OK】按钮，饼状图生成结果如图 7-24 所示

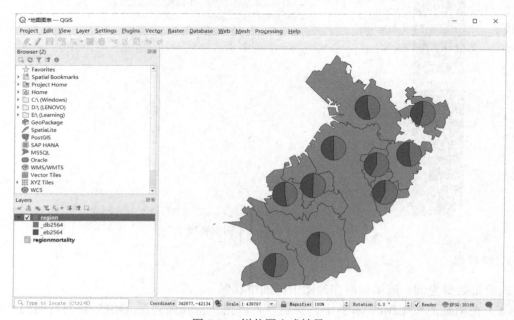

图 7-24　饼状图生成结果

3. 直方图

以自备数据为例，展示如何在地图中添加直方图。

（1）在浏览面板（Browser）中，找到自备数据并将其拖动至 QGIS 界面右侧的显示区（或拖动至下方图层面板）。

（2）在图层列表中右键点击图层，在弹出的菜单中选择【Properties…】命令。在随后弹出的对话框中选择【Diagrams】选项卡，并通过最上方的下拉菜单选择【Histogram】直方图（图 7-25）。

（3）在【Attributes】选项卡中，将【Available attributes】列表中的"_OCC_TEC"（专业技术从业人员占比）、"_OWNH"（拥有房屋人数占比）和"_POP65"（65 岁以上老年人口占比）属性字段添加至【Assigned attributes】列表中，并调整颜色显示。注意这些属性变量因数据而不同。【Rendering】选项卡按照默认设置。

（4）在【Size】选项卡中勾选【Scaled size】比例尺寸选项，尺寸参照属性值为"_POP65"（65 岁以上老年人口占比），其余选项按照默认设置。在【Placement】选项卡中勾选【Inside Polygon】（在面要素内部）。【Options】和【Legend】选项卡按照默认设置。

（5）点击【OK】按钮，直方图生成结果如图 7-26 所示。

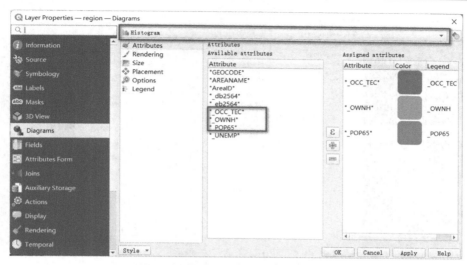

图 7-25 【Diagrams】选项卡详细设置

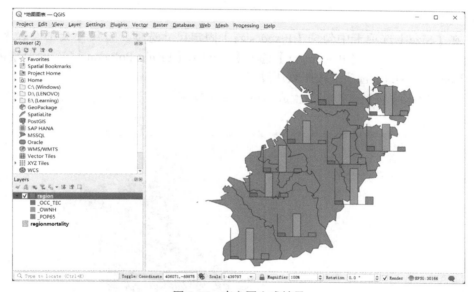

图 7-26 直方图生成结果

4. 堆积图

以自备数据为例,展示如何在地图中添加堆积图。

(1)在浏览面板(Browser)中,找到自备数据并将其拖动至 QGIS 界面右侧的显示区(或拖动至下方图层面板)。

(2)在图层列表中右键点击图层,在弹出的菜单中选择【Properties...】命令。在随后弹出的对话框中选择【Diagrams】选项卡,并通过最上方的下拉菜单选择【Stacked Bars】堆积图(图 7-27)。

(3)在【Attributes】选项卡中,将【Available attributes】列表中的"_OCC_TEC"(专业技术从业人员占比)、"_OWNH"(拥有房屋人数占比)和"_POP65"(65 岁以上老年人口占比)属性字段添加至【Assigned attributes】列表中,并调整颜色显示。【Rendering】选项

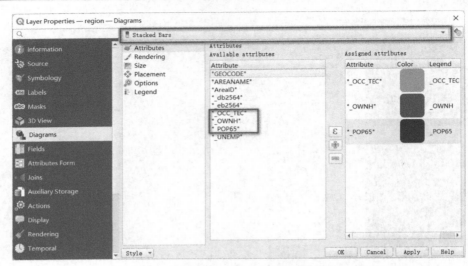

图 7-27　【Diagrams】选项卡详细设置

卡按照默认设置。

（4）在【Size】选项卡中勾选【Fixed size】固定尺寸选项，且尺寸大小设置为"15""Millimeters"（毫米）。在【Placement】选项卡中勾选【Inside Polygon】（在面要素内部）。【Options】和【Legend】选项卡按照默认设置。

（5）点击【OK】按钮，堆积图生成结果如图 7-28 所示。

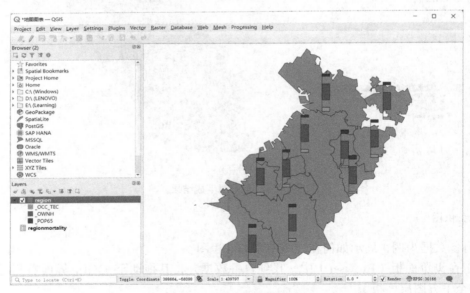

图 7-28　堆积图生成结果

5. 文字图表

以自备数据为例，展示如何在地图中添加文字图表。

（1）在浏览面板（Browser）中，找到自备数据并将其拖动至 QGIS 界面右侧的显示区（或拖动至下方图层面板）。

（2）在图层列表中右键点击图层，在弹出的菜单中选择【Properties...】命令。在随后弹出的对话框中选择【Diagrams】选项卡，并通过最上方的下拉菜单选择【Text Diagram】文字图表（图 7-29）。

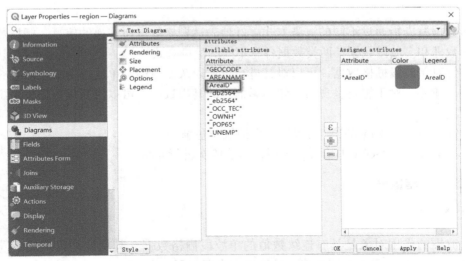

图 7-29 【Diagrams】选项卡详细设置

（3）在【Attributes】选项卡中，将【Available attributes】列表中的"AreaID"（代表区域编码）的属性字段添加至【Assigned attributes】列表中，并调整颜色显示。【Rendering】选项卡按照默认设置。

（4）在【Size】选项卡中勾选【Fixed size】固定尺寸选项，且尺寸大小设置为"15""Millimeters"（毫米）。在【Placement】选项卡中勾选【Inside Polygon】（在面要素内部）。【Options】和【Legend】选项卡按照默认设置。

（5）点击【OK】按钮，文字图表生成结果如图 7-30 所示。

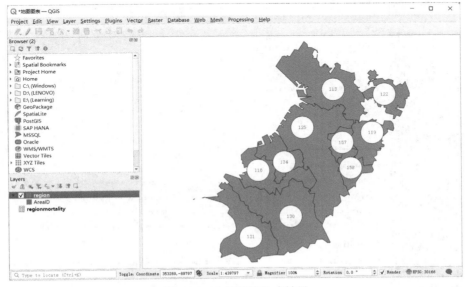

图 7-30 文字图表生成结果

7.2　栅格数据渲染

栅格数据渲染指通过不同的渲染方式更好地表达栅格数据所传递的信息。栅格数据可分为单波段数据和多波段数据，两类数据各有不同的渲染方式。

（1）针对单波段栅格数据，可以对其进行单波段灰度渲染、单波段伪彩色渲染、唯一值着色渲染。此外，对于想要呈现出山体阴影信息的高程数据，可以对高程数据采用山体阴影渲染方式。

（2）针对多波段栅格数据，可以进行多波段彩色渲染。

以上渲染方法在 QGIS 中均可以实现，本节依次进行介绍。

7.2.1　单波段栅格数据

1. 灰度渲染

灰度渲染的作用对象是具有连续数值的单波段栅格数据，其功能是以深浅不同的灰色（从白色渐变至黑色）显示连续数值。具体操作步骤如下。

（1）在浏览面板（Browser）中，找到下载的遥感影像数据，并将其拖动至 QGIS 界面右侧的显示区（或拖动至下方图层面板）。

（2）在图层列表中右键点击图层，在弹出的菜单中选择【Properties...】命令。在随后弹出的对话框中选择【Symbology】选项卡，并通过下拉菜单将对话框中最上方的【Render type】选项切换至【Singleband gray】，表示对分级符号进行单波段灰度渲染（图 7-31）。

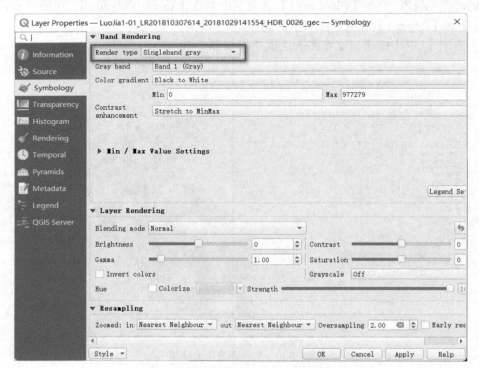

图 7-31　打开【Symbology】选项卡

（3）在选择【Singleband gray】单波段灰度渲染方式后，在【Symbology】其他选项中进行详细的设置（图 7-32）。在【Gray band】选项中通过下拉菜单选择渲染所依据的波段，本例选择【Band 1 (Gray)】；在【Color gradient】选项中通过下拉菜单选择黑白渐变方向，有【Black to White】从黑到白和【White to Black】从白到黑两个选项，本例选择【White to Black】。

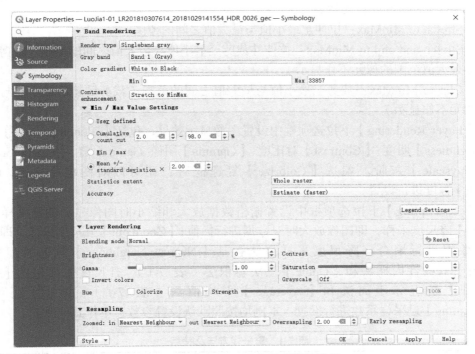

图 7-32 【Symbology】选项详细设置

在【Min】和【Max】选项中输入所渲染栅格数值范围的最小值和最大值，既可以通过直接输入获得，也可以通过在下方的【Min/Max Value Settings】下拉选项框中勾选选项进行设置，本例勾选【Mean +/− standard deviation ×】选项，并将标准差数量设置为"2"，代表取平均值左右 2 个标准差的数值范围作为渲染栅格数值范围。以下是设置渲染栅格数值范围的 4 种途径。

● User defined：设定自定义渲染栅格数值的最小值与最大值。

● Cumulative count out：通过在输入框中指定一个百分比范围（栅格数值按从小到大的顺序排列），并将该范围内的栅格数值设定为渲染栅格数值的最大值与最小值。

● Min/Max：选择所有栅格数值中的最小值与最大值，分别作为渲染栅格数值范围的最小值与最大值。

● Mean +/− standard deviation ×：选择所有栅格数值的平均值加减一个或多个标准差（通过输入进行设置）范围内的数值，作为渲染栅格数值的范围。

在【Statistics extent】选项中通过下拉菜单选择【Min/Max Value Settings】设置所对应的数据范围，包括【Whole raster】所有栅格、【Current Canvas】当前画布所显示的栅格和【Updated Canvas】随画布显示的栅格范围变化而变化。在【Accuracy】选项中通过下拉菜单选择最小值和最大值的计算精度，包括【Estimate (faster)】和【Actual (slower)】两种精度计算方法。本例均按照默认参数设置。

在【Contrast enhancement】选项中选择对比度增强方法，增强局部的对比度而不改变整体的对比度，从而使图像更易查看。本例选择 "Stretch to MinMax" 拉伸至最小值与最大值之间的范围。本例均按照默认设置参数，不作其他改变。【Contrast enhancement】参数介绍如下：

● No enhancement：无增强方法。

● Stretch to MinMax：拉伸至最小值与最大值之间的范围。

● Stretch and clip to MinMax：拉伸并裁剪至最小值与最大值之间的范围（裁剪后超出最小值与最大值范围的像元不作显示）。

● Clip to MinMax：裁剪至最小值与最大值之间的范围（裁剪后超出最小值与最大值范围的像元不作显示）。

在【Layer Rendering】下拉选项框中设置图像显示效果，包括【Blending mode】混合模式、【Brightness】明度、【Contrast】对比度、【Gamma】图像 Gamma 值、【Saturation】饱和度、【Grayscale】灰阶。勾选【Colorize】复选框后，还可以对图像【Hue】色调和【Strength】强度进行设置。

在【Resampling】下拉选项框中设置栅格数据放大和缩小时图像显示的重采样方式。【Zoom in】降尺度采样，即图像放大时对数据进行插值；【Zoom out】升尺度采样，即图像缩小时对数据进行聚合。降尺度采样方法包括【Nearest Neighbour】最近邻距离法、【Bilinear】双线性内插法和【Cubic】三次卷积法（表 7-1）。升尺度采样包括【Nearest Neighbour】最近邻距离法和【Average】平均值法（表 7-1）。此外，还可以对【Oversampling】过采样系数进行设置。本例均按照默认设置参数，不作其他改变。

表 7-1　重采样方法及特点

方法	特点
最近邻距离法（Nearest Neighbour）	为未知（重采样）点赋予其最近邻已知像元值的值
双线性内插法（Bilinear）	基于未知点周围的最近邻的 4 个像元，通过在横轴方向和纵轴方向分别进行线性插值的方法求解未知点的属性值
三次卷积法（Cubic）	使用三次多项式进行插值
平均值（Average）	未知点的值等于其对应所有原像元中非空像元的平均值

（4）点击【Symbology】选项卡下的【Apply】按钮，完成单波段灰度渲染，结果如图 7-33 所示。

2. 山体阴影渲染

当单波段栅格数据中存储的是高程数据时，可选用山体阴影渲染。本节以某区域的高程数据为例，介绍山体阴影渲染的方法。具体操作步骤如下。

（1）在浏览面板（Browser）中，找到下载的遥感影像数据，并将其拖动至 QGIS 界面右侧的显示区（或拖动至下方图层面板）。

（2）在图层列表中右键点击图层，在弹出的菜单中选择【Properties…】命令。在随后弹出的对话框中选择【Symbology】选项卡，并通过下拉菜单将对话框中最上方的【Render type】选项切换至【Hillshade】，表示对栅格数据进行山体阴影渲染（图7-34）。

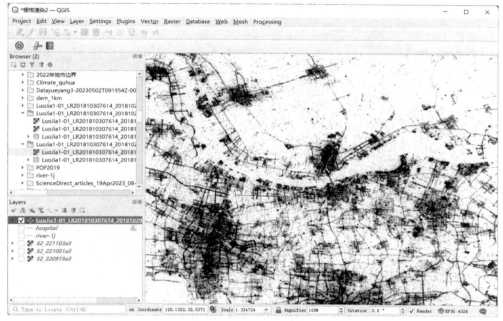

图 7-33　单波段灰度渲染结果（局部显示）

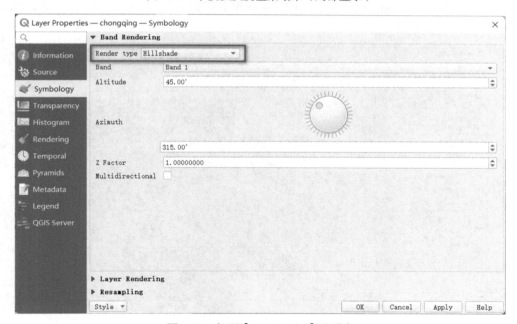

图 7-34　打开【Symbology】选项卡

（3）在选择【Hillshade】山体阴影渲染方式后，在【Symbology】其他选项中进行详细的设置（图 7-35）。在【Band】选项中通过下拉菜单选择渲染所依据的波段，本例选择"Band 1"；在【Altitude】选项中设置光源的高度角，默认为 45°（光线与通过该地的切平面的夹角）；在【Azimuth】选项中设置光源的方位角，默认为 315°（以正北方向为基准，顺时针旋转的角度）；在【Z Factor】选项中输入高程的缩放系数，缩放系数影响阴影的显示效果，默认为"1"。勾选【Multidirectional】复选框代表打开多角度阴影模式，本例不作勾选。【Layer Rendering】和【Resampling】中的选项设置可参考本节第 1 小节"灰度渲染"。

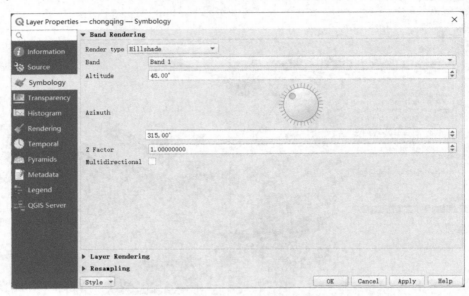

图 7-35　【Symbology】选项详细设置

（4）点击【Symbology】选项卡下的【Apply】按钮，山体阴影渲染已完成，结果如图 7-36 所示。

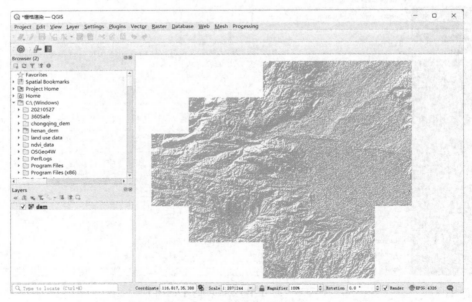

图 7-36　山体阴影渲染结果

3. 伪彩色渲染

伪彩色渲染的作用对象也是具有连续数值的单波段栅格数据。其作用过程中，先将连续数值进行分级，然后选用系统内置的色带对这些连续的级别进行对应着色。

之所以称为"伪彩色"渲染，是因为在渲染单波段遥感数据时，这些颜色设置无需与地物的真实色彩相关，渲染效果可能与真实情况不同，仅以可视化效果最佳为目标。具体操作步骤如下。

（1）在浏览面板（Browser）中，找到下载的遥感影像数据，并将其拖动至 QGIS 界面右侧的显示区（或拖动至下方图层面板）。

（2）在图层列表中右键点击图层，在弹出的菜单中选择【Properties...】命令。在随后弹出的对话框中选择【Symbology】选项卡，并通过下拉菜单将对话框中最上方的【Render type】选项切换至【Singleband pseudocolor】，表示对栅格数据进行单波段伪彩色渲染（图 7-37）。

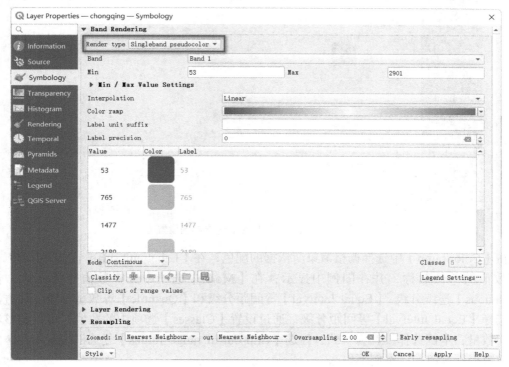

图 7-37　打开【Symbology】选项卡

（3）在选择【Singleband pseudocolor】单波段伪彩色渲染方式后，在【Symbology】其他选项中进行详细的设置（图 7-38）。在【Band】选项中通过下拉菜单选择渲染所依据的波段，本例选择"Band 1"；在【Min】和【Max】选项中输入所渲染栅格数值范围的最小值和最大值，既可以通过直接输入获得，也可以通过在下方的【Min/Max Value Settings】下拉选项框中勾选选项进行设置，本例勾选【Min/Max Value Setting】选项。

在【Interpolation】插值渲染方法中，有以下选项。

● 【Discrete】分级渲染：将栅格数值分为不同的区间，数值在同一区间的栅格渲染为同一种颜色。

● 【Linear】线性渲染：通过线性插值的方法根据特定的配色（Color ramp）进行渲染，渲染后的栅格数据颜色是连续变化的。

● 【Exact】精确渲染：只对具有特定值的栅格进行颜色渲染。

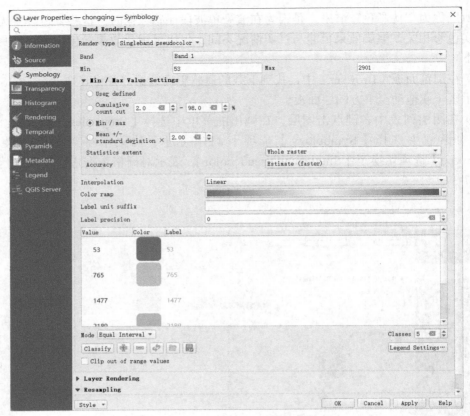

图 7-38　【Symbology】选项详细设置

在【Color ramp】中选择栅格渲染所依据的配色；在【Label unit suffix】选项中可以输入栅格数值的单位名称，并在图例中显示；在【Mode】选项中选择数值分级模式，包括【Continuous】连续分级、【Equal Interval】等间距分级和【Quantile】等数量分级三种方法，本例选择【Equal Interval】等间距分级；通过设置【Classes】选项中的数值，可以调整渲染的区间数量，本例选择设置为"5"；勾选【Clip out of range values】复选框表示不在区间范围内的数据不作渲染，本例不勾选。

（4）点击【Symbology】选项卡下的【Apply】按钮，单波段伪彩色渲染已完成，结果如图 7-39 所示。

4. 唯一值着色

当单波段栅格数据中的属性值是离散数据时，通常采用唯一值着色方法进行渲染。唯一值着色与伪彩色渲染的不同点在于前者无需对数值进行分级。

本小节以某区域的土地利用数据为例，介绍唯一值着色的方法。具体操作步骤如下。

（1）在浏览面板（Browser）中，找到下载的土地利用数据，并将其拖动至 QGIS 界面右侧的显示区（或拖动至下方图层面板）。

（2）在图层列表中右键点击图层，在弹出的菜单中选择【Properties…】命令。在随后弹出的对话框中选择【Symbology】选项卡，并通过下拉菜单将对话框中最上方的【Render type】选项切换至【Paletted/Unique values】，表示对栅格数据进行唯一值着色（图 7-40）。

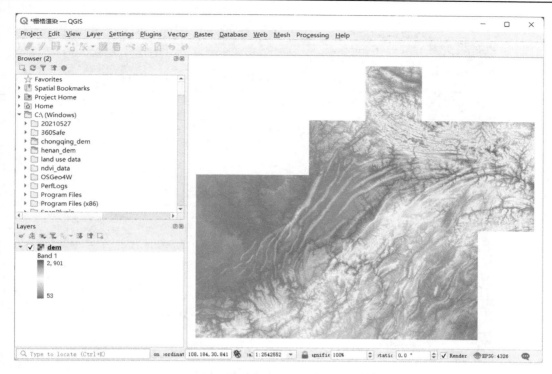

图 7-39　单波段伪彩色渲染结果

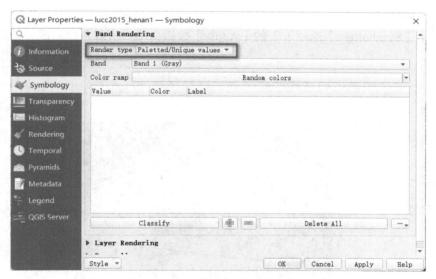

图 7-40　打开【Symbology】选项卡

（3）在选择【Paletted/Unique values】唯一值着色方式后，在【Symbology】其他选项中进行详细的设置（图 7-41）。在【Band】选项中通过下拉菜单选择渲染所依据的波段，本例选择 "Band 1：ld2018"。

点击【Classify】按钮，栅格数据中的所有唯一值以渲染配色的方式呈现在列表中。列表中的【Value】表示所渲染栅格的数值；【Color】表示栅格渲染色彩；【Label】表示图例文字显示。在【Color ramp】中选择栅格渲染所依据的配色，也可以通过在列表中双击【Color】

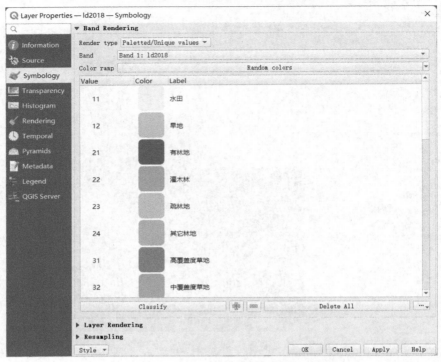

图 7-41　【Symbology】选项详细设置

一列中的色块直接进行修改。

（4）点击【Symbology】选项卡下的【Apply】按钮，唯一值着色已完成，结果如图 7-42 所示。

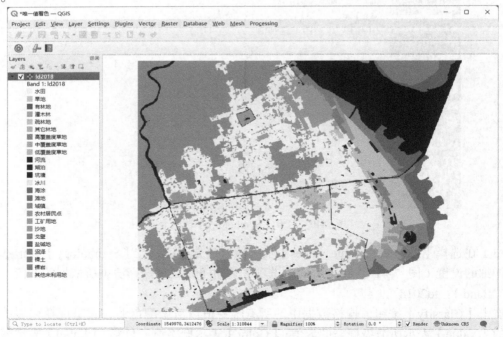

图 7-42　唯一值着色结果

7.2.2 多波段栅格数据

多波段彩色渲染指针对具有多波段信息的栅格数据进行颜色渲染。多波段彩色渲染包括真彩色渲染和假彩色渲染两种类型。真彩色渲染指将实际存在的红、绿、蓝三个波段作为RGB 三原色信息来源，并进行图像渲染。真彩色渲染效果与实际地物颜色相似。假彩色渲染是以任意指定多波段栅格数据中的三个波段分别作为 RGB 三原色信息来源，并进行图像渲染。假彩色渲染效果与实际地物颜色不符，但能够提高目视效果。

真彩色渲染和假彩色渲染两者的 QGIS 操作相同，区别仅在于用户是否选取了与波段含义对应的颜色。以下演示通用步骤。

（1）在浏览面板（Browser）中，找到下载的遥感影像数据，并将其拖动至 QGIS 界面右侧的显示区（或拖动至下方图层面板）。

（2）在图层列表中右键点击图层，在弹出的菜单中选择【Properties…】命令。在随后弹出的对话框中选择【Symbology】选项卡，并通过下拉菜单将对话框中最上方的【Render type】选项切换至【Multiband color】，表示对栅格数据进行多波段彩色渲染（图 7-43）。

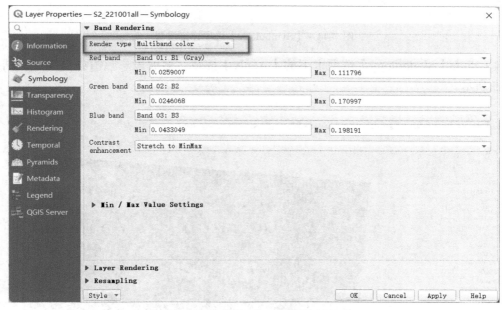

图 7-43　打开【Symbology】选项卡

（3）在选择【Multiband color】多波段彩色渲染方式后，在【Symbology】其他选项中进行详细的设置（图 7-44）。在【Red band】选项中通过下拉菜单选择红光波段"Band 04: B4"；在【Green band】选项中通过下拉菜单选择绿光波段"Band 03: B3"；在【Blue band】选项中通过下拉菜单选择蓝光波段"Band 02: B2"。在【Min】和【Max】选项中输入所渲染栅格数值范围的最小值和最大值，既可以通过直接输入获得，也可以通过在下方的【Min/Max Value Settings】下拉选项框中勾选选项进行设置，本例按照默认设置不作改变。

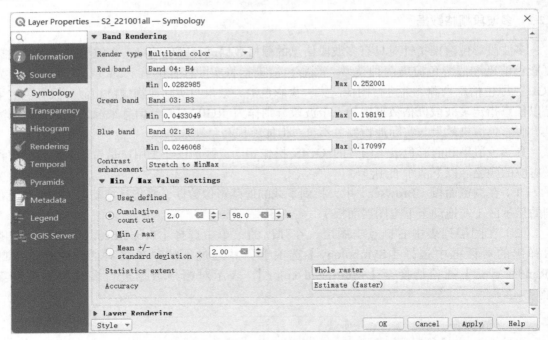

图 7-44　【Symbology】选项详细设置

（4）点击【Symbology】选项卡下的【Apply】按钮，多波段彩色渲染已完成，结果如图 7-45 所示。

图 7-45　多波段彩色渲染结果

7.3　布局/报告的创建与设置

本节首先介绍如何使用布局管理器，再介绍如何通过布局管理器创建布局/报告并添加页面。创建好布局/报告后，便会弹出布局编辑器。最后，本节将介绍布局编辑器的主要功能，以及如何通过布局编辑器对布局整体进行具体属性的设置。

7.3.1　布局管理器介绍

布局管理器不仅可以管理布局，还可以同时管理报告，本节介绍布局管理器（Layout Manager）的主要功能。在浏览面板（Browser）中最上方的菜单栏中，选择【Project】|【Layout Manager…】命令，打开布局管理器（图 7-46）。

布局管理器上方呈现的为布局及报告的列表，如图 7-47 所示。在列表中选中某一布局或报告后，点击下方的【Show】按钮可以打开对应的布局编辑器；点击【Duplicate…】按钮可以复制该布局或报告；点击【Remove…】按钮可以移除该布局或报告；点击【Rename…】按钮可以重命名该布局或报告。

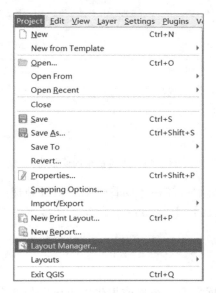

图 7-46　打开布局管理器

图 7-47　布局管理器

在【New from Template】选项框中，可以依照模板创建新的布局或报告。在上方的列表选中相应的布局或报告后，点击【Create…】按钮即可依照选中的模板创建一个新的布局或报告。点击下拉菜单，分别有【Empty Layout】、【Empty Report】和【Specific】三个选项。点击【Empty Layout】或【Empty Report】选项，再点击【Create…】按钮，即可创建一个空白的布局或报告。如果想要依照文件夹里的布局或报告自定义模板，则需要点击下拉菜单中的【Specific】选项，并点击下方的【…】按钮选择文件夹里的布局或报告，最后点击【Create…】按钮即可。

7.3.2　通过布局管理器创建布局/报告

本节演示如何通过布局管理器创建布局/报告。

（1）如图 7-48 所示，在浏览面板（Browser）中最上方的菜单栏中，选择【Project】|【New Print Layout...】命令，可以创建一个新的布局；选择【Project】|【New Report...】命令，可以创建一个新的报告。

（2）选择【New Print Layout...】或【New Report...】命令后，在随后弹出的对话框（图 7-49）中，为新创建的布局或报告命名（如不自定义名称，则按照默认名称自动命名），最后点击【OK】按钮，创建过程即完成。

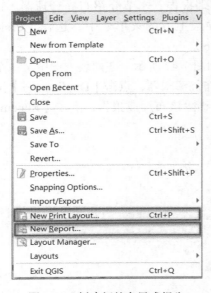

图 7-48　创建新的布局或报告

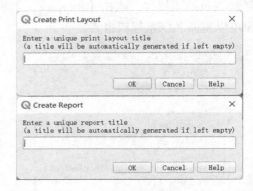

图 7-49　命名新布局或报告

（3）布局或报告创建完毕后，可以如 7.3.1 节所示一样在布局管理器中打开新建好的布局报告。此外，还可以直接在菜单栏中选择【Project】|【Layouts】命令，直接点击想要打开的布局或报告名称即可（图 7-50）。

7.3.3　页面与页面设置

默认情况下，布局或报告中仅有 1 个页面。根据需要，布局或报告中也可以包括多个页面。本节介绍如何添加更多页面、删除页面，以及如何进行页面设置及参考线设置。注意，本节操作是可选动作。

1. 添加更多页面

（1）在 QGIS 中打开布局编辑器后，在菜单栏中选择【Layout】|【Add Pages...】命令（图 7-51）。此外，还可以在工具栏中点击 按钮。

（2）在随后弹出的【Insert Pages】对话框（图 7-52）中，对插入页面的信息进行详细设置。在对话框中，可以手动输入插入页面的数量；可以在下拉菜单中选择插入页面的位置，有【Before Page】在指定页面之前、【After Page】在指定页面之后和【At End】在所有页面

图 7-50　打开布局或报告

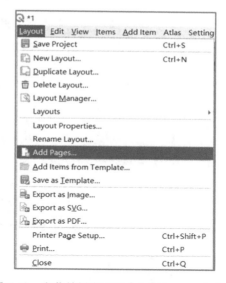

图 7-51　在菜单栏中选择【Add Pages…】命令

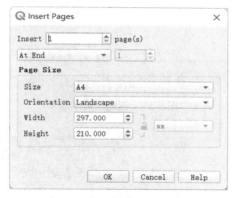

图 7-52　【Insert Pages】对话框

之后三种选项，指定页面号码通过手动输入进行设置。此外，还可以在【Size】选项中选择页面尺寸；在【Orientation】选项中设置页面的方向，可以选择【Portrait】纵向和【Landscape】横向；通过在【Width】和【Height】选项中手动输入宽度和高度可对页面尺寸自定义设置。最后，点击【OK】按钮。

（3）创建页面结果如图 7-53 所示。

2. 删除页面

右键点击需要删除的页面，在弹出的菜单中选择【Remove Page】命令即可（图 7-54）。

3. 页面设置

右键点击需要进行页面设置的页面，在弹出的菜单中选择【Page Properties】命令，【Items】面板中即可显示面板属性（图 7-55），并可通过面板进行设置，设置方法参见本节第 1 小节。

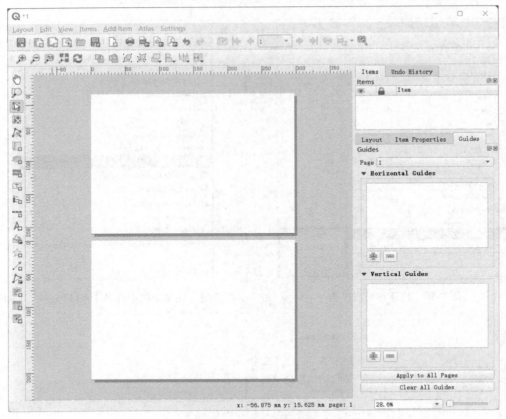

图 7-53　创建页面结果

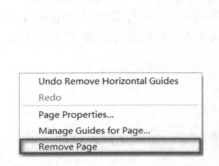

图 7-54　在菜单中选择【Remove Page】命令

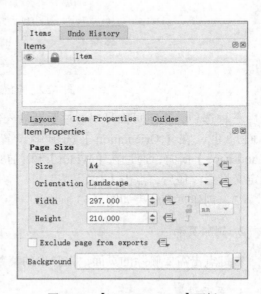

图 7-55　【Item Properties】面板

4. 参考线设置

进行布局时，为方便对齐，有时需要设置页面参考线，可通过【Guides】面板（图 7-56）

进行详细设置。

【Guides】面板中的【Page】选项显示当前页面编号，也可以通过下拉菜单中选择相应页面进行参考线设置。【Horizontal Guides】和【Vertical Guides】选项框可以对参考线数量和位置进行详细设置。点击 按钮，增加参考线数目；点击 按钮，减少参考线数目。参考线位置既可以通过在选项框中双击手动输入数值进行设置，数值代表纵向（横向）参考线距离页面左侧（上方）的距离；还可以直接拖动页面标尺上代表参考线的箭头到相应位置。

点击最下方的【Apply to All Pages】按钮可以将页面参考线设置应用到布局中的每个页面上，点击【Clear All Guides】按钮可以清除当前页面中的所有参考线。

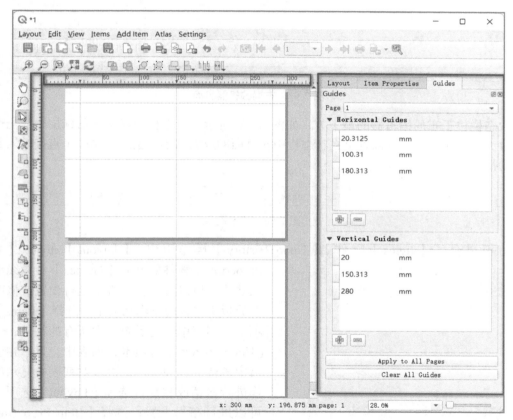

图 7-56　页面参考线设置

7.3.4　布局编辑器介绍

打开事先创建好的布局后，即可弹出布局编辑器。布局编辑器界面可分为五个功能区：页面区域、菜单栏、工具栏、状态栏和面板（图 7-57）。

页面区域位于布局编辑器的中央，显示地图布局所在的页面，并可以在其中进行放大缩小及编辑等操作。菜单栏位于布局编辑器的最上方，包含【Layout】布局、【Edit】编辑、【View】视图、【Items】物件、【Add Item】增加物件、【Atlas】地图集和【Settings】设置子菜单，选择子菜单中的命令可进行具体的编辑操作。工具栏位于布局编辑器的顶端和左端，可根据编辑需要进行选择。

图 7-57　布局编辑器界面

状态栏位于布局编辑器的最下方，如图 7-58 所示。状态栏中显示了鼠标位置、当前页面、放大缩小比例，并可以直接在状态栏中对页面的放大缩小比例进行修改（直接输入数值或拖动拖拉条）。

图 7-58　状态栏

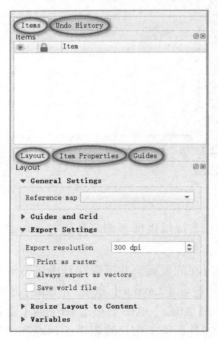

图 7-59　面板

面板集合了【Items】物件、【Undo History】操作历史、【Layout】布局、【Item Properties】物件属性和【Guides】参考线等相关功能，可以直接在面板中进行设置或修改。在面板所包含的编辑功能中，选择【Items】选项卡，列表中会显示布局中所有的物件；选择【Undo History】选项卡，列表中会显示在编辑器中进行的各种操作，可以对列表中显示的操作进行撤销或重复；选择【Layout】选项卡，可以进行布局设置；选择【Item Properties】选项卡，可以设置物件属性；选择【Guides】选项卡，可以设置页面参考线的位置和属性（图 7-59）。

7.3.5　布局设置

本节介绍如何通过布局编辑器的【Layout】面板对布局整体进行具体设置。

如图 7-60 所示，在【Layout】面板中对布局的设置，包括【General Settings】通用设置、

【Guides and Grid】参考线和网格、【Export Settings】导出设置、【Resize Layout to Content】裁剪布局和【Variables】变量五类。

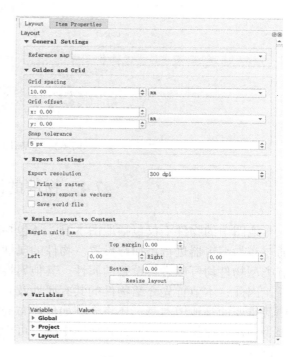

在【General Settings】通用设置中，在【Reference map】选项中通过下拉菜单选择参考地图。如果布局中包含不止一幅地图，需要选择其中的一幅作为参考地图。当地图导出时，分辨率会以参考地图为准。

在【Guides and Grid】参考线和网格设置中，可以在【Grid spacing】选项中设置网格间隔，在【Grid offset】选项中设置网格在 X 和 Y 方向上的偏移量，在【Snap tolerance】选项中设置捕捉容差。物件的节点均可以捕捉到参考线和网格，便于在布局中排列不同的物件。

在【Export Settings】导出设置中，【Export resolution】选项可以设置导出时的分辨率；勾选【Print as raster】选项，导出的地图中所有物件均被栅格化；勾选【Always export as vectors】选项，导出的地

图 7-60 面板设置

图中所有物件均被保存为矢量数据；勾选【Save world file】选项，可以保存布局参考地图的 World 文件。

在【Resize Layout to Content】裁剪布局设置中，在【Margin units】选项的下拉菜单中选择留白单位，在【Top margin】顶端、【Left】左端、【Right】右端和【Bottom】底端选项中设置布局的页边距（图 7-61），最后点击【Resize layout】按钮即可完成布局的裁剪。

如图 7-62 所示，在【Variables】变量设置中，可以对【Global】全局变量、【Project】工程文件变量和【Layout】布局变量的信息进行查看、创建和删除。

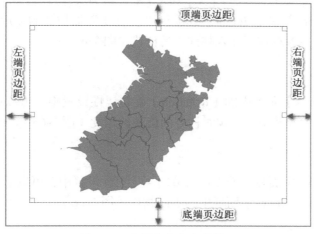

图 7-61 布局留白宽度的设置

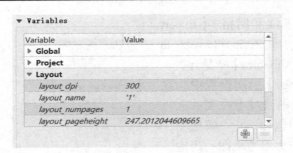

图 7-62　【Variables】变量设置

7.4　物件的添加与设置

地图中的物件不仅包括地图本身，还包括图例、比例尺、指北针等。这些物件均可以通过布局编辑器进行添加与设置。物件的属性可分为共有属性和其他属性。共有属性指所有类型物件均可以进行设置的属性。其他属性则指不同类型的物件除共有属性外其他的属性。因此，本节首先介绍物件的共有属性及其设置方法。然后，鉴于地图中各种类型物件中最重要的是地图本身，还将介绍如何在布局中添加地图并对各种属性进行设置。最后，因为图例、比例尺、指北针是地图中必不可少的三要素，本节会介绍地图三要素如何添加并设置。

7.4.1　物件的共有属性及其设置

不同类型的物件属性设置有所不同，本小节介绍【Item Properties】面板（图 7-63）中所有类型物件共有属性的设置，包括【Position and Size】位置和尺寸、【Rotation】旋转、【Item ID】物件 ID、【Rendering】渲染和【Variables】变量五种属性。因为【Variables】变量属性与 7.3.5 节中的变量属性相同，本节不作赘述。

1. 【Position and Size】位置和尺寸

在【Item Properties】面板中的【Position and Size】位置和尺寸属性设置中，【Page】选项可以设置新添加物件所在的页面；【X】和【Y】选项为参考点所在位置的横纵坐标，可以手动进行修改；【Width】和【Height】选项可以设置新添加物件的宽度和高度；【Reference point】选项可以选择参考点在新插入物件中的位置（图 7-64）。

2. 【Rotation】旋转

在【Item Properties】面板中的【Rotation】旋转属性设置中，可以通过手动输入的方式设置物件以自身中心为旋转中心，顺时针方向旋转的角度（图 7-65）。

3. 【Item ID】物件 ID

在【Item Properties】面板中的【Item ID】物件 ID 设置中，可以手动输入设置该物件的名称，名称用于区分在【Items】面板中的不同物件（图 7-66）。

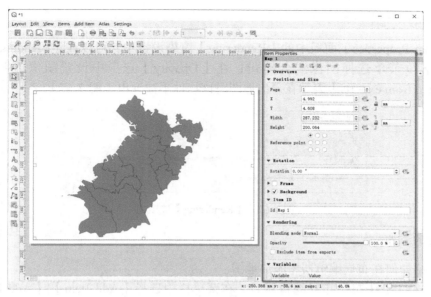

图 7-63 【Item Properties】物件属性面板

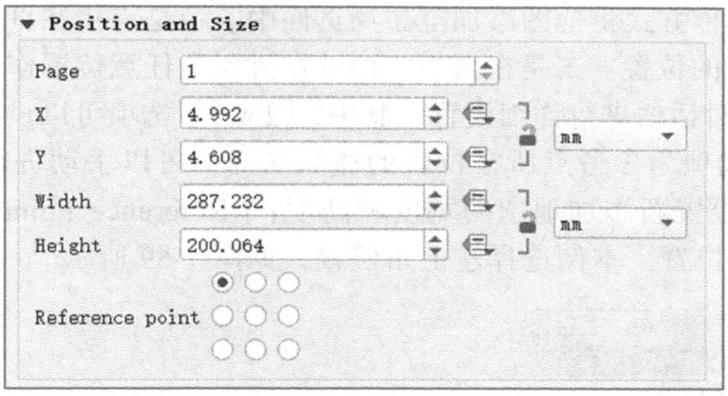

图 7-64 【Position and Size】选项框

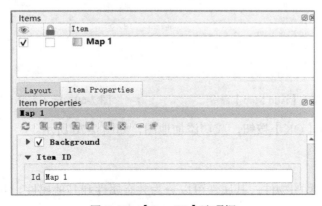

图 7-65 【Rotation】选项框

图 7-66 【Item ID】选项框

4．【Rendering】渲染

在【Item Properties】面板中的【Rendering】渲染设置中，可以在【Blending mode】选项中通过下拉菜单选择图像混合模式；在【Opacity】选项中设置图像透明度；勾选【Exclude item from exports】表示在导出地图时该物件不被导出（图 7-67）。

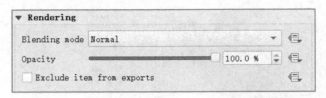

图 7-67　【Rendering】选项框

7.4.2　地图的添加

本节介绍如何在布局编辑器中添加地图。

（1）在 QGIS 中打开布局编辑器后，在菜单栏中选择【Add Item】|【Add Map】命令（图 7-68），或者在工具栏中点击 按钮。

（2）可以通过两种方式将地图添加至布局页面中。一是直接在页面中拖拽鼠标框选特定区域作为地图插入的位置。二是在页面空白处左键点击任意位置作为参考点（Reference Point），通过弹出的对话框进行详细设置。其中，【Page】选项可以设置添加地图所在的页面；【X】和【Y】选项为参考点所在位置的横纵坐标，可以手动进行修改；【Width】和【Height】选项可以设置新添加地图的宽度和高度；【Reference Point】选项可以选择参考点在新插入地图中的位置。本例选择左上角位置，如图 7-69 所示。

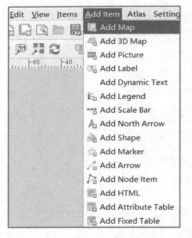

图 7-68　在菜单栏中选择【Add Map】命令

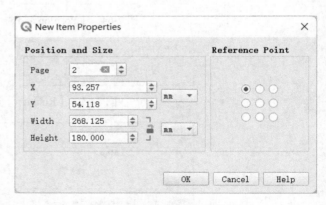

图 7-69　插入新物件对话框

（3）最后，点击【OK】按钮，成功添加地图，如图 7-70 所示。

7.4.3　地图的设置

地图作为一种类型的物件，其属性可以分为共有属性和其他属性，共有属性的设置方法

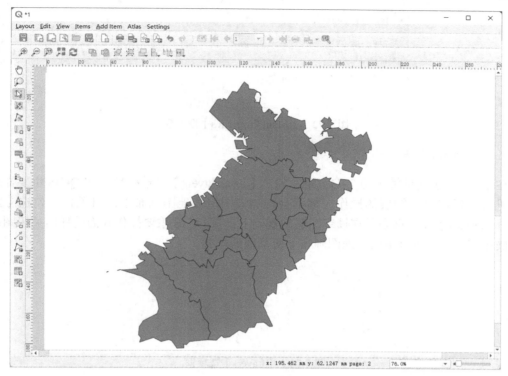

图 7-70　添加新地图

已经在 7.4.1 节作出介绍。本节介绍如何对地图的其他属性进行设置（图 7-71）。

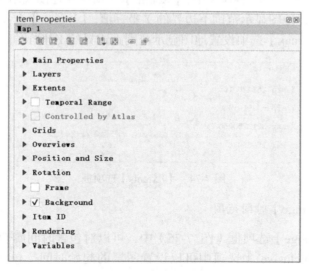

图 7-71　地图物件的属性

1.【Main Properties】主要特性

在【Main Properties】选项框（图 7-72）中，可以对地图的主要特性进行设置。在【Scale】选项中可以设置地图的比例尺；在【Map rotation】选项中可以设置地图在画布上的旋转角度（顺时针为正方向）；在【CRS】选项中可以设置地图的参考坐标系。

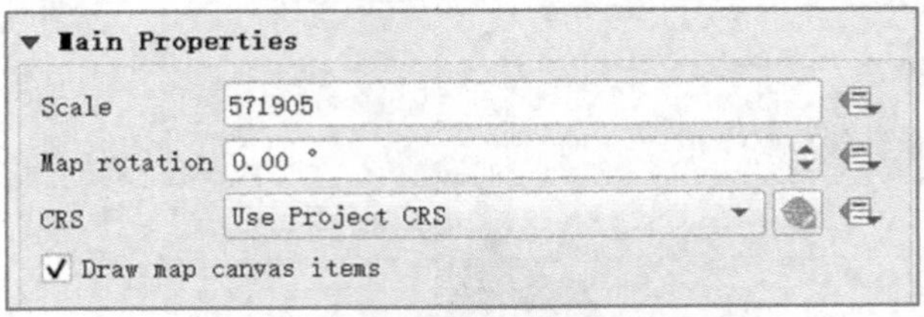

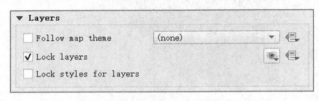

图 7-72　【Main Properties】选项框

2. 【Layers】图层

在【Layers】选项框（图 7-73）中，勾选【Lock layers】复选框后，在 QGIS 主要操作界面上进行的任何对于图层的操作，都不会影响该图层在地图画布上的可见性。勾选【Lock styles for layers】复选框表示在锁定图层的基础上，在 QGIS 主要操作界面的任何关于图层样式的操作都不会修改该图层在地图画布上所呈现的样式。

图 7-73　【Layers】选项框

3. 【Extents】空间范围

在【Extents】选项框（图 7-74）中，【X min】选项设置地图显示范围左边界的 X 坐标值；【Y min】选项设置地图显示范围下边界的 Y 坐标值；【X max】选项设置地图显示范围右边界的 X 坐标值；【Y max】选项设置地图显示范围上边界的 Y 坐标值。

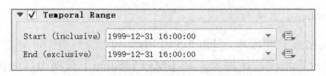

图 7-74　【Extents】选项框

4. 【Temporal Range】时间范围

在【Temporal Range】选项框（图 7-75）中，可以对包含时间属性的图层的时间范围进行设置。在【Start (inclusive)】选项中可以设置图层的起始时间（包含在时间范围内），在【End (exclusive)】选项中可以设置图层的结束时间（不包含在时间范围内）。

图 7-75　【Temporal Range】选项框

5.【Grids】格网

在【Grids】选项框（图 7-76）中，点击 ⊕ 按钮可以新增格网；点击 ⊟ 按钮可以删除下方列表中所选中的格网；点击 ▲ 按钮可以将下方列表中所选中的格网在画布显示中上移一层；点击 ▼ 按钮可以将下方列表中所选中的格网在画布显示中下移一层。

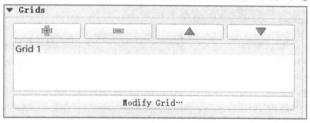

图 7-76 【Grids】选项框

在列表中选中想要进行详细设置的格网，点击最下方的【Modify Grid…】按钮可以在新弹出的【Appearance】、【Frame】和【Draw Coordinates】组合框中分别对格网的外观、边框和显示的坐标进行详细设置。

6.【Frame】边框

勾选【Frame】选项框（图 7-77），可以在【Color】选项中设置地图边框的颜色；在【Thickness】选项中设置地图边框的宽度；在【Join style】选项中设置边框边角样式。

图 7-77 【Frame】选项框

7.【Background】背景

勾选【Background】选项（图 7-78），可以在【Color】选项中设置地图背景的颜色。

图 7-78 【Background】选项框

7.4.4 地图三要素的添加与设置

1. 图例

本小节介绍如何在布局编辑器中添加图例并对其进行设置。

（1）在 QGIS 中打开布局编辑器后，在菜单栏中选择【Add Item】|【Add Legend】命令（图 7-79），或者在工具栏中点击 ⊞ 按钮。图例在布局页面进行设置的方法与 7.4.3 节相同，结果如图 7-80 所示。

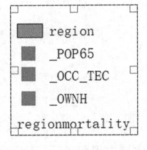

图 7-79　在菜单栏中选择【Add Legend】命令　　　　图 7-80　添加图例效果

（2）在【Item Properties】面板中，除了可以对 7.4.1 节介绍的物件共有属性进行设置之外，还可以对图例的其他属性进行设置。

在【Main Properties】主要属性选项框（图 7-81）中，可以在【Title】选项中手动输入设置图例标题；在【Map】选项中选择图例生成所参考的地图；在【Wrap text on】选项中可以设置"换行字符"，即出现该字符就自动换行；在【Arrangement】选项中设置图例中符号所在位置，可以设置为【Symbols on Left】符号在左侧或【Symbols on Right】符号在右侧。勾选【Resize to fit contents】复选框可以依据图例内容自动调整图例尺寸。

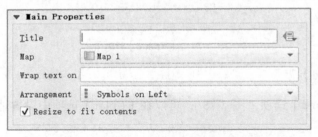

图 7-81　【Main Properties】主要属性选项框

在【Legend Items】选项框中，图例包含三个层级，分别是【Group】组、【Subgroup】子组和【Item】图例项。一个组下可包含若干子组（一个图层即为一个子组），子组下包含若干图例项。在列表中右键点击子组或组，在快捷菜单中选择【Hidden】命令可以隐藏图例中相对应的文本；选择【Group】或【Subgroup】命令可以将其在组和子组两个层级间任意切换。

点击【Update All】按钮可以按照图层列表自动生成图例内容，勾选上方【Auto update】复选框可以自动更新图例中的内容，只有取消勾选才可以通过下方按钮对图例项进行手动调整。在列表中选中想要进行调整的图例，点击▼按钮，可以在图上将该图例向下移动；点击▲按钮，可以在图上将该图例向上移动；点击⊕按钮，可以新增图例；点击▭按钮，可以删除当前图例；点击按钮，可以新建一个图层组；点击按钮，可以编辑选中图例的文字。此外，点击⬚按钮，可以通过输入表达式筛选图例；点击⬚按钮，可以统计图例所对应要素的数目，并显示在图例中（图 7-82）。

（3）在【Fonts and Text Formatting】选项框中，可以对【Legend Title】图例标题、【Group Headings】组标题、【Subgroup Headings】子组标题和【Item Labels】图例项标签的字体、字号、位置及颜色进行设置（图 7-83）。

在【Columns】选项框中，可以在【Count】选项中设置图例的列数；勾选【Equal column widths】复选框可以使每列宽度相同；勾选【Split layers】复选框可以使一个图层中的图例项显示在多个列中（图 7-83）。

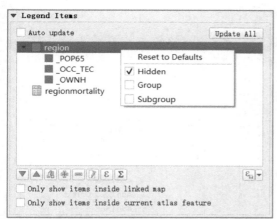

图 7-82　图例项设置

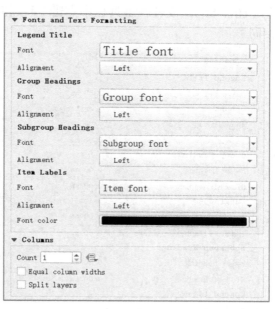

图 7-83　图例标题字体及列数设置

在【Symbol】选项框中，可以通过手动输入的方式分别在【Symbol width】和【Symbol height】选项中设置图例符号的宽度和高度；对于比例符号而言，可以在【Min symbol size】和【Max symbol size】选项中设置图例符号的最小和最大尺寸；勾选下方的【Draw stroke for raster symbols】选项可以为栅格图层的符号添加边框（图 7-84）。

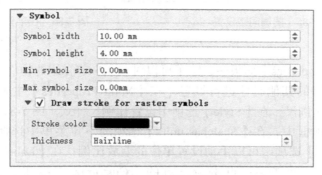

图 7-84　图例符号设置

在【Spacing】选项框中，可以通过手动输入的方式设置图例中不同部分的间距。例如，可以在【Space below】选项中设置图例标题与上边框的间距，在【Space before side of symbol】选项中设置图例符号与左边框的间距，在【Space between symbols】选项中设置图例符号间的距离，在【Symbol label space】选项中设置图例符号与图例标签间的距离（图 7-85）。

2. 比例尺

本小节介绍如何在布局编辑器中对比例尺进行设置。

（1）在 QGIS 中打开布局编辑器后，在菜单栏中选择【Add Item】|【Add Scale Bar】命令（图 7-86），或者在工具栏中点击  按钮。将比例尺添加至布局页面的方法与 7.4.3 节相同。

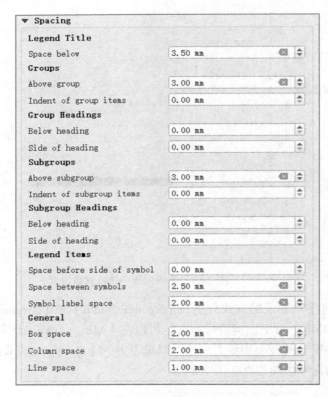

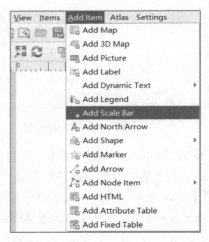

图 7-85　图例间距设置

图 7-86　在菜单栏中选择【Add Scale Bar】命令

（2）在【Item Properties】面板中，除了可以对 7.4.1 节介绍的物件共有属性进行设置之外，还可以对比例尺的其他属性进行设置。在【Main Properties】主要属性选项框中，在【Map】选项中选择比例尺，在【Style】选项中设置比例尺样式（图 7-87）。

在【Units】选项框中，在【Scalebar units】选项的下拉菜单中选择比例尺的单位；在【Label unit multiplier】选项中可以手动设置单位的缩放比例；在【Label for units】选项中可以手动输入单位的显示文字；点击最下方的【Customize】按钮，在弹出的【Number format】选项框中可以对数字格式进行详细设置（图 7-88）。

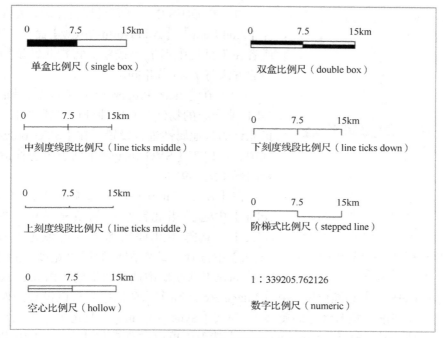

图 7-87　比例尺样式

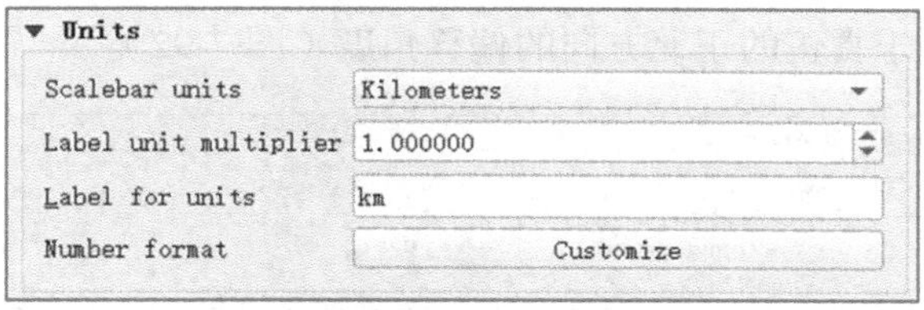

图 7-88　比例尺单位设置

在【Segments】选项框中，可以手动设置比例尺原点（零点）左右两侧的比例尺段数。选中【Fixed width】按钮，可以手动设置比例尺每个分段所代表的实际距离；选中【Fit segment width】按钮，可以手动设置比例尺每个分段在图上的长度及高度（图 7-89）。

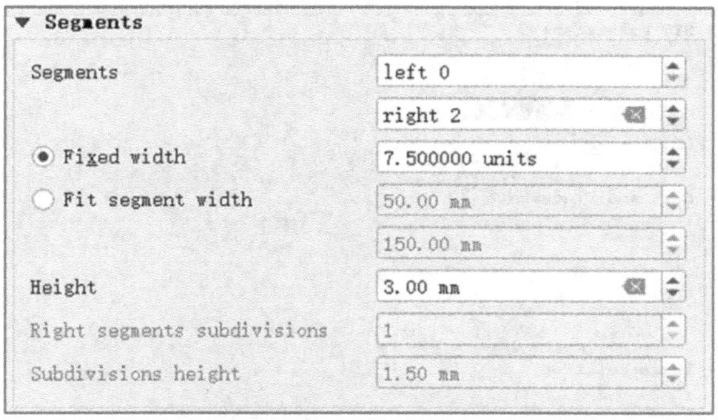

图 7-89　比例尺分段设置

3. 指北针

本小节介绍如何在布局编辑器中对指北针进行设置。

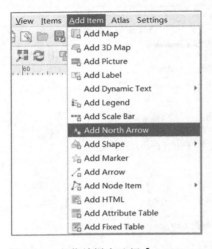

图 7-90　在菜单栏中选择【Add North Arrow】命令

（1）在 QGIS 中打开布局编辑器后，在菜单栏中选择【Add Item】|【Add North Arrow】命令（图 7-90），或者在工具栏中点击 按钮。将指北针添加至布局页面的方法与 7.4.3 节相同。

（2）在【Item Properties】面板中，除了可以对 7.4.1 节介绍的物件共有属性进行设置之外，还可以对指北针的其他属性进行设置。在【SVG browser】选项框中，可以在【SVG Images】列表中选择适合的指北针图形（图 7-91）。

在【SVG Parameters】选项框中，可以在【Fill color】中选择指北针图形的填充颜色；在【Stroke color】中选择指北针图形的描边颜色；在【Stroke width】中选择指北针图形的描边宽度。在【Size and Placement】选项框中选择图形的【Resize mode】自适应模式和【Placement】基准位置。在【Image Rotation】选项框中，可以设置图像的旋转角度（以正上方为基准，顺时针方向旋转）。勾选【Sync with map】复选框，指北针旋转的角度将与图像保持一致；在【North alignment】选项中可以设置指北针方向，既可以为【Grid North】网格中的正北方向，也可以为【True North】真正的正北方向；在【Offset】选项中可以手动输入指北针相对于真正的正北方向的偏移角度（图 7-92）。

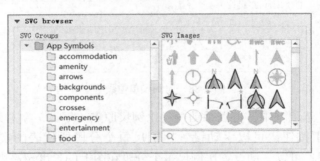

图 7-91　指北针图形

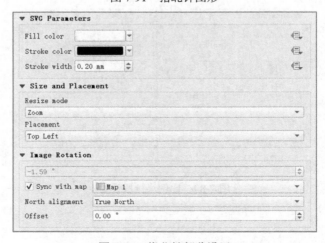

图 7-92　指北针部分设置

7.5　布局与地图集的导出

7.5.1　布局的导出

当布局创建并设置完成后，可以将布局导出。在 QGIS 中，布局可以导出为图片、SVG 和 PDF 三种格式。本节介绍布局导出的方法。相较于图片，SVG 和 PDF 格式所占存储空间通常更小，且更适用于高质量打印。

1. 将布局导出为图片格式

（1）在 QGIS 中打开布局编辑器后，在菜单栏中选择【Layout】|【Export as Image...】命令（图 7-93）。

（2）在随后弹出的【Save Layout As】对话框中，设置图像的文件名、保存类型和保存位置（图 7-94），文件保存类型选项如图 7-95 所示。

（3）在随后弹出的【Image Export Options】对话框中，设置图片导出选项。在【Export resolution】选项中可以设置导出信息的分辨率；

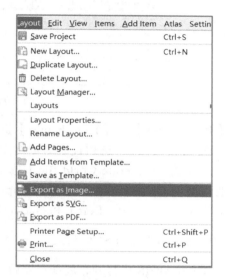

图 7-93　在菜单栏中选择【Export as Image...】命令

图 7-94　【Save Layout As】对话框设置

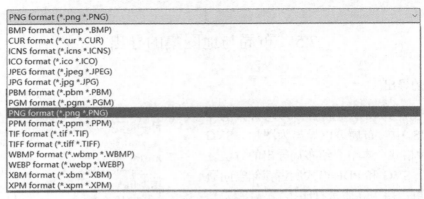

图 7-95　文件保存类型选择

在【Page width】和【Page height】选项中可以分别设置导出页面的宽度和高度；勾选【Enable antialiasing】选项代表对输出图像应用抗锯齿处理，抗锯齿处理可以使图像边缘更平滑；勾选【Generate world file】选项可以保存为 PGW 文件，PGW 用于定义栅格图像的地理空间参考和位置；勾选【Crop to Content】选项，可以通过设定顶端（Top）、底端（Bottom）、左端（Left）和右端（Right）页边距设置裁剪页面范围（图 7-96）。

2. 将布局导出为 SVG 格式

（1）在 QGIS 中打开布局编辑器后，在菜单栏中选择【Layout】|【Export as SVG...】命令（图 7-97）。

（2）在随后弹出的【Export to SVG】对话框中，设置 SVG 图像的文件名、保存类型（仅有 SVG 一种选项）和保存位置（图 7-98）。

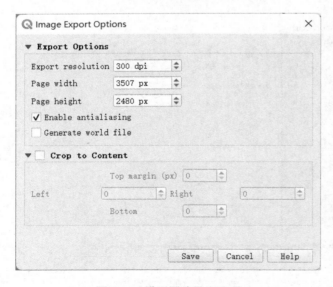

图 7-96　设置图片导出选项

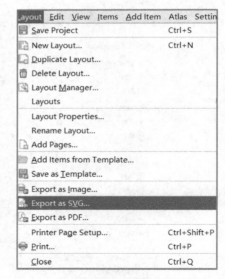

图 7-97　在菜单栏中选择【Export as SVG...】命令

（3）在随后弹出的【SVG Export Options】对话框中，勾选【Export map layers as SVG groups】复选框可将地图集的图层导出成 SVG 组；勾选【Always export as vectors】复选框

图 7-98　【Export to SVG】对话框设置

将可以导出成矢量的要素总是导出为矢量；勾选【Export RDF metadata (title, author, etc.)】复选框可以导出 RDF 元数据；勾选【Simplify geometries to reduce output file size】复选框可以简化几何图形进而压缩输出文件的大小；在【Text export】选项中可以选择【Always Export Text as Paths (Recommended)】将文本导出至路径或【Always Export Texts as Text Objects】将文本导出至文本对象。勾选【Crop to Content】复选框可以设置导出内容的范围（图 7-99）。

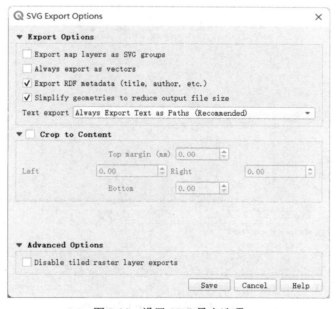

图 7-99　设置 SVG 导出选项

3. 将布局导出为 PDF 格式

（1）在 QGIS 中打开布局编辑器后，在菜单栏中选择【Layout】|【Export as PDF…】命令（图 7-100）。

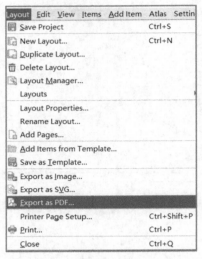

图 7-100　在菜单栏中选择【Export as PDF…】命令

（2）在随后弹出的【Export to PDF】对话框中，设置文件名、保存类型（仅有"PDF Format (*.pdf *.PDF)"一种选项）和保存位置（图 7-101）。

图 7-101　【Export to PDF】对话框设置

（3）在随后弹出的【PDF Export Options】对话框中，勾选【Always export as vectors】复选框将可以导出成矢量的要素总是导出为矢量；勾选【Append georeference information】可以添加地理参考信息；勾选【Export RDF metadata (title, author, etc.)】复选框可以导出 RDF 元数据；在【Text export】选项中可以选择【Always Export Text as Paths (Recommended)】将文本导出至路径或【Always Export Texts as Text Objects】将文本导出至文本对象；在【Image compression】选项中选择图像压缩模式（图 7-102）。

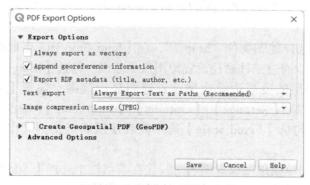

图 7-102　设置 PDF 导出选项

7.5.2　地图集的导出

1. 地图集创建与设置

【Atlas】地图集功能可以根据设置要求逐个输出矢量图层中各个面要素范围内的地图。本小节介绍地图集的生成过程。

（1）打开示例数据后，新建一个布局并打开布局编辑器（方法见 7.3.2 节）。

（2）在布局编辑器中，新增地图物件（方法见 7.4.2 节）。

（3）在菜单栏中选择【Atlas】|【Atlas Setting】命令，或者在工具栏中点击 按钮，面板区域出现【Atlas】面板（图 7-103）。

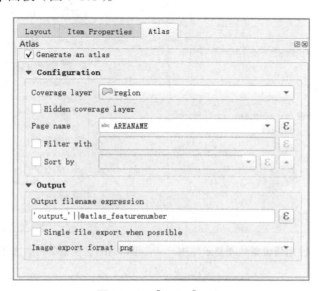

图 7-103　【Atlas】面板

（4）在【Coverage layer】选项中选择矢量图层 "region"；在【Page name】选项选择 "AREANAME" 字段作为页面名称。勾选【Hidden coverage layer】复选框，【Coverage layer】选项中的矢量图层将在地图集中隐藏。勾选【Filter with】复选框，并在弹出的【Expression Based Filter】窗口中通过字段或表达式筛选矢量图中的要素，可对所有要素进行有选择性的输出。勾选【Sort by】复选框，并在弹出的【Expression Dialog】窗口中通过字段或表达式要素进行排序，可对所有要素进行有顺序的输出。在【Output filename expression】选项中可输入地图集文件名表达式。通过【Image export format】选项的下拉菜单可选择导出图像的格式（图 7-103）。

（5）在面板中，选择地图物件 "Map 1"，在【Item Properties】面板中勾选【Controlled by Atlas】复选框，可以通过三种途径设置地图显示范围。勾选【Margin around feature】选项可以通过调整矢量图层的要素边缘比例设置地图显示范围；勾选【Predefined scale (best fit)】选项代表使用设置（【Settings】|【Options】|【Map tools】）中预设的比例尺作为地图显示范围的比例尺；勾选【Fixed scale】选项代表使用固定比例尺作为地图显示范围的比例尺（图 7-104）。

（6）为地图集中的单幅地图设置图名时，先在菜单栏中选择【Add Item】|【Add Label】（图 7-105）。然后，按下鼠标左键，同时在地图中选中插入标签的位置（图 7-106）。最后，在【Main Properties】面板中输入表达式（[% @atlas_pagename%]），即代表将设置好的表示 "Page name" 的字段作为每幅图的图名（图 7-107），结果如图 7-108 所示。

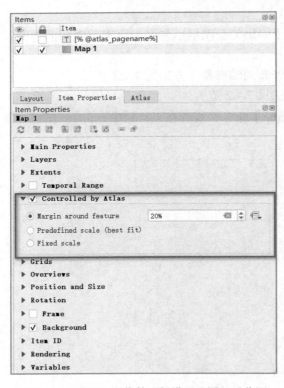

图 7-104　通过地图物件面板设置地图显示范围

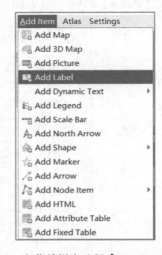

图 7-105　在菜单栏中选择【Add Label】命令

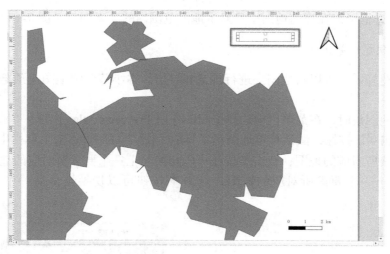

图 7-106　插入标签的位置

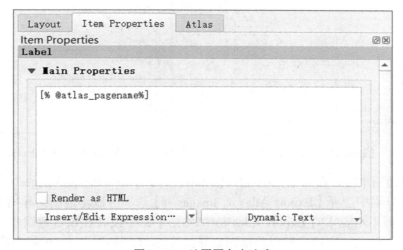

图 7-107　地图图名表达式

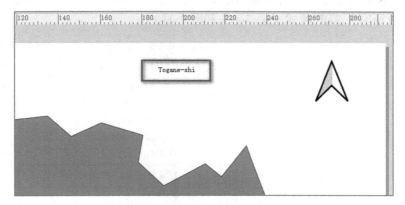

图 7-108　插入地图图名效果

（7）在地图集中插入地图三要素（图例、比例尺和指北针）时，方法与 7.4.4 节相同。在【Item Properties】面板中的【Legend Items】选项框中，勾选【Only show items inside linked map】复选框可以在当前地图中只显示地图范围内的要素图例（图 7-109 ）。

2. 地图集预览和导出

地图集创建好后，可以对地图集进行预览和导出。本小节介绍地图集预览和导出的方法和具体操作。

（1）预览地图集时，在菜单栏中选择【Atlas 】|【Previews Atlas 】命令（图 7-110 ），或者在工具栏中点击 ▦ 按钮，激活预览地图集工具栏（图 7-111 ）。点击工具栏中的 ⏮ 按钮可以切换至首个要素所对应的地图；点击 ◀ 按钮可以切换至上一个要素所对应的地图；点击 ▶ 按钮可以切换至下一个要素所对应的地图；点击 ⏭ 按钮可以切换至最后一个要素所对应的地图。

图 7-109 　【Legend Items 】选项框

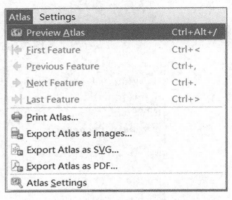

图 7-110 　在菜单栏中选择【Preview Atlas 】命令

（2）导出地图集时，在菜单栏中选择【Atlas 】|【Export Atlas as Images… 】命令或者在预览地图集工具栏中选择【Export Atlas as Images… 】选项可以将地图集导出为图片格式；在菜单栏中选择【Atlas 】|【Export Atlas as SVG… 】命令或者在预览地图集工具栏中选择【Export Atlas as SVG… 】选项可以将地图集导出为 SVG 格式；在菜单栏中选择【Atlas 】|【Export Atlas as PDF… 】命令或者在预览地图集工具栏中选择【Export Atlas as PDF… 】选项则可以将地图集导出为 PDF 格式（图 7-112 和图 7-113 ）。

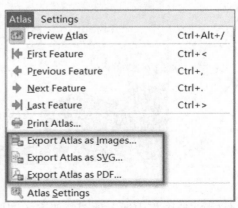

图 7-111 　预览地图集工具栏

图 7-112 　在菜单栏中选择地图集导出格式

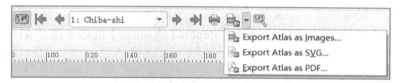

图 7-113　在预览地图集工具栏中选择地图集导出格式

（3）导出地图集时，往往会生成多个文件。为了便于区分和查找，可以通过设置使文件名包含某一属性字段。在【Atlas】面板中，取消勾选【Single file export when possible】复选框，并在【Output filename expression】选项中输入表达式（'Area_' ||@atlas_pagename）以设置文件名（图 7-114）。

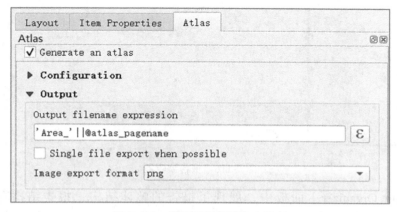

图 7-114　设置地图集输出文件名

（4）在菜单栏中选择【Atlas】|【Export Atlas as Images...】命令将地图集输出成图片格式，结果如图 7-115 所示。

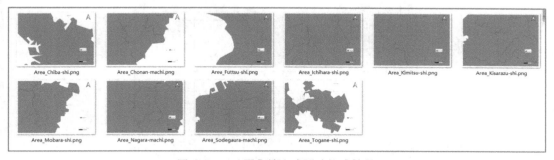

图 7-115　地图集输出成图片格式结果

7.6　报告的导出

7.6.1　报告编辑器与报告设置

报告（Report）呈现的内容比单个地图集更丰富。相比于地图集，报告可以增加首页、尾页，还可以包含多个地图集。本节对报告编辑器及报告的设置进行介绍。

打开事先创建好的报告后（报告创建方法见 7.3.2 节），就会弹出报告编辑器。报告编辑器的界面布局与布局编辑器界面大体一致。除了菜单栏、工具栏、页面区域、面板和状态栏外（图 7-57），报告编辑器左侧还多一个【Report Organizer】面板（图 7-116），用于设计并管理报告的架构。

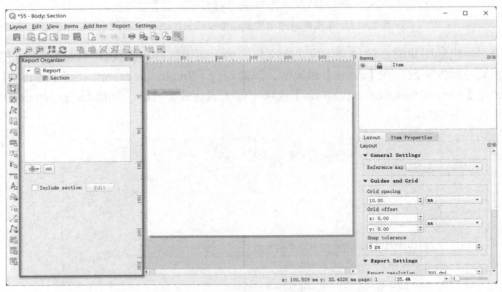

图 7-116　报告编辑器

在【Report Organizer】面板中，展现了报告的整体结构，报告结构存在嵌套关系（图 7-117）。选中报告（Report），勾选下方的【Include report header】和【Include report footer】复选框可以为报告增加首页和尾页，点击复选框右侧的【Edit】按钮可以对报告首页或尾页进行编辑（图 7-118）。

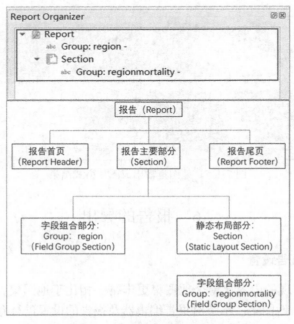

图 7-117　报告嵌套结构（示例）

　　报告结构的主要组成部分包括两种：【Static Layout Section】静态布局部分和【Field Group Section】字段组合部分，可以通过点击面板中的按钮并在弹出的菜单中选择进行添加。值得注意的是，报告中的组成部分可以任意嵌套。例如，选中面板列表中的某个静态布局部分，再点击面板中的按钮并在弹出的菜单中选择【Field Group Section】，便在所选中的静态布局部分中嵌入了一个字段组合部分。

　　静态布局部分相当于一个单独的布局页面，选中面板列表中的某一个静态布局部分，勾选【Include section】复选框并点击【Edit】按钮（图 7-119），可以对布局进行设置（方法同 7.3.5 节）。字段组合部分相当于一个地图集，包含首页（header）、主体（body）和尾页（footer）。选中面板列表中的某一个字段组

图 7-118　为报告增加首尾页

合部分，在【Layer】选项中选择地图集的参考图层，在【Field】选项中选择字段组合布局的参考字段。勾选【Include header】、【Include body】和【Include footer】复选框并点击【Edit】按钮，可以分别对首页、主体和尾页进行设置（图 7-120）。

图 7-119　静态布局部分设置

图 7-120　字段组合部分设置

7.6.2 报告的创建与导出

本节用案例演示报告的创建与导出过程。

（1）创建报告首页与尾页。选中面板列表中的报告（Report），勾选下方的【Include report header】和【Include report footer】复选框为报告创建首页和尾页，点击复选框右侧的【Edit】按钮可以对报告首页或尾页进行编辑。本案例通过添加标签物件 Add Label 对报告的首页和尾页进行编辑（图 7-121 和图 7-122）。

图 7-121　创建报告首页

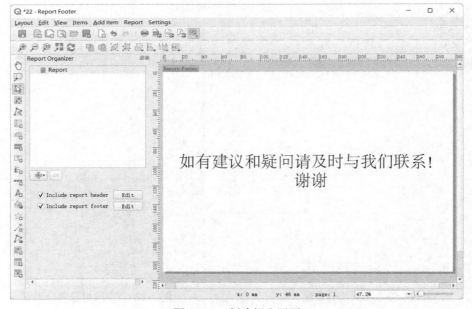

图 7-122　创建报告尾页

（2）在报告中添加静态布局部分。点击【Report Organizer】面板中的  按钮并在弹出的菜单中选择【Static Layout Section】创建静态布局部分（图 7-123）。勾选【Include section】复选框并点击【Edit】按钮，在布局中添加某地区行政区划地图（图 7-124）。

图 7-123　创建静态布局部分

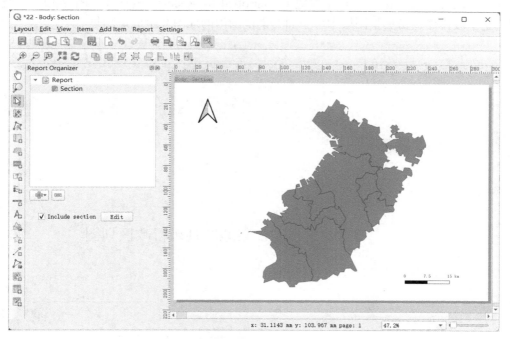

图 7-124　添加静态布局部分

（3）在报告中添加字段组合部分。点击【Report Organizer】面板中的 按钮并在弹出的菜单中选择【Field Group Section】创建字段组合部分（图 7-125）。勾选【Include section】复选框并点击【Edit】按钮，在布局中添加某地区行政区划地图。勾选【Include header】、【Include body】复选框，并在【Layer】选项中选择地图集的参考图层"region"，在【Field】

选项中选择字段组合的参考字段"Area ID"，勾选【Sort ascending】复选框代表按照该字段进行升序排列（图 7-126）。

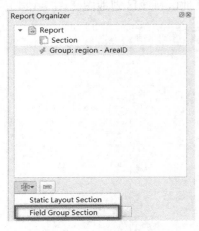

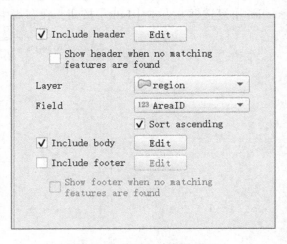

图 7-125　创建字段组合部分　　　　　　　　　图 7-126　字段组合部分设置

点击【Include header】复选框旁的【Edit】按钮，为字段组合部分添加首页（图 7-127）。点击【Include body】复选框旁的【Edit】按钮进行编辑，插入行政区划地图、指北针和图例，并在【Item Properties】面板中勾选【Controlled by Report】复选框（图 7-128），便可以按照选定字段排序遍历矢量图层中各个面要素范围内的地图并生成地图集。

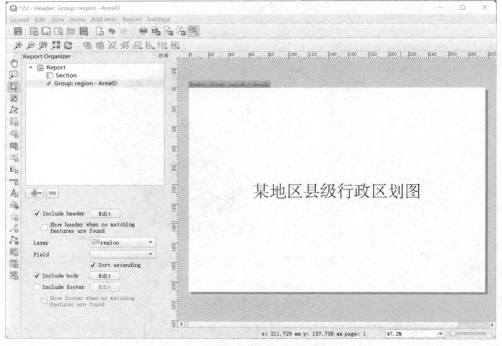

图 7-127　为字段组合部分添加首页

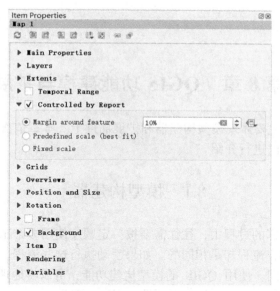

图 7-128　勾选【Controlled by Report】复选框

（4）报告导出方法与地图集导出方法相同，导出为图片格式的结果如图 7-129 所示。

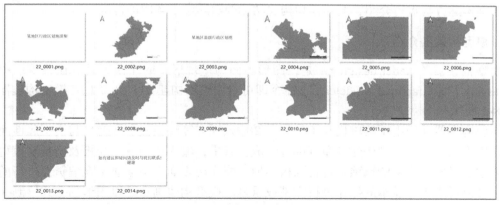

图 7-129　报告导出为图片格式的结果

第 8 章　QGIS 功能建模与扩展

QGIS 的高级使用主要体现模型构建器和扩展插件上。本章依次对模型构建器的使用方法和外部插件的安装方法进行介绍。

8.1　模型构建器

在处理地理空间数据的过程中，往往需要按一定顺序使用多个工具。有时候，对大量、不同的数据进行的处理，流程却是相同的。如果手动执行这些流程，则需要在相同的处理操作过程中消耗大量的时间。使用 QGIS 的模型构建功能，可以将地理空间数据处理过程所需要的工具按流程顺序组合在一起，从而方便批处理。

在使用模型时，只需要在创建好的模型中输入所需参数，QGIS 便会按照模型中设定的地理空间数据处理流程对数据进行处理并输出结果。本节对 QGIS 中的模型构建器的基本功能和模型构建方法进行介绍，并对模型构建功能的实际应用案例进行演示。

8.1.1　模型构建器介绍

模型构建器（model designer）是以图形界面为呈现形式的建模工具。在菜单栏中选择【Processing】|【Graphical Modeler...】命令即可启用模型构建器（图 8-1）。模型构建器界面如图 8-2 所示。

模型构建器界面由①菜单栏与工具栏、②输入项与算法面板、③变量与模型属性面板、④操作历史面板、⑤模型构建画布五部分组成。其中，输入项与算法面板及变量与模型属性面板通过选择面板下方的选项卡进行面板切换。操作历史面板中会显示在编辑器进行的各种操作，可以对列表中显示的操作进行撤销或重复。模型构建画布是以图形的方式绘制并展现模型工作流程的区域（图 8-2）。

在模型构建器中，菜单栏和工具栏均可以调用模型构建器的工具，区别在于工具栏只包含部分工具的快捷方式。在菜单栏中选择【Model】命令。在弹出的菜单中选择【Validate Model】命令可以验证模型；选择【Run Model...】命令可以直接运行模型；选择【Reorder Model Inputs...】命令可以在随后弹出的窗口中对模型输出结果重新进行排序；选择【Save Model】命令可以立即存储模型；选择【Save Model as...】命令可将模型输出保存；选择【Save Model in Project】命令可以将模型保存在 QGIS 工程文件中；选择【Edit Model Help...】命令可以在弹出的窗口中输入对该模型的说明；选择【Export】命令，可以在临时菜单中选择【Export as Image...】、【Export as PDF...】和【Export as SVG...】、【Export as Python Script...】，将模型画布中的图形导出成图片文件、PDF 文件、SVG 文件、Python 脚本文件；选择【Close】命令可以关闭模型构建器界面（图 8-3）。

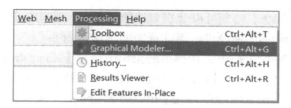

图 8-1　在菜单栏中选择【Graphical Modeler…】命令

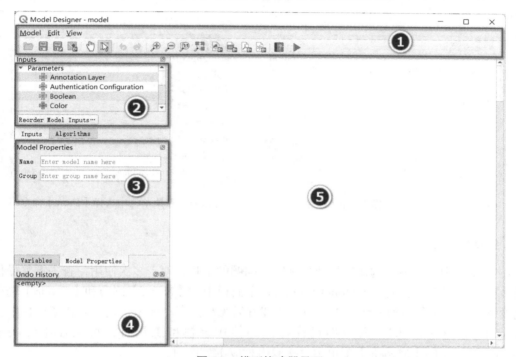

图 8-2　模型构建器界面

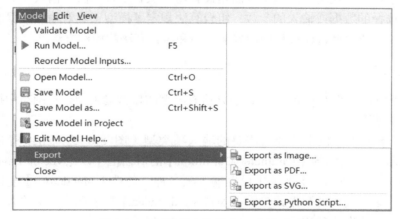

图 8-3　在菜单栏中选择【Model】命令

在菜单栏中选择【Edit】命令，在弹出的菜单中选择【Select All】命令可以选中模型中的所有图形；选择【Snap Selected Components to Grid】命令可以将选中图形捕捉至格网中；选择【Redo】命令可以重新进行上一步操作；选择【Undo】命令可以撤销上一步操作；选

择【Cut】、【Copy】、【Paste】命令可以分别对选中图形执行剪切、复制、粘贴的操作；选择
【Delete Selected Components】命令可以删除选中的图形（图 8-4）。

在菜单栏中选择【View】命令，在弹出的菜单中选择【Zoom In】、【Zoom Out】、【Zoom
to 100%】和【Zoom Full】命令可以分别放大画布、缩小画布、将画布缩放到原始比例、将
画布缩小到刚好可以显示整个模型；勾选【Enable Snapping】复选框可以开启捕捉模式；勾
选【Toggle Panel Visibility】可以隐藏左侧的输入项与算法面板、变量与模型属性面板及操作
历史面板（图 8-5）。

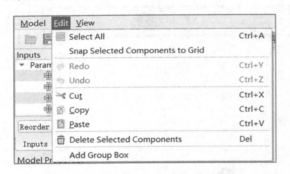

图 8-4　在菜单栏中选择【Edit】命令

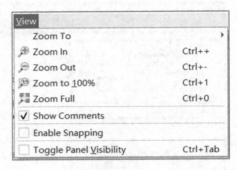

图 8-5　在菜单栏中选择【View】命令

8.1.2　模型构建方法

在 QGIS 中利用模型构建器构建处理特定问题的工具，便于多次使用，省去重复操作的
烦琐步骤。模型构建前须在【Model Properties】面板中的【Name】选项和【Group】选项中
分别设置模型名称和模型分组，否则模型构建好后无法保存。模型构建好后在菜单栏中选择
【Model】|【Save model】命令即可保存。当使用该模型工具时，可以在【Processing
Toolbox】面板中的【Models】菜单中直接双击相应工具使用。

模型构建过程中，最主要的两个方面是设置输入项和组合算法。输入项对应于使用模型
工具时所需要选择的数据或输入的参数，组合算法规定了模型工具对输入数据和参数的处理
流程。本节主要介绍模型构建过程中设置输入项和组合算法的操作方法。

1. 设置输入项

QGIS 模型构建器的【Inputs】面板包含所有类型的模型输入项，在画布中插入并设置输
入项的操作方法如下。

（1）在【Inputs】面板中选择所需要的输入项类型（图 8-6），双击或将其拖入至画布
中，会弹出如图 8-7 所示的【Parameter Definition】的对话框（以【Vector Layer】输入项为
例），并可以在【Description】选项中设置输入项名称。勾选【Mandatory】复选框代表该输
入项在模型中为必须输入的数据或参数，勾选【Advanced】复选框代表该输入项在模型中是
可以选择性输入的数据或参数。

（2）然后，在【Parameter Definition】对话框中点击【OK】按钮。画布中会出现代表输
入项的一个黄色矩形框（图 8-8），并可以拖动该矩形框在画布中自由移动。点击右上角的
"×"可以在模型中删除该输入项，点击右下角的"…"可以修改输入项设置。

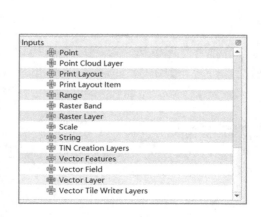

图 8-6　【Inputs】面板

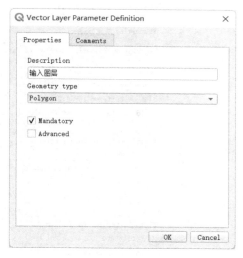

图 8-7　【Vector Layer】输入项设置

图 8-8　输入项在画布中的显示

2. 组合算法

组合算法是从 QGIS 模型构建器【Algorithms】面板中的已有算法中进行选取和组合。算法组合的先后顺序和逻辑关系在画布中通过连接线表示。具体流程如下。

（1）在【Algorithms】面板中选择所需要的算法工具（图 8-9），双击或将其拖入画布中，会弹出如图 8-10 所示的对话框（以【GDAL】|【Vector Conversion】|【Rasterize (vector to raster)】工具为例），并可以在【Description】选项中设置对该工具的描述。

（2）在算法工具所对应的输入选项中，可以在下拉菜单中选择不同的数据类型（图 8-11）。选择【Value】类型，可以在选项框中直接输入数值；选择【Pre-calculated Value】类型，可以在【Expression Dialog】对话框（图 8-12）中通过设置表达式定义数值；选择【Model Input】类型，可以在下拉菜单中选择模型中设置的某一输入项作为输入数据；选择【Algorithm Output】类型，可以在下拉菜单中选择先前设置的某算法的输出结果作为输入数据。

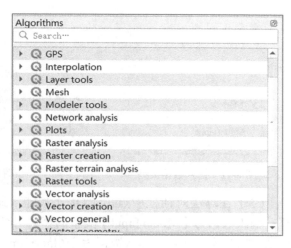

图 8-9　【Algorithms】面板

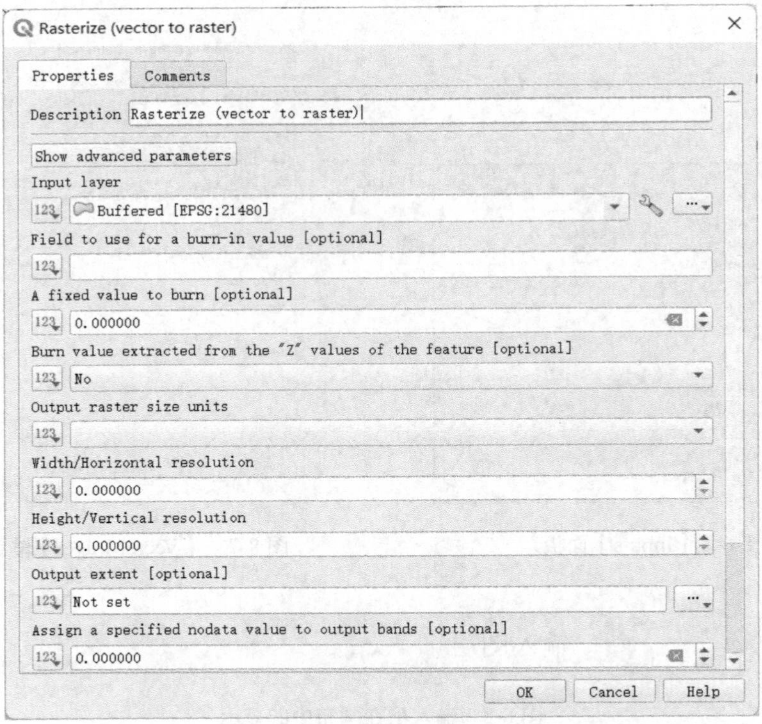

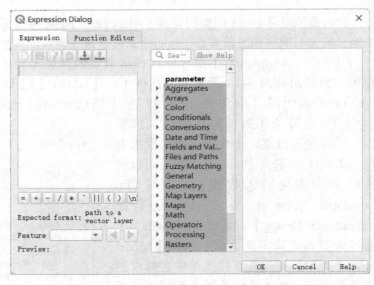

图 8-10　工具设置对话框

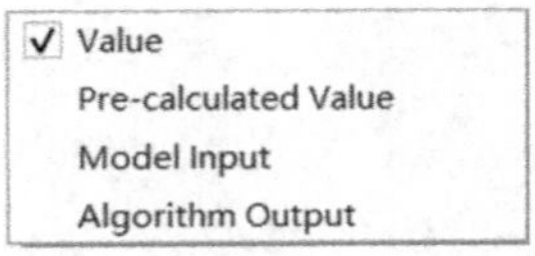

图 8-11　输入数据类型　　　　　　图 8-12　【Expression Dialog】对话框

（3）在算法对话框中点击【OK】按钮。画布中会出现代表算法工具的一个白色矩形框。输入数据为【Model Input】类型的算法工具在画布中如图 8-13 所示，输入项与算法工具间通过灰色实线相连。输入数据为【Algorithm Output】类型的算法工具在画布中如图 8-14 所示，算法工具间同样通过灰色实线相连，且连接点一侧标注有"Out"的矩形框的输出结果为算法的输入数据，标注有"In"的矩形框为处理输入数据的算法。

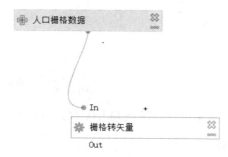

图 8-13　输入数据为【Model Input】类型的算法工具图示

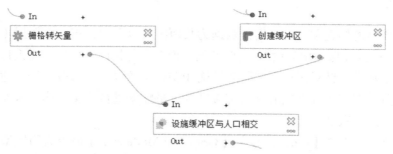

图 8-14　输入数据为【Algorithm Output】类型的算法工具图示

（4）对于作为模型输出结果的算法，需要在最后的输出选项，选择【Model Output】，并设置名称（图 8-15）。算法在画布上的显示如图 8-16 所示，算法后通过灰色实线连接一个绿

图 8-15　作为模型输出结果的算法设置

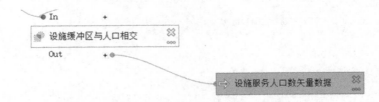

图 8-16　作为模型输出结果的算法图示

色矩形框，代表模型输出结果。

8.1.3　案例演示

本节演示模型的构建和使用。案例数据为某地区人口空间分布栅格数据（空间分辨率为 1km）和该地区的医疗保健服务设施 POI 数据。模型中包括以下分析：将人口空间分布栅格数据转换为矢量数据；针对医疗保健服务设施 POI，按照设定的服务半径创建缓冲区；将人口空间分布矢量数据与医疗保健服务设施缓冲区矢量数据进行相交操作，从而分析出每个设施缓冲区覆盖的人口数量。

（1）在菜单栏中选择【Processing】|【Graphical Modeler…】命令启用模型构建器。

（2）在【Model Properties】面板（图 8-17）中，在【Name】选项中将模型名称设置为"设施服务人口分析"，在【Group】选项中将模型分组设置为"案例分析工具"。

（3）在【Inputs】面板（图 8-18）中，双击选择【Map Layer】，分别插入一个栅格图层输入项和一个矢量图层输入项，并分别命名为"人口栅格数据"（图 8-19）和"服务设施点数据"（图 8-20）。双击选择【Distance】，插入一个距离输入项，将其命名为"服务半径"，其余选项设置如图 8-21 所示。模型输入项在画布上的显示如图 8-22 所示。

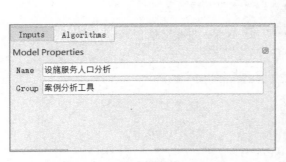

图 8-17　设置模型名称与分组名称

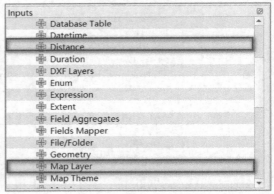

图 8-18　【Inputs】面板

（4）在【Algorithms】面板中，双击选择【Vector creation】|【Raster pixels to polygons】工具（图 8-23）。在随后弹出的对话框中，在【Description】选项中设置该工具的描述为"栅格转矢量"；在【Raster layer】选项中选择【Model Input】选项，并通过右侧的下拉菜单选择"人口栅格数据"输入项；其余选项按照默认设置（图 8-24）。

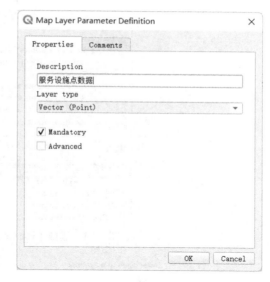

图 8-19　插入栅格图层输入项　　　　　图 8-20　插入矢量图层输入项

图 8-21　插入距离输入项

图 8-22　模型输入项图示

　　然后，在【Algorithms】面板中，双击选择【Vector geometry】|【Buffer】工具（图 8-25）。在随后弹出的对话框中，在【Description】选项中设置该工具的描述为"创建缓冲区"；在【Input layer】选项中选择【Model Input】，并通过右侧的下拉菜单选择"服务设施点数据"输入项；在【Distance】选项中选择【Model Input】，并通过右侧的下拉菜单选择"服务半径"输入项；其余选项按照默认设置（图 8-26）。此时，模型在画布上的显示如图 8-27所示。

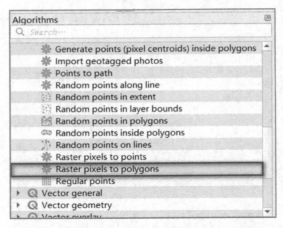

图 8-23　选择【Raster pixels to polygons】工具

图 8-24　【Raster pixels to polygons】工具设置

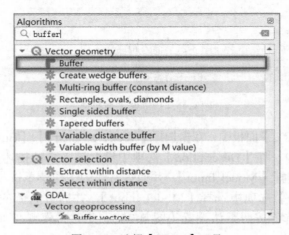

图 8-25　选择【Buffer】工具

图 8-26　【Buffer】工具设置

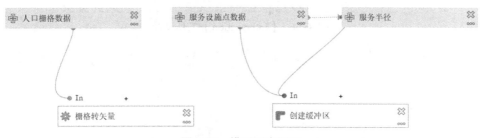

图 8-27　模型画布图示

（5）在【Algorithms】面板中，双击选择【Vector overlay】|【Intersection】工具（图 8-28）。在随后弹出的对话框中，在【Description】选项中设置该工具的描述为"设施缓冲区与人口相交"；在【Input layer】选项中选择【Algorithm Output】，并通过右侧的下拉菜单选择【"Buffered" from algorithm "创建缓冲区"】（上一步骤的缓冲结果）；在【Overlay layer】选项中同样选择【Algorithm Output】，并通过右侧的下拉菜单选择【"Vector polygons" from algorithm "栅格转矢量"】（上一步骤的栅格转矢量结果）；在【Intersection】选项中设置输出结果文件的描述为"设施服务人口数矢量数据"；其余选项按

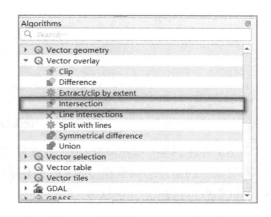

图 8-28　选择【Intersection】工具

照默认设置（图 8-29）。最终建构的模型在画布上如图 8-30 所示。

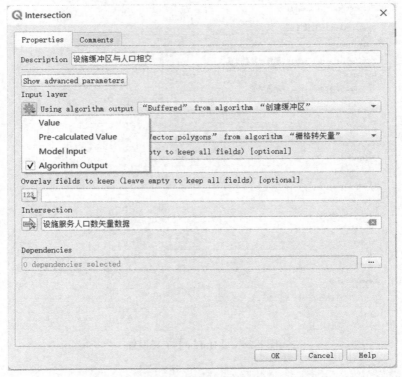

图 8-29　【Intersection】工具设置

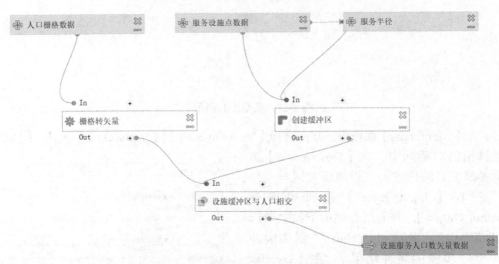

图 8-30　"设施服务人口分析"模型结构

（6）在工具栏中点击█按钮，或在菜单栏中选择【Model】|【Save model】命令即可保存该模型。创建好的模型在 QGIS 的工具箱中的【Models】|【案例分析工具】|【设施服务人口分析】可以找到（图 8-31）。

（7）在【Processing Toolbox】面板中，双击选择【Models】|【案例分析工具】|【设施服务人口分析】工具。在随后弹出的对话框中，在【人口栅格数据】选项中选择示例数据“人口”图层；在【服务设施点数据】选项中选择示例数据“医疗保健服务设施”图层；在【服务半径】选项中输入“1000”（图 8-32）。最后，点击【Run】按钮运行该工具。输出结果的属性表如图 8-33 所示。

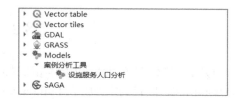

图 8-31　工具箱中的“设施服务人口分析”工具

图 8-32　【设施服务人口分析】工具设置

设施服务人口数矢量数据 — Features Total: 220187, Filtered: 220187, Selected: 0

	address	location	pcode	a	citycode	ma	adcode	dnam	lng wgs	lat wgs	tel	VALUE
1	街3	116.646699;4...	110000.000000	...	10.000000	...	110113.000000	顺...	116.640814	40.114782	010-81484999...	1161.00000000
2	街3	116.646699;4...	110000.000000	...	10.000000	...	110113.000000	顺...	116.640814	40.114782	010-81484999...	2348.00000000
3	街3	116.646699;4...	110000.000000	...	10.000000	...	110113.000000	顺...	116.640814	40.114782	010-81484999...	2415.00000000
4	街3	116.646699;4...	110000.000000	...	10.000000	...	110113.000000	顺...	116.640814	40.114782	010-81484999...	2468.00000000
5	街3	116.646699;4...	110000.000000	...	10.000000	...	110113.000000	顺...	116.640814	40.114782	010-81484999...	1182.00000000
6	街3	116.646699;4...	110000.000000	...	10.000000	...	110113.000000	顺...	116.640814	40.114782	010-81484999...	2372.00000000
7	街3	116.646699;4...	110000.000000	...	10.000000	...	110113.000000	顺...	116.640814	40.114782	010-81484999...	2335.00000000
8	街3	116.646699;4...	110000.000000	...	10.000000	...	110113.000000	顺...	116.640814	40.114782	010-81484999...	2434.00000000
9	街3	116.646699;4...	110000.000000	...	10.000000	...	110113.000000	顺...	116.640814	40.114782	010-81484999...	2391.00000000
10	镇西街13号	115.968081;4...	110000.000000	...	10.000000	...	110119.000000	延...	115.961986	40.456926	010-69183866	282.00000000
11	镇西街13号	115.968081;4...	110000.000000	...	10.000000	...	110119.000000	延...	115.961986	40.456926	010-69183866	516.00000000
12	镇西街13号	115.968081;4...	110000.000000	...	10.000000	...	110119.000000	延...	115.961986	40.456926	010-69183866	329.00000000
13	镇西街13号	115.968081;4...	110000.000000	...	10.000000	...	110119.000000	延...	115.961986	40.456926	010-69183866	480.00000000
14	镇西街13号	115.968081;4...	110000.000000	...	10.000000	...	110119.000000	延...	115.961986	40.456926	010-69183866	196.00000000
15	镇西街13号	115.968081;4...	110000.000000	...	10.000000	...	110119.000000	延...	115.961986	40.456926	010-69183866	513.00000000
16	镇西街13号	115.968081;4...	110000.000000	...	10.000000	...	110119.000000	延...	115.961986	40.456926	010-69183866	176.00000000
17	镇西街13号	115.968081;4...	110000.000000	...	10.000000	...	110119.000000	延...	115.961986	40.456926	010-69183866	477.00000000

Show All Features

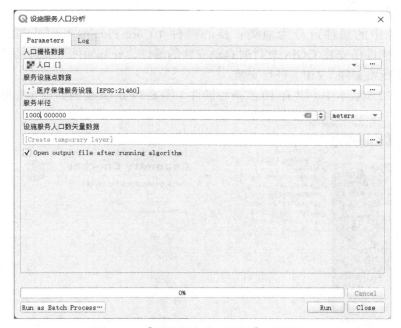

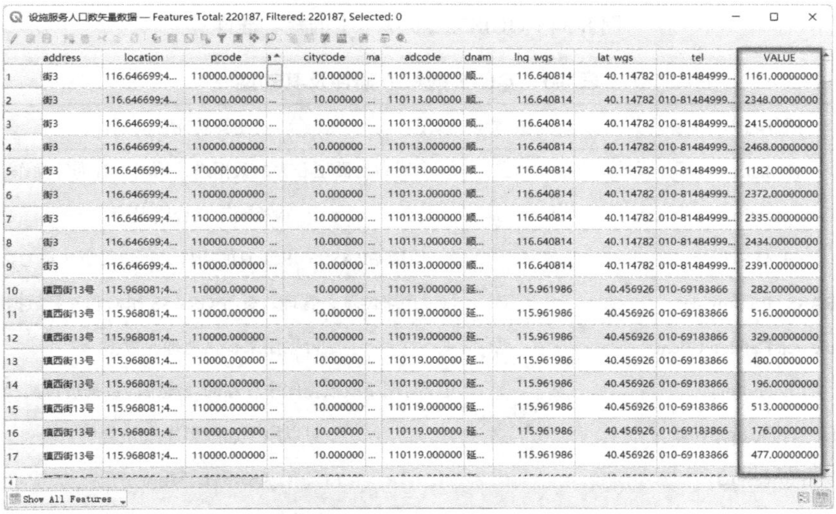

图 8-33　设施服务人口数量分析结果

8.2　外　部　插　件

QGIS 软件具有大量功能丰富的插件，可以融合使用其他平台或工具的功能。例如，MMQGIS 插件可以提供基于 Python 处理矢量数据的工具集；QuickOSM 插件可以下载并浏览 OSM（OpenStreetMap）矢量数据。QGIS 的插件极大地扩展了 QGIS 软件的功能。本节对 QGIS 软件中插件与插件设置、安装与卸载插件的方法进行介绍。

8.2.1　插件与插件设置

QGIS 软件中的插件可分为两类：核心插件（Core Plugins）和外部插件（External Plugins）。核心插件是安装 QGIS 软件时自动安装的插件，外部插件可通过插件仓库（Plugin Repository）或压缩文件（ZIP）进行安装。

在 QGIS 3.22.5 版本中，共有 10 款核心插件（图 8-34），其功能如表 8-1 所示。

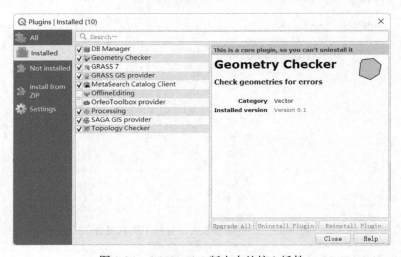

图 8-34　QGIS3.22.5 版本中的核心插件

表 8-1　QGIS 的核心插件及其功能

插件名称	主要功能
DB Manager	可以对图层和表的数据进行编辑、查询等操作
Geometry Checker	检查图形集合错误
GRASS 7	使用 GRASS GIS 工具的插件，可以设置环境参数
GRASS GIS provider	可以用来浏览、管理、查看 GRASS 栅格和矢量数据图层
MetaSearch Catalog Client	可以用来检索地理元数据
OfflineEditing	可以对网络或数据库中存储的地理空间数据进行离线编辑
Orfeo Toolbox provider	可以用于遥感影像的分类
Processing	QGIS 工具箱
SAGA GIS provider	使用 SAGA GIS 工具的插件
Topology Checker	可以用来查找矢量数据的拓扑错误

在菜单栏中选择【Plugins】|【Manage and Install Plugins】命令，即可打开插件管理器（图 8-34）。插件管理器中的左侧选项卡包括以下内容：【All】全部插件、【Installed】已安装插件、【Not installed】未安装插件、【Install from ZIP】从压缩文件安装插件及【Settings】设置选项卡。

选择【Settings】设置选项卡，勾选【Check for updates on startup】复选框可以在每次启动 QGIS 软件时检查软件更新情况并推送；勾选【Show also experimental plugins】复选框代表同时显示实验性插件，实验性插件可以理解为尚处于开发阶段的插件；勾选【Show also deprecated plugins】代表同时显示弃用插件。在【Plugin Repositories】选项框中可以增加或删除插件仓库（图 8-35）。"QGIS Official Plugin Repository" 是 QGIS 软件自带的插件安装仓库。除此之外，用户可以自建仓库实现对插件的安装和更新。

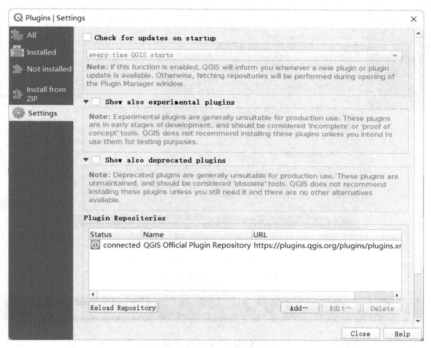

图 8-35　【Settings】设置选项卡

8.2.2　安装与卸载插件

在 QGIS 中安装插件可以通过插件仓库或压缩文件两种途径。以下分别对两种途径安装插件的方法进行介绍。

通过插件仓库安装插件是指通过软件自带的插件仓库或自建插件仓库下载并安装相应插件。在插件管理器中，选择【All】全部插件或【Not installed】未安装插件选项卡（图 8-36）。在右侧的插件列表中选择想要安装的插件，点击右下方的【Install Plugin】按钮即可开始安装，并弹出临时对话框。在安装过程中，如果想中途退出，点击临时对话框的【Abort】按钮即可放弃安装（图 8-37）。

通过压缩文件安装插件是指通过插件管理器直接读取插件压缩包并安装压缩包中的插件。插件压缩包可以从 QGIS 的官方插件网站（https://plugins.qgis.org/）上检索和下载（图 8-38），也可以从第三方网站（如插件的官方网站）上获取。

图 8-36　插件管理器

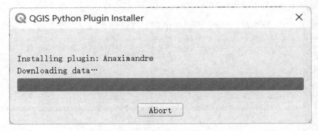

图 8-37　安装进度对话框

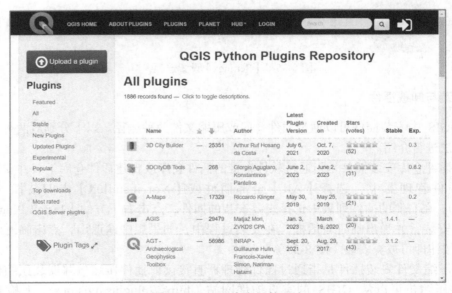

图 8-38　QGIS 官方插件网站

　　在通过压缩文件安装插件时，首先在插件管理器中选择【Install from ZIP】选项卡，其次在【ZIP file】选项中选择插件的压缩文件，最后点击【Install Plugin】按钮即可安装插件（图 8-39）。

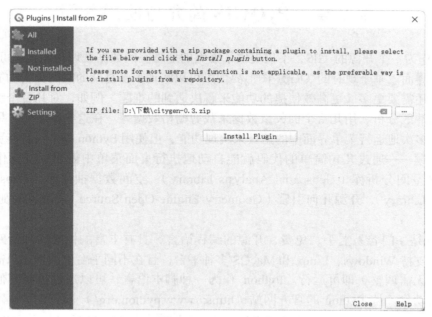

图 8-39　【Install from ZIP】选项卡设置

　　当想要卸载软件中的插件时，在插件管理器中的【Installed】选项卡中点击想要卸载的插件，再点击下方的【Uninstall Plugin】按钮即可卸载该插件；点击【Reinstall Plugin】按钮可以重新安装该插件；点击【Upgrade All】按钮可以将安装的所有插件更新至最新版本（图 8-40）。

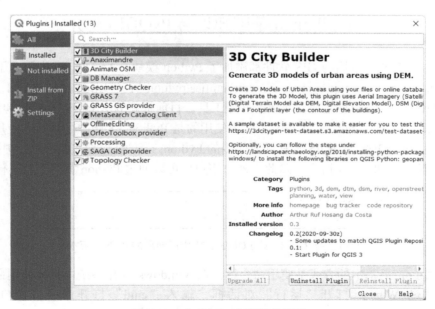

图 8-40　【Installed】选项卡设置

第 9 章　PyQGIS 简介与使用入门

QGIS 作为一个开源的 GIS，不仅提供了强大的地理空间数据处理功能，还可以使用 Qt 库构建图形界面。基于现有的 QGIS 图形界面虽可以实现很多复杂的空间分析功能，但是很多时候用户还需要更多、更高效便捷的功能来解决遇到的难题。例如，对几百个线矢量数据分别进行缓冲区分析、用几百个面矢量数据来裁剪栅格数据等。在这些例子中，用户虽然也能通过反复多次地运行菜单界面中的工具来实现功能，但使用 Python 脚本语言能更加轻松地解决这些难题——通过几句简单的代码就能自动地执行桌面菜单中需要反复操作的功能。常用的地理空间分析库（Geospatial Analysis Library）、空间数据抽象库（Geospatial Data Abstraction Library）、开源几何引擎（Geometry Engine-Open Source）等都可以通过 Python 调用。

Python 是一门容易上手、免费、开源的编程语言，具有丰富的标准库和活跃的用户社区。Python 支持 Windows、Linux 和 MacOS 多种平台，且在不同平台上的程序只需做少量的调整（甚至无需调整）即可运行。Python 作为一种脚本语言，可以通过控制其他应用程序实现任务自动化。从 Python 的官方网站（https://www.python.org/）上，可以下载到 Python 的不同版本（如 3.13、3.12、3.10、3.2、3.1、2.7 等），每个版本均有对应的教程文档（https://docs.python.org/3/tutorial/index.html）。官方文档的主要内容包括 Python 解释器的调用、基本元素（数字、文本、列表等）、控制工作流（循环语句、分支语句等）、数据结构、模块、输入与输出、错误与异常、标准库与虚拟环境等。初学者可以针对具体的目标需求，有选择性地学习相关知识。

9.1　Python 基础知识与 PyQGIS 简介

QGIS、ArcGIS 等常用的 GIS 软件都添加了 Python 模块。ArcGIS 10 中引入了 ArcPy 站点包（https://resources.arcgis.com/zh-cn/communities/python/），可以通过 ArcPy 的模块、类和函数访问 ArcGIS 中的所有地理空间数据处理工具。目前最新的 ArcGIS 10.8 版本中使用的是 Python 2.7 版本。本书所介绍的 QGIS 3.22 中使用的是 Python 3.8 版本，新版本应用更广，也更为出色。目前 QGIS、ArcGIS 等软件所使用的 Python 工具通常被打包在安装包中，位于软件的安装路径下，如图 9-1 所示。除此之外，用户也可以通过 Python 官网下载其他版本。

```
Python 2.7 C:\Python27\ArcGIS10.8\python.exe
Python 3.8 C:\Program Files\QGIS 3.22.4\bin\python-qgis-ltr.bat
```

图 9-1　ArcGIS 10.8 与 QGIS 3.22 中所使用的 Python 版本

使用 Python 最基本的方式是使用命令行。在 Windows 操作系统中具体使用命令行的步骤如下：通过 Win+R 打开"运行"对话框，输入"cmd"打开命令行窗口，再输入"python"即可以访问 Python 的命令行界面，如图 9-2 所示。

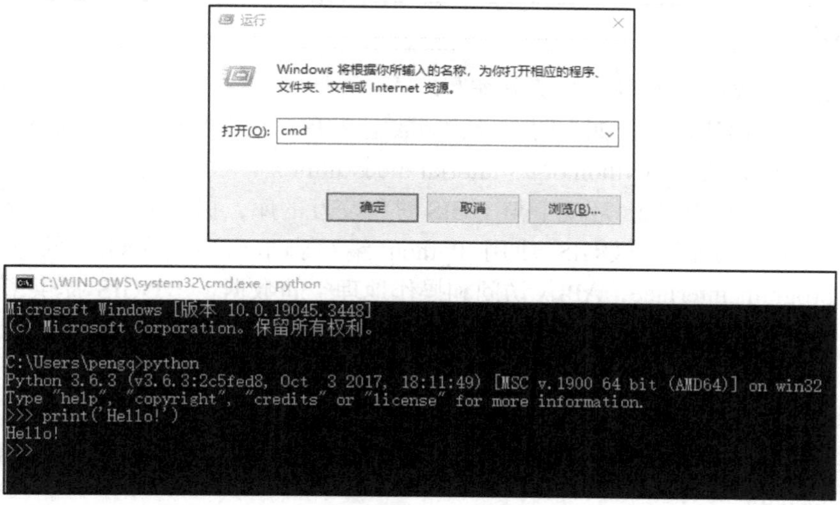

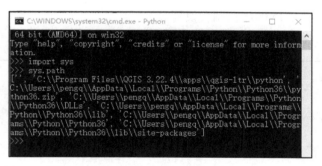

图 9-2　通过命令行使用 Python

　　通过命令行窗口可实现 Python 的所有功能，但这种方式不方便编写和调试脚本文件。相对而言，Python 编辑器对新手更友好，在组织编写、程序调试方面更方便。Python 也可以在集成开发环境（integrated development environment，IDE）中编辑。常见的 IDE 有 PyCharm、Sublime Text、IDLE 等，本书会以 PyCharm 为例详细介绍其环境配置。除了以上 Python 集成开发环境，也可以使用通用的轻量级代码编辑器（如 Notepad++、Bluefish 等）进行 Python代码的编辑。

　　使用 Python 功能库前需要自行安装导入模块，可以在 Python 社区的软件包仓库网站（https://pypi.org/）或者第三方网站获取资源，将下载的安装文件放到专门存放第三方模块的文件目录下 "…\Python\lib\site-packages"，可通过调用 sys 模块查看 Python 环境下所有的模块查询路径，如图 9-3 所示。

图 9-3　调用 sys 模块查看 Python 环境下的 site-package 路径

　　在 Windows 系统中安装模块时，需要检查 Python 版本是 3.x 还是 2.x，以及检查操作系统的版本是 32 位还是 64 位。选择适合的模块安装包后，下载并将其存放到 site-packages 目录下，然后通过 "pip" 命令进行安装。

```
pip install <path_to_package>
```

通常，本书在 Python 脚本文件顶部先声明需要导入的模块及其缩写，例如：

> import XXX as X

其中，XXX 为导入的模块，X 为其缩写。

具体的 Python 语法使用（如声明变量、函数定义等）不是本书的重点内容，读者可参考官方教程学习（https://docs.python.org/3/tutorial/index.html）。

PyQGIS 是一个在 Python 环境下与 QGIS 进行交互的库，提供了丰富的地理空间数据处理、分析和可视化功能。PyQGIS 使用 Python 编写脚本，通过 QGIS 的应用程序接口（application program interface，API）访问和操作地理空间数据。PyQGIS 提供了丰富的类和函数，用于加载、创建、编辑和分析地理空间数据，并与 QGIS 桌面软件无缝集成，可为自动化地理空间数据处理任务和开发专题 GIS 提供强大支持。

PyQGIS 各项功能通过类封装，包括六个类库，分别是核心库（qgis.core）、图形用户界面库（qgis.gui）、分析库（qgis.analysis）、服务器库（qgis.server）、处理库（qgis.processing）和三维库（qgis.3d）。

9.2 启动 QGIS 的 Python 控制台

QGIS 桌面软件提供了 Python 控制台，在该控制台中可直接运行脚本文件、直接使用 PyQGIS 中的函数。此时，不需要单独配置 Python 环境。Python 控制台可以从【Plugins】|【PythonConsole】（或使用快捷键 Ctrl+Alt+P）打开，如图 9-4 所示。

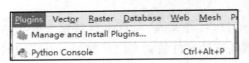

图 9-4　QGIS Python 插件菜单

Python 控制台如图 9-5 所示，其具体功能如下。

- Clear Console：清空控制台。
- Run Command：执行 Python 命令行。
- Show Editor：打开/关闭独立的 Python 脚本编辑器。

- Options…：Python 控制台设置。
- Help…：打开帮助文档，访问 QGIS 官方教程。

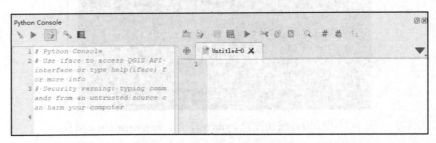

图 9-5　QGIS 桌面软件中的 Python 控制台和脚本编辑器

点击 Python 控制台的第三个按钮（ ），可以打开脚本编辑器。在该脚本编辑器中可以直接打开*.py 文件（ ），也可以新建脚本文件并保存为*.py 文件（ ）。点击 ，可以直接运行独立的脚本文件。

Python 控制台设置。点击 按钮可打开修改设置，如图 9-6 所示。可以启动/关闭【Autocompletion】自动补全功能，设置弹出补全功能的最小字符数；在【Typing】中可以设置是否自动插入括号，是否在"from ×××"后自动插入"import"；在【Run and Debug】中勾选运行和调试设置；在【APIs】中上传 API 文件。Python 控制台设置可以设置代码的【Font】字体、【Colors】颜色，如图 9-7 所示。

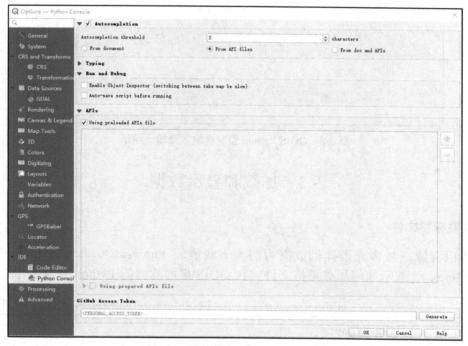

图 9-6　QGIS Python 控制台设置

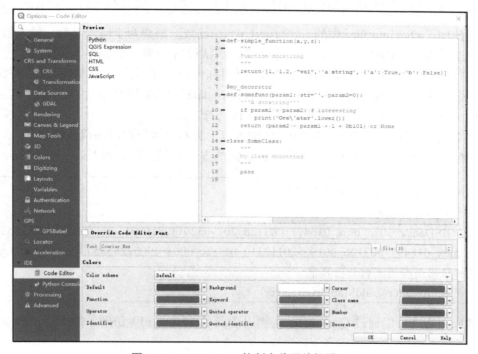

图 9-7　QGIS Python 控制台代码编辑设置

在 QGIS 桌面软件 Python 控制台中输入 "print（"Hello QGIS！"）"，即可获得如图 9-8 的结果。

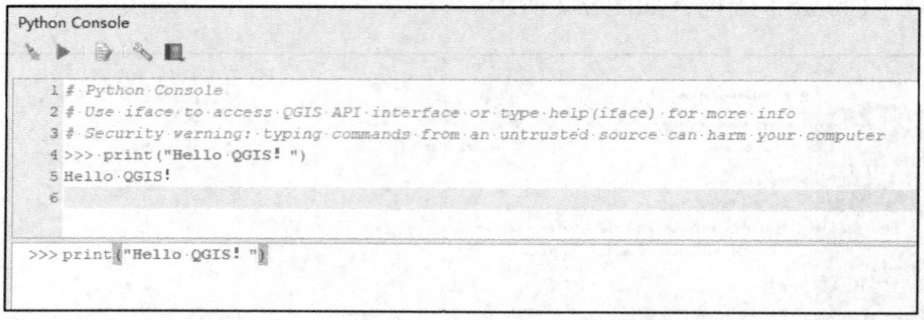

```
Python Console
1 # Python Console
2 # Use iface to access QGIS API interface or type help(iface) for more info
3 # Security warning: typing commands from an untrusted source can harm your computer
4 >>> print("Hello QGIS! ")
5 Hello QGIS!
6

>>> print("Hello QGIS! ")
```

图 9-8 QGIS Python 控制台输入及输出结果

9.3 加载和显示数据

9.3.1 加载栅格文件

本节以资源三号多光谱样例数据为例（下载地址 http://sasclouds.com/chinese/satellite/image/zy3mux），演示如何加载栅格文件。在 QGIS 桌面软件的 Python 控制台中输入以下语句：

```
Rlayer = iface.addRasterLayer
("D:/QGISData/zy302a_mux_016497_003126_20190520112310_01_sec_0004_1905228535/zy
302a_mux_016497_003126_20190520112310_01_sec_0004_1905228535.tif", "ziyuan layer")
```

这里使用了 QgisInterface 中的 addRasterLayer( )函数。需要两个输入参数：输入数据的路径和加载后自定义的图层名（可不自行设置，默认设置为输入数据本身的名字）。注意在 Python 中，表达路径时通常使用斜杠（/），反斜杠（\）是转义符。如果使用反斜杠表达路径，则需要使用双反斜杠（如 "D:\\path\\to\\data"）或使用前缀字母 "r"（如 r "D:\path\to\data"），表示不把反斜杠（\）当作转义符。

在脚本编辑器或者控制台（图 9-9）中输入以上脚本，运行即可加载数据。

加载栅格文件也可以通过构建栅格图层实例的方式实现。脚本如下：

```
# 使用 QgsRasterLayer 加载栅格文件
rlayer = QgsRasterLayer
("D:/QGISData/zy302a_mux_016497_003126_20190520112310_01_sec_0004_1905228535/zy
302a_mux_016497_003126_20190520112310_01_sec_0004_1905228535.tif", "ziyuan layer")
# 将栅格图层实例添加到项目中
QgsProject.instance().addMapLayer(rlayer)
```

加载成功后，可以通过 QgsProject 实例以图层名（layer_id）访问添加图层，脚本如下：

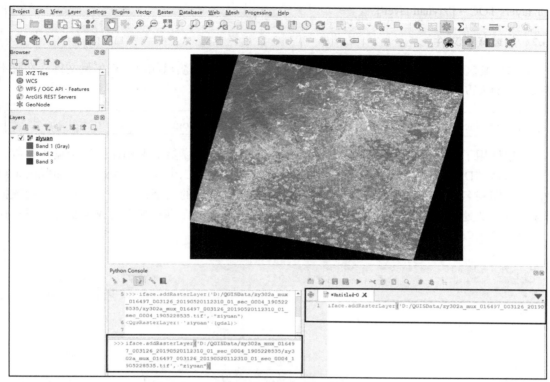

图 9-9　加载资源三号卫星样例数据案例

QgsProject.instance().addMapLayer(layer_id)

删除图层脚本如下：

QgsProject.instance().removeMapLayer(layer_id)

列出全部图层脚本如下：

QgsProject.instance().mapLayers()
print(layers)

使用 QgsProject 来检索所有已加载图层的信息，脚本如下：

```
from qgis.core import QgsProject
l = [layer.name() for layer in QgsProject.instance().mapLayers().values()]
# 字典中的对象 = 图层名 = 图层对象
layers_names = []
for layer in QgsProject.instance().mapLayers().values():
    layers_names.append(layer.name())
print("layers TOC = {}".format(layers_names))
```

此时会输出目前已加载的图层。

```
layers TOC = ['ziyuan layer']
```

9.3.2　加载矢量文件

本节以某区域边界矢量数据"Area.shp"（已随书发布）来演示如何加载矢量文件。在脚本编辑器中输入以下语句：

```
vlayer = iface.addVectorLayer("D:/path/to/Area.shp", "Area", "ogr")
```

这里使用了 QgisInterface 中的 addVectorLayer( )函数。该函数的调用需要三个输入参数，第一个参数"D:/path/to/Area.shp"是待加载数据的路径，第二个参数"Area"是加载出来后自定义的图层名，可不自行设置，默认设置为输入数据本身的名字；第三个参数是矢量数据加载插件，此处使用标准的 ogr 插件实现*.shp 文件的加载。在脚本编辑器或控制台（图 9-10 框线内）输入以上脚本，运行即可完成数据加载。

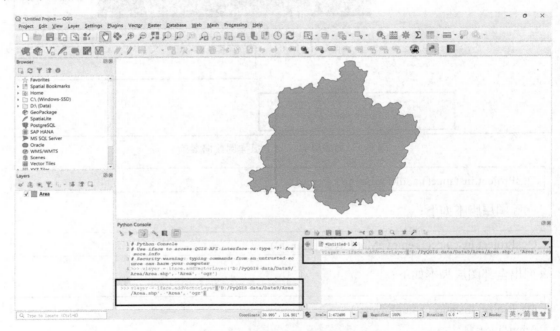

图 9-10　加载某区域边界矢量数据案例

此外，还可以通过构建矢量图层实例的方式加载矢量文件。脚本如下：

```
# 使用 QgsVectorLayer 加载矢量文件
vlayer = QgsVectorLayer("D:/path/to/Area.shp", "Area", "ogr")
# 将矢量图层实例添加到项目中
QgsProject.instance().addMapLayer(vlayer)
```

第 10 章　基于 PyQGIS 的矢量数据处理与分析

10.1　矢量数据的编辑与处理

本节将介绍如何基于 PyQGIS 对矢量数据实现预处理、创建、编辑、空间分析等功能。

10.1.1　矢量数据的预处理

1. 坐标系定义和变换

矢量数据的坐标系由 QgsCoordinateReferenceSystem 类来定义，一般可以通过指定 Coordinate Reference System（CRS）标识符或 Well-Known Text（WKT）定义，如图 10-1 所示。

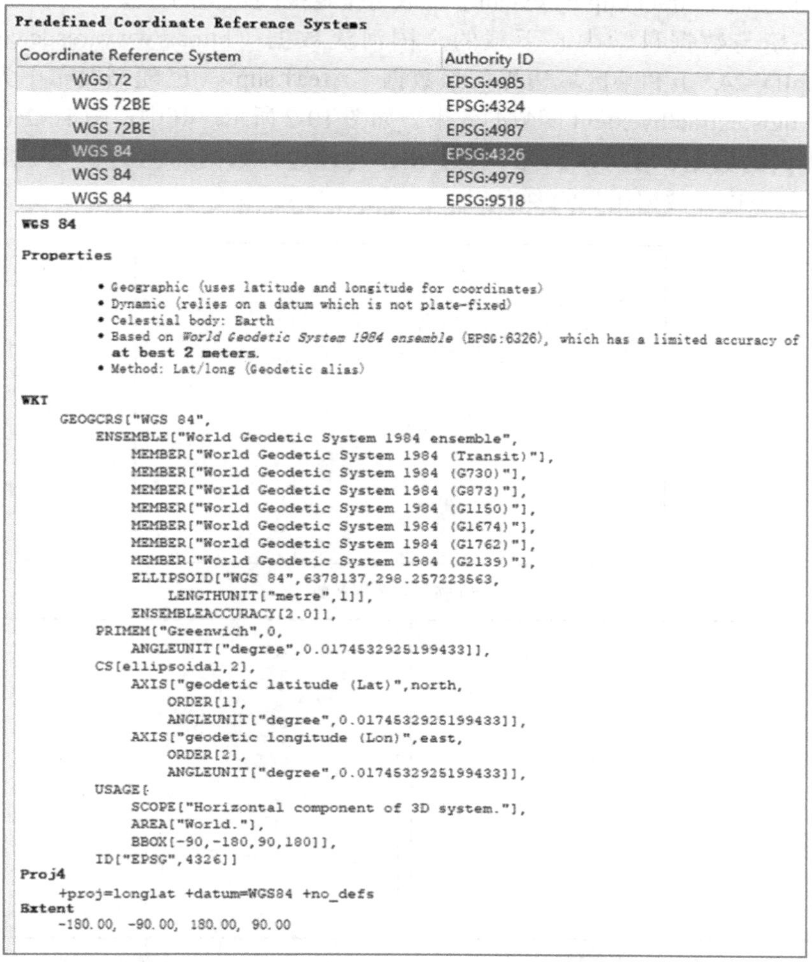

图 10-1　QGIS 中定义 WGS 84 坐标系及其 WKT

```
crs = QgsCoordinateReferenceSystem("EPSG:4326")        # WGS 84
```

矢量数据的坐标系转换可以用 QgsCoordinateTransform 来实现，以下例子是将点坐标从 WGS 84 坐标系转换为 WGS 1984 墨卡托投影。

```
# 原坐标系 WGS 84
crsSrc = QgsCoordinateReferenceSystem("EPSG:4326")
# 目标坐标系 WGS_1984_Web_Mercator
crsDest = QgsCoordinateReferenceSystem("EPSG:102113")
transformContext = QgsProject.instance().transformContext()
Trform = QgsCoordinateTransform(crsSrc, crsDest, transformContext)
NewPoint = Trform.transform(QgsPointXY(1,2))
```

2. 矢量裁剪

PyQGIS 中的 qgis:clip 和 qgis:extractbyextent 函数可分别实现 QGIS 桌面软件中的【Clip】按任意范围裁剪和【Extract/clip by extent】提取与指定范围相交的要素。

以资源环境与数据科学中心下载的全国河流数据（https://www.resdc.cn/DOI/doiList.aspx?FieldTyepID=24,5）和某区域边界矢量数据"Area1.shp"（已随书发布）为例，分别演示 qgis:clip 和 qgis:extractbyextent 函数的效果，如图 10-2 所示。其中，图 10-2（a）只是裁剪出了矢量范围内的数据，图 10-2（b）裁剪出了与该边界数据外包矩形内的数据，图 10-2（c）提取出了与该边界数据相交的要素。

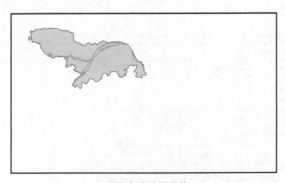

（a）按任意范围裁剪

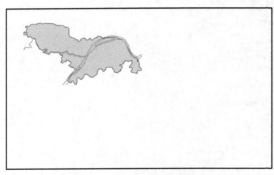

（b）按矩形范围裁剪

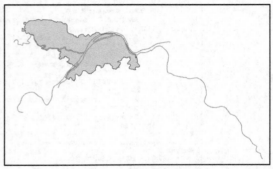

（c）提取相交要素

图 10-2　矢量裁剪案例

```
pars = {"INPUT": "D:\\河流分布.shp",  #被裁剪文件
        "OVERLAY":"D:\\区域边界.shp",  #用来切割的矢量面数据
        "OUTPUT": "D:\\区域河流.shp"  #裁剪后文件
}
out = processing.run("qgis:clip", pars)
pars = {"INPUT": "D:\\河流分布.shp",  #被裁剪文件
        "EXTENT": "xmin,xmax,ymin,ymax",  #用来裁剪的矩形范围
        "CLIP": False,  #此处默认为 False，若设置为 True，则会对相交的要素按照矩
形范围裁剪
        "OUTPUT": "D:\\区域河流.shp",  #裁剪后文件
}
out = processing.run("qgis:extractbyextent", pars)
```

3. 联合

QGIS 桌面软件中的【Union】工具可以调用 qgis:union 函数来实现，其主要输入参数包括被联合图层路径、新加入图层路径、输出图层路径，其他参数一般可以选择默认设置。以某两区域边界矢量数据 "Area2.shp" "Area3.shp"（已随书发布）为例，联合后结果如图 10-3 所示。

```
pars = {"INPUT": "D:\\Tobeunioned.shp",  #被联合的图层"Area2"
        "OVERLAY": "D:\\Overlayedlayer.shp",  #加入图层"Area3"与前者要素类型相同
        "OUTPUT": "D:\\Unioned.shp"  #输出图层
}
out = processing.run("qgis:union", pars)
```

4. 融合

QGIS 桌面软件中的【Dissolve】工具可以调用 gdal:dissolve 函数来实现，其主要输入参数包括输入图层路径、所选定融合的字段、输出图层路径。以上节中某两区域边界联合后的矢量数据 "Area23Union.shp"（已随书发布）为例，可在"FIELD"设置融合字段，如图 10-4（a）所示为不设置融合字段的结果，图 10-4（b）所示为设置融合字段为['name', 'name_2']的结果。

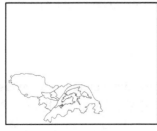　　　　

（a）被联合图层 "Area2"　　　　　（b）新加入图层 "Area3"　　　　　（c）输出图层

	name	area	perimeter	desc_	name_2	area_2	perimeter_	desc_2
1	1	78084335.294...	47092.890848...	NULL	NULL	NULL	NULL	NULL
2	1	83755479.291...	114025.33251...	NULL	NULL	NULL	NULL	NULL
3	1	189771.60183...	1790.8540800...	NULL	NULL	NULL	NULL	NULL
4	1	536209116.59...	374345.00050...	NULL	NULL	NULL	NULL	NULL
5	1	189074.62779...	1792.2352710...	NULL	NULL	NULL	NULL	NULL
6	1	28042595.452...	32862.847147...	NULL	NULL	NULL	NULL	NULL
7	1	108535566.40...	67694.854959...	NULL	NULL	NULL	NULL	NULL
8	1	82509152.399...	109577.58202...	NULL	NULL	NULL	NULL	NULL
9	1	499786336.69...	126709.64525...	NULL	NULL	NULL	NULL	NULL
10	1	39203499.036...	39785.018828...	NULL	NULL	NULL	NULL	NULL
11	NULL	NULL	NULL	NULL	2	22529...	254816.3...	NULL
12	NULL	NULL	NULL	NULL	3	14562...	244542.7...	NULL

（d）输出图层属性表

图 10-3　联合案例演示（将"Area2"与"Area3"联合）

```
pars = {"INPUT": "D:\\Tobedissolve.shp",
        "FIELD": ['name','name_2'],
        "OUTPUT": "D:\\Dissolved.shp"
}
out = processing.run("gdal:dissolve", pars)
```

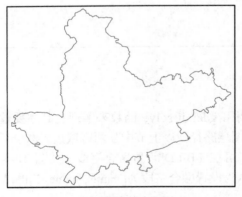
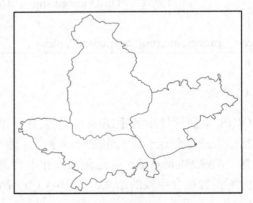

（a）不设置融合字段　　　　　　　　　　（b）设置融合字段为['name', 'name_2']

图 10-4　融合案例演示

5. 合并

QGIS 桌面软件中的【Merge vector layers】工具可以通过调用 native:mergevectorlayers 函数来实现。实现过程中，设置待合并的图层列表、输出的空间坐标系、输出路径即可。合并的处理对象应要素类型相同且属性表字段相同。

```
pars = {"LAYERS":["D:\\layer1.shp","D:\\layer2.shp"],
            "CRS": " ",    #输出坐标系，默认与第一个输入图层相同
            "OUTPUT":"D:\\Merged.shp"
}
out = processing.run("native:mergevectorlayers", pars)
```

同样以某两区域边界的矢量数据 "Area2.shp" "Area3.shp"（已随书发布）为例，合并后结果如图 10-5 所示。合并操作的输出要素数量为多个输入要素数量的和，属性字段也合并了输入要素全集。

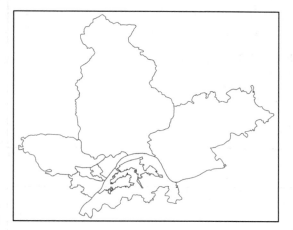

图 10-5　合并案例演示

10.1.2　矢量数据的创建

除了以上对已有的矢量数据的操作，也可以直接创建矢量文件，具体包括随机点要素的创建、规则点要素的创建、线要素的创建、基于栅格数据创建矢量文件（栅格数据转矢量数据）等。本节将逐一演示这些功能的实现过程。

1. 随机点要素的创建

创建矢量数据可以使用 QgsVectorFileWriter 类，该类可以用于创建多种格式的矢量数据（如 Shapefile、KML、GeoJSON 等）。一般需要先设置好输出文件的参数，如路径、所包含字段信息、要素类型、坐标系、文件格式等。

以创建一个点要素文件为例，包含 "NO." "Name" "Type" 三个字段，坐标系为 "EPSG:4326"（即 WGS 84），文件格式为 Shapefile 文件，编码方式为 UTF-8，其中 "QgsWkbTypes.Point" 表示是点文件，此处 "Point" 若更换为 "LineString" "Polygon" "MultiPoint" "MultiLineString" "MultiPolygon" "None"，即可创建其他类型的矢量数据。此方法也可用于编辑要素的字段和坐标。

```
# 定义特征属性的字段
fields = QgsFields()
fields.append(QgsField("NO.", QVariant.Int))
```

```
fields.append(QgsField("Name", QVariant.String))
fields.append(QgsField("Type", QVariant.String))
crs = QgsCoordinateReferenceSystem("EPSG:4326")
transform_context = QgsProject.instance().transformContext()
save_options = QgsVectorFileWriter.SaveVectorOptions()
save_options.driverName = "ESRI Shapefile"
save_options.fileEncoding = "UTF-8"
save_path = "D:\\QGISData\\New.shp"
writer = QgsVectorFileWriter.create(
    save_path,              #输出路径
    fields,                 #字段
    QgsWkbTypes.Point,      #特征类型、此处为点要素文件
    crs,                    #坐标系
    transform_context,      #坐标转换
    save_options            #输出设置
)
```

创建文件后，添加点要素并加载数据。

```
# 添加点要素
fet = QgsFeature()
fet.setGeometry(QgsGeometry.fromPointXY(QgsPointXY(114.33,30.58)))
fet.setAttributes([1, "Hubu", "Education"])
writer.addFeature(fet)
# 删除写入器缓存
del writer
# 加载数据
vlayer = iface.addVectorLayer(save_path, "NewShp", "ogr")
```

也可以使用 processing 算法工具包中的 native:createpointslayerfromtable 算法从表格生成矢量数据。如下脚本文件是基于 PointL.xlsx 文件（已随书发布）创建的一个点 Shapefile 文件，从表格文件中提取坐标，并设置坐标系，输出如图 10-6 所示。

```
pars = {"INPUT": "D:\\QGISData\\PointL.xlsx|layername=Sheet1",
        "XFIELD": "lng",
        "YFIELD": "lat",
        "ZFIELD": "name",
        "MFIELD": "Otherinformation",
        "TARGET_CRS": QgsCoordinateReferenceSystem("EPSG:4326"),
        "OUTPUT": "memory"
}
out = processing.run("native:createpointslayerfromtable",pars)
```

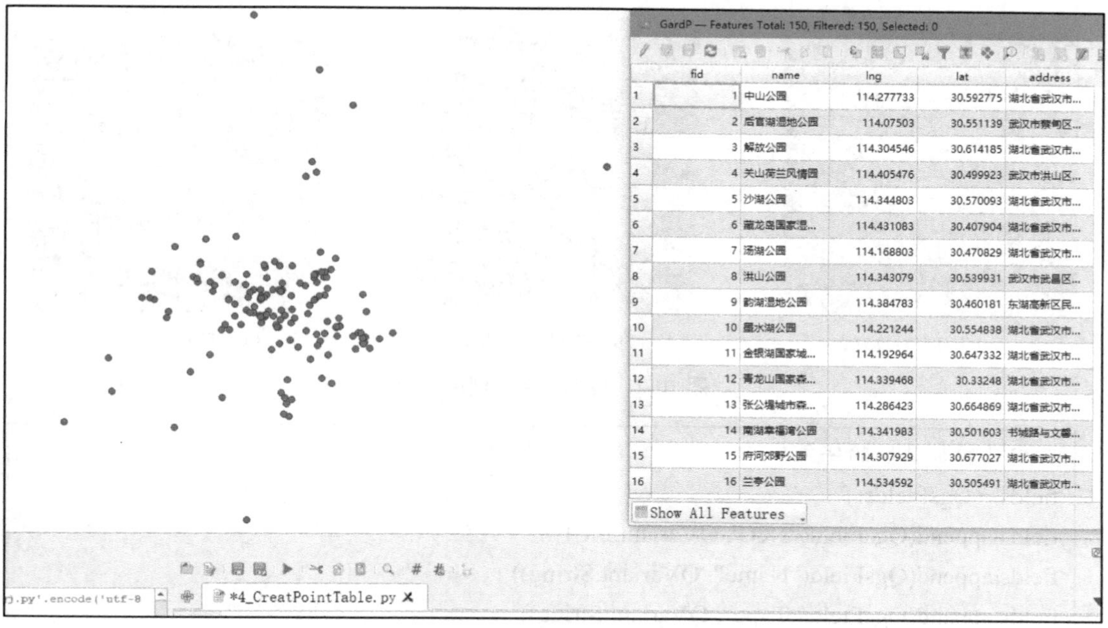

图 10-6　通过表格创建的点要素

2. 规则点要素的创建

创建规则的点要素可以通过"processing"中的"native:creategrid"算法来实现。其中参数设置"TYPE"包括 0～4，分别代表点、线、矩形、菱形、六边形，如图 10-7 所示，"EXTENT"是点阵的范围，"HSPACING""VSPACING""HOVERLAY""VOVERLAY"分别为水平和垂直方向的格网大小和重叠度。

```
crs = QgsCoordinateReferenceSystem("EPSG:4326")      #坐标系
params = {"TYPE":2,
          "EXTENT": "0,10,0,10",
          "HSPACING":1,
          "VSPACING":1,
          "HOVERLAY":0,
          "VOVERLAY":0,
          "CRS": crs,
          "OUTPUT": "memory"
}
out = processing.run("native:creategrid", params)
```

3. 线要素的创建

线要素的创建与点要素相似，修改其中的部分语句即可，可以通过多个点要素来构建线要素。

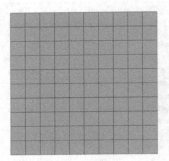
（a）TYPE 参数为 2

（b）TYPE 参数为 3

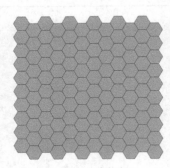
（c）TYPE 参数为 4

图 10-7　规则点要素创建案例

```python
# 定义特征属性的字段
fields = QgsFields()
fields.append(QgsField("NO.", QVariant.Int))
fields.append(QgsField("Name", QVariant.String))
fields.append(QgsField("Type", QVariant.String))
crs = QgsCoordinateReferenceSystem("EPSG:4326")
transform_context = QgsProject.instance().transformContext()
save_options = QgsVectorFileWriter.SaveVectorOptions()
save_options.driverName = "ESRI Shapefile"
save_options.fileEncoding = "UTF-8"
save_path = "D:\\QGISData\\NewLine.shp"
writer = QgsVectorFileWriter.create(
    save_path,                    #输出路径
    fields,                       #字段
    QgsWkbTypes.LineString,       #特征类型，此处与点要素不同
    crs,                          #坐标系
    transform_context,            #坐标转换
    save_options                  #输出设置
)
# 添加特征线
fet = QgsFeature()
fet.setGeometry(QgsGeometry.fromPolyline([QgsPoint(114.33,30.58),QgsPoint(114.33,30.68)])
)          #通过加入多个点创建 Polyline
fet.setAttributes([1, "R", "Road"])
writer.addFeature(fet)
# 删除写入器缓存
del writer
```

4. 栅格数据转矢量数据

栅格转矢量数据可以通过 Polygonize 函数来实现，以某区域土地利用数据转换为矢量数据的过程为例。输入数据的空间分辨率为 30m（下文记为 LUCC30m），来源为中国科学院资源环境科学与数据中心（https://www.resdc.cn/DOI/DOI.aspx?DOIID=54），具体步骤如下，结果如图 10-8 所示。

```
from osgeo import gdal,ogr
# 读入数据
raster = gdal.Open(r"D:\QGISData\ld2018.tif")
band = raster.GetRasterBand(1)
drv = ogr.GetDriverByName("ESRI Shapefile")
outfile = drv.CreateDataSource(r"D:\QGISData\PolygonizedRaster.shp")
outlayer = outfile.CreateLayer("PolygonizedRaster", srs = None )
newField = ogr.FieldDefn("DN", ogr.OFTReal)    # DN 为像元灰度值
outlayer.CreateField(newField)
gdal.Polygonize(band, None, outlayer, 0, [])
outfile = None
```

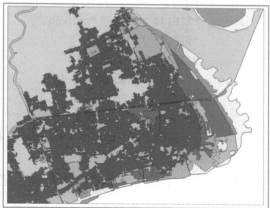

图 10-8　栅格数据与矢量化后的结果

10.1.3　矢量数据的编辑

本节介绍对矢量数据的属性进行编辑的方法，主要包括添加字段、删除字段、修改字段名、属性字段计算等内容。

1. 属性编辑

矢量数据中要素字段编辑可以使用前文中创建要素时所提到的 QgsFeature().setAttributes、QgsFeature().setGeometry 函数来实现。

矢量数据添加、删除字段代码如下：

```
caps = vlayer.dataProvider().capabilities()
if caps & QgsVectorDataProvider.AddAttributes:
    res = vlayer.dataProvider().addAttributes(
        [QgsField("myfield1", QVariant.String),    #添加字段 myfield1
        QgsField("myfield2", QVariant.Int)])    #添加字段 myfield2

res = vlayer.dataProvider().deleteAttributes("myfield2")    #删除字段 myfield2
```

修改字段名的语句如下：

```
pars = {"INPUT": "输入图层",
        "FIELD": "myfield1",            #原字段名
        "NEW_NAME": "myfield2",        #修改后字段名
        "OUTPUT": "memory"            #输出路径
}
out = processing.run("qgis:renametablefield", pars)
```

2. 属性计算器

新添加的字段可以通过 native:fieldcalculator 算法来计算获得字段数据。

```
pars = {"INPUT": "输入图层",
        "FIELD_NAME": "myfield1",
        "FIELD_TYPE": 2,                    #String 类型
        "FIELD_LENGTH": 10,
        "FIELD_PRECISION": 3,
        "NEW_FIELD": True,                #是否新建字段存放结果
        "FORMULA": ""field1"+ "field2"",    #字段计算公式
        "OUTPUT": "memory"                #输出路径
}
out = processing.run("native:fieldcalculator", pars)
```

10.2　矢量数据的空间分析

对矢量数据的空间分析，本节主要介绍缓冲区分析、叠加分析、网络分析等。

10.2.1　缓冲区分析

1. 简单缓冲区

在 QGIS 桌面软件中的【Processing Toolbox】处理工具箱面板中，选择【Vector geometry】|【Buffer】工具可实现简单缓冲区分析。该工具可以通过调用对应 processing 算法工具包中的 native:buffer 算法来实现。

```
pars = {"INPUT": "输入图层",
        "DISTANCE": 500,    #缓冲距离
        "SEGMENTS": 5,    #生成的缓冲区边界在以点为圆心作 1/4 圆内的分段数量
        "END_CAP_STYLE": 0,    #端点的形状，0~2：圆形、扁平、方形
        "JOIN_STYLE": 0,    #偏移直线中的角，0~2：圆形、斜接、斜角
        "MITER_LIMIT": 2,    #最大斜接长度
        "DISSOLVE": False,    #是否融合相互叠加的缓冲区，默认为 False 否
        "OUTPUT": "memory"    #输出
}
out = processing.run("native:buffer", pars)
```

使用以裁剪全国河流数据（https://www.resdc.cn/DOI/doiList.aspx?FieldTyepID=24,5）所得的局部河流线数据 "RiverW.shp"（已随书发布）为例，以 500m 为缓冲距离建立缓冲区，结果如图 10-9 所示。

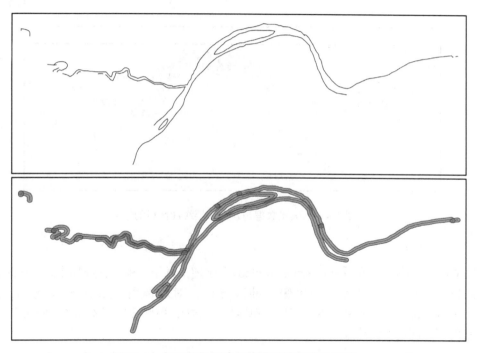

图 10-9　矢量数据与建立简单缓冲区后的结果

2. 多层缓冲区

在 QGIS 桌面软件中的【Processing Toolbox】处理工具箱面板中，选择【Vector geometry】|【Multi-ring buffer（constant distance）】工具可实现多层缓冲区分析，对应调用 processing 算法工具包中的 native:multiringconstantbuffer 算法来实现，也可以使用 native:buffer 算法多次循环实现。

```
pars = {"INPUT": "输入图层",
        "RINGS": 3,    #缓冲区环数
```

```
        "DISTANCE": 500,   #缓冲区环与环之间的距离
        "OUTPUT": "memory"
}
out = processing.run("native:multiringconstantbuffer", pars)
```

以局部河流线数据 "RiverW.shp"（已随书发布）为例，设置 3 层缓冲区环数，以 500m 为缓冲环间距离建立缓冲区，如图 10-10 所示。

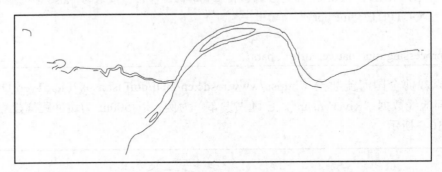

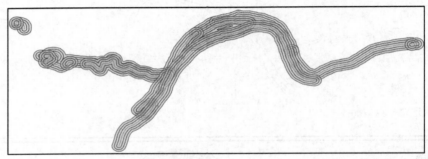

图 10-10　矢量数据与建立多层缓冲区后的结果

3. 单侧缓冲区

在 QGIS 桌面软件中的【Processing Toolbox】处理工具箱面板中，选择【Vector geometry】|【Single sided buffer】工具可实现单侧缓冲区分析，对应调用 processing 算法工具包中的 native:singlesidedbuffer 算法来实现。相比简单缓冲区分析，单侧缓冲区添加了 "SIDE" 参数选择在线要素的哪一侧建立缓冲区。

```
pars = {"INPUT": "输入图层",
        "DISTANCE": 500,
        "SIDE": 0,              # 0: 左，1: 右
        "SEGMENTS": 8,
        "JOIN_STYLE": 0,
        "MITER_LIMIT": 2,
        "OUTPUT":"memory"
}
out = processing.run("native:singlesidedbuffer", pars)
```

以局部河流线数据"RiverW.shp"（已随书发布）为例，以 500m 为缓冲环间距离，在左侧建立缓冲区，如图 10-11 所示。

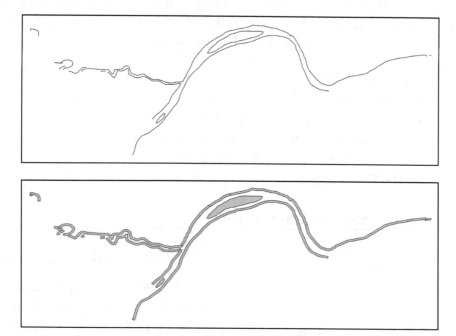

图 10-11　矢量数据与建立单侧缓冲区后的结果

4. 锥形缓冲区

在 QGIS 桌面软件中的【Processing Toolbox】处理工具箱面板中，选择【Vector geometry】|【Tapered buffers】工具可实现锥形缓冲区分析，对应调用 processing 算法工具包中的 native:taperedbuffer 算法来实现，结果如图 10-12 所示。相比简单缓冲区分析，锥形缓冲区添加了起始和终点的缓冲区宽度。

```
pars = {"INPUT": "输入图层",
        "START_WIDTH": 0,    #起始缓冲区宽度
        "END_WIDTH":10000,   #终点缓冲区宽度
        "SEGMENTS": 16,
        "OUTPUT": "memory"
}
out = processing.run("native:taperedbuffer", pars)
```

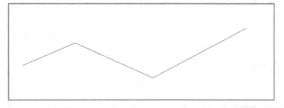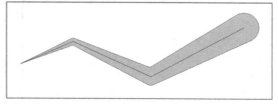

图 10-12　矢量数据与建立锥形缓冲区后的结果

5. 楔形缓冲区

在 QGIS 桌面软件中的【Processing Toolbox】处理工具箱面板中，选择【Vector geometry】|【Create wedge buffers】工具可实现楔形缓冲区分析，对应调用 processing 算法工具包中的 native:wedgebuffers 算法来实现，如图 10-13 所示。

```
pars = {"INPUT": "输入图层",
        "AZIMUTH":0.0,   #生成楔形的方位角
        "WIDTH": 45,   #楔形缓冲区的角度范围
        "OUTER_RADIUS": 10000 ,   #楔形的外环半径
        "INNER_RADIUS": 5000,   #楔形的内环半径
        "OUTPUT": "memory"
}
out = processing.run("native:wedgebuffers", pars)
```

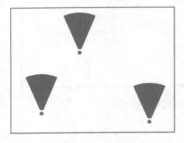

图 10-13　矢量数据建立楔形缓冲区后的结果

6. 根据 M 值设定宽度生成缓冲区

在 QGIS 桌面软件【Processing Toolbox】处理工具箱面板中，选择【Vector geometry】|【Variable width buffer (by M value)】工具可实现根据 M 值设定宽度生成缓冲区的操作。该操作也可通过调用 processing 算法工具包中的 native:bufferbym 算法来实现，如图 10-14 所示。

```
pars = {"INPUT": "输入图层",
        "SEGMENTS": 1,   #生成的缓冲区边界在以点为圆心作 1/4 圆内的分段数量
        "OUTPUT": "输出数据"
}
out = processing.run("native:bufferbym", pars)
```

10.2.2　叠加分析

1. 擦除

擦除操作在 QGIS 桌面软件中对应【Difference】工具，也可通过调用 qgis:multidifference 算法

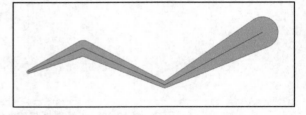

图 10-14　矢量数据与根据 M 值设定宽度生成缓冲区结果

来实现。这里以全国河流数据（https://www.resdc.cn/DOI/doiList.aspx?FieldTyepID=24,5）和某区域边界矢量数据 "Area23M.shp"（已随书发布）为例，使用该数据擦除河流数据，结果如图 10-15 所示。

```
pars = {"INPUT": r"D:\河流分布.shp",  #被裁剪文件
        "OVERLAYS": r"D:\Area23M.shp",  #用来擦除的数据
        "OUTPUT": r"D:\擦除后数据.shp"  #擦除操作后文件
}
out = processing.run("qgis:multidifference", pars)
```

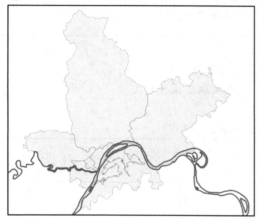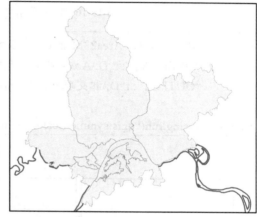

图 10-15　擦除区域内河流后的结果

2. 相交

相交操作对应 QGIS 桌面软件中的【Intersection】工具，也可通过调用 qgis:multiintersection 算法来实现。这里使用全国河流数据和某区域边界矢量数据 "Area23M.shp"（已随书发布）执行相交操作的代码，结果如图 10-16 所示。

```
pars = {"INPUT": r"D:\河流分布.shp",  #被裁剪文件
        "OVERLAYS": r"D:\Area23M.shp",  #用来相交的数据
        "OUTPUT": r"D:\相交后数据.shp"  #相交操作后文件
}
out = processing.run("qgis:multiintersection", pars)
```

3. 交集取反

交集取反操作在 QGIS 桌面软件中对应【Symmetrical difference】工具，也可以通过调用 qgis:symmetricaldifference 算法来实现。这里使用某区域边界矢量数据 "Area23M.shp"（已随书发布）与圆形矢量数据 "Area4.shp"（已随书发布）执行交集取反操作的代码，进行交集取反的两组数据需要是同类型的数据，结果如图 10-17 所示。

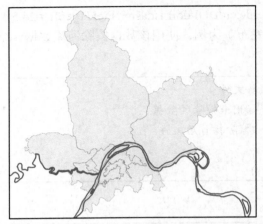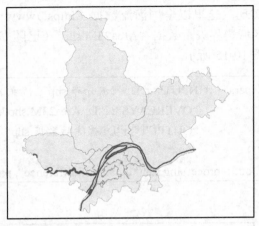

图 10-16　河流数据与区域数据相交后的结果

```
pars = {"INPUT": r"D:\ Area23M.shp",  #源文件
        "OVERLAY": r"D:\Area4.shp",  #用来交集取反的数据
        "OUTPUT": r"D:\相交取反结果.shp"  #交集取反操作后文件
}
out = processing.run("qgis:symmetricaldifference", pars)
```

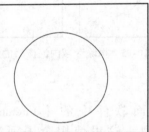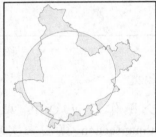

图 10-17　交集取反后的结果

4. 线要素分割

线要素分割操作在 QGIS 桌面软件中对应【Split with lines】工具，也可以通过调用 qgis:splitwithlines 算法来实现，如图 10-18 所示。

```
pars = {"INPUT": r"D:\输入文件.shp",  #待分割的线或面数据
        "LINES": r"D:\分割文件.shp",  #用来分割的线或面数据
        "OUTPUT": r"D:\分割后文件.shp"  #分割后的文件
}
out = processing.run("qgis:splitwithlines", pars)
```

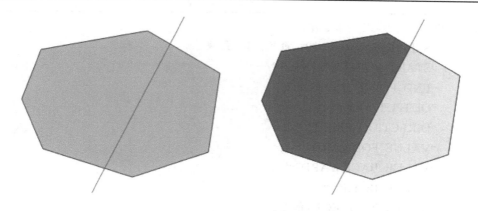

图 10-18　线要素分割面要素案例

5. 线要素交点

线要素交点操作在 QGIS 桌面软件中对应【Line intersections】工具，也可以通过调用 qgis:lineintersections 算法来实现，如图 10-19 所示。在调用函数时，默认设置为输出点文件包含输入数据的全部字段，也可以通过"INPUT_FIELDS"和"INTERSECT_FIELDS"两个参数来选择输入文件和交叉文件中需要保留的字段。

```
pars = {"INPUT": r"D:\输入文件.shp",    #线数据
        "INTERSECT": r"D:\用来交叉的文件.shp",  #用来找到交叉点的数据
        "OUTPUT": r"D:\分割后文件.shp"   #交叉点的文件
}
out = processing.run("qgis:lineintersections", pars)
```

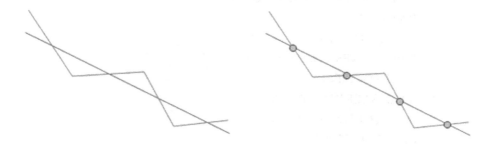

图 10-19　线要素交点案例

10.2.3　网络分析

本节中，本书将以最短路径分析和服务区域分析为例进行网络分析的演示。

1. 最短路径分析

QGIS 桌面软件工具箱中的【Shortest path (point to point)】工具可以对应调用 processing 算法工具包中 Network analysis 下的 native:shortestpathpointtopoint 算法来实现，主要输入参数有 4 个：输入文件路径、最短路径分析方式、起点/终点位置、输出文件路径。

```
pars = { "INPUT": "道路网络.shp",
         "STRATEGY": 0,    #0: 最短, 1: 最快
         "START_POINT": "x1,y1,z1",
         "END_POINT": "x2,y2,z2",
         "OUTPUT": "memory",
         "DIRECTION_FIELD": " ",
         "VALUE_FORWARD": " ",
         "VALUE_BACKWARD": " ",
         "VALUE_BOTH": " ",
         "DEFAULT_DIRECTION": 2,
         "SPEED_FIELD": " ",
         "DEFAULT_SPEED": 50,
         "TOLERANCE": 10
}
out = processing.run("native:shortestpathpointtopoint", pars)
```

2. 服务区域分析

QGIS 桌面软件中的【Service area (from layer)】工具可以对应调用 processing 算法工具包中 Network analysis 下的 qgis:serviceareafromlayer 算法来实现，主要输入参数有 5 个：输入文件路径、生成服务区域的起点所在图层、服务区域分析方式、从起点沿道路网络生成服务区的范围、输出文件路径。

```
pars = { "INPUT": "线网络.shp",
         "START_POINTS": "START_POINTS",
         "STRATEGY": 0,
         "TRAVEL_COST": 8000,
         "OUTPUT_LINES": "memory",
         "DIRECTION_FIELD": " ",
         "VALUE_BACKWARD": " ",
         "VALUE_FORWARD": " ",
         "VALUE_BOTH": " ",
         "DEFAULT_DIRECTION": 2,
         "SPEED_FIELD": " ",
         "DEFAULT_SPEED": 50,
         "TOLERANCE": 0,
         "INCLUDE_BOUNDS": False
}
out = processing.run("qgis:serviceareafromlayer", pars)
```

第 11 章 基于 PyQGIS 的栅格数据处理与分析

11.1 栅格数据的编辑与处理

在 QGIS 桌面软件中，关于栅格数据的工具有【Raster Calculator…】【Align Rasters…】【Analysis】【Projections】【Miscellaneous】【Extraction】【Conversion】等，如图 11-1 所示，这些工具均可使用代码调用。本节将主要介绍如何通过代码实现栅格数据预处理（重采样、重分类、裁剪与拼接等）、创建栅格数据、矢量数据转栅格数据等工具功能。

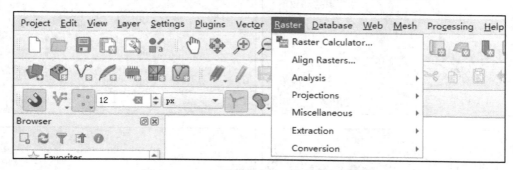

图 11-1 QGIS 桌面软件中对栅格数据的操作

11.1.1 预处理已有栅格数据

1. 空间分辨率变换：重采样

QGIS 桌面软件中的【Warp (reproject)】工具可以对应调用 gdal 算法工具包中的 warpreproject 算法来实现，主要输入参数有 5 个：输入栅格文件路径、输入/输出坐标系、重采样方法、输出重采样文件路径。重采样方法 "Resampling" 使用数字 0~11 来选择，其中包括最近邻距离法、双线性内插法等。

```
pars = { "INPUT" : "输入文件路径",
        "SOURCE_CRS": QgsCoordinateReferenceSystem(" "),  #源文件坐标系
        "TARGET_CRS": QgsCoordinateReferenceSystem("EPSG:4326"),  #目标文件坐标系 EPSG: 4326
        "RESAMPLING": 0,  #重采样方法
        "OUTPUT": "输出文件路径",
        "NODATA": None,
        "TARGET_RESOLUTION": 2000,
        "OPTIONS": " ",
        "DATA_TYPE": 0,
        "TARGET_EXTENT": None,
```

```
            "TARGET_EXTENT_CRS": None,
            "MULTITHREADING": False,
            "EXTRA": " "
}
out = processing.run("gdal:warpreproject", pars)
```

以 2019 年中国生长季 NDVI 空间分布数据集，空间分辨率为 1km 为例（ https://www.resdc.cn/data.aspx?DATAID=342 ），截取部分区域数据（已随书发布 ），然后对示例数据进行重采样，设置重采样分辨率为 2km，处理前后如图 11-2 所示。

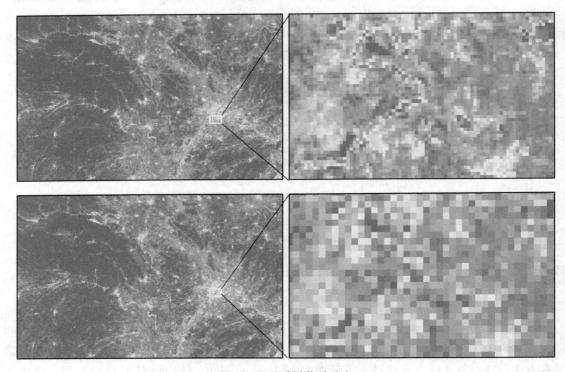

图 11-2　重采样前后对比

2. 主题分辨率变换：重分类

QGIS 桌面软件中使用【 Reclassify by table 】重分类来做主题分辨率变换，可以通过调用 native:reclassifybytable 算法来实现，主要输入参数包括 4 个：输入文件路径、所参与计算的波段、重分类的规则表格、输出文件路径，其他参数保持默认即可。如下代码可依据表 5-2 中新旧类别的对应关系实现对 2015 年的河南省土地利用与土地覆盖变化地图 "lucc2015_henan1.tif" 的重分类。

```
pars = { "INPUT_RASTER": "待重分类文件.tif",
         "RASTER_BAND": 1,
         "TABLE": ['10', '20', '1', '20', '30', '2', '30', '40', '3', '40', '50', '4', '50', '60', '5',
'60', '70', '6', '90', '100', '9'],
```

```
        "OUTPUT": "重分类后文件.tif",
        "NO_DATA": -9999,
        "NODATA_FOR_MISSING": False,
        "RANGE_BOUNDARIES": 3,
        "DATA_TYPE": 5
}
out = processing.run("native:reclassifybytable", pars)
```

3. 空间范围变换：裁剪与拼接

QGIS 桌面软件中的【Clip raster by mask layer】按任意范围裁剪和【Clip raster by extent】按矩形范围裁剪两种裁剪方式可以分别通过调用 gdal:cliprasterbymasklayer 和 gdal:cliprasterbyextent 算法来实现。以下是使用 gdal:cliprasterbymasklayer 算法来裁剪的具体实现，输入矢量文件作为掩膜来裁剪栅格文件。

```
pars = { "INPUT": "输入文件路径",
        "MASK": "矢量掩膜文件路径",
        "SOURCE_CRS": QgsCoordinateReferenceSystem(" "),
        "TARGET_CRS": QgsCoordinateReferenceSystem(" "),
        "TARGET_EXTENT": None,
        "NODATA": None,
        "ALPHA_BAND": False,
        "CROP_TO_CUTLINE": True,
        "KEEP_RESOLUTION": False,
        "SET_RESOLUTION": False,
        "X_RESOLUTION": None,
        "Y_RESOLUTION": None,
        "MULTITHREADING": False,
        "OUTPUT": "输出文件路径",
        "OPTIONS": " ",
        "DATA_TYPE": 0,
        "EXTRA": " "
}
out = processing.run("gdal:cliprasterbymasklayer", pars)
```

也可以通过调用 gdal:cliprasterbyextent 算法定义剪裁的范围。

```
pars = {"INPUT": "输入文件路径",
        "PROJWIN": "xmin, xmax, ymin, ymax [csr]",      #裁剪范围和坐标系
        "OVERCRS": False,
        "NODATA": None,
        "OUTPUT": "输出文件路径",
```

```
        "OPTIONS": " ",
        "DATA_TYPE": 0,
        "EXTRA": " "
}
out = processing.run("gdal:cliprasterbyextent", pars)
```

栅格的拼接对应 QGIS 桌面软件中的【Merge】合并工具，也可通过调用 gdal:merge 算法来实现，其中 "DATA_TYPE" 可选 0~10，分别代表不同的文件输出格式，包括 Byte、Int16、UInt16 等。

```
pars = { "INPUT": "输入文件1，输入文件2",
        "PCT": True, #表示输出数据的颜色表使用第一个输入图层的图像颜色表
        "SEPARATE": true, #表示在栅格拼接的同时进行波段合成
        "DATA_TYPE": 5,
        "OUTPUT": "输出文件路径",
        "NODATA_INPUT": None,
        "NODATA_OUTPUT": None,
        "OPTIONS": " ",
        "EXTRA": " "
}
out = processing.run("gdal:merge", pars)
```

11.1.2 创建全新的栅格数据

1. 创建常量栅格

QGIS 桌面软件中的【Create constant raster layer】工具可通过调用 native: createconstantrasterlayer 算法来实现。

```
pars={"EXTENT": "xmin, xmax, ymin, ymax [csr]", #左、右、上、下边界和空间参考
        "TARGET_CRS": QgsCoordinateReferenceSystem("csr"), #常量栅格的空间参考
        "PIXEL_SIZE": 0.01, #像元大小
        "NUMBER": 1, #默认常量值 "1"
        "OUTPUT": r"输出常量栅格路径"
        "OUTPUT_TYPE": 5 #输出格式
}
out = processing.run("native:createconstantrasterlayer", pars)
```

2. 创建随机栅格

随机栅格是指依照设定范围和像元大小，创建像元值为随机数的栅格数据。调用函数可以创建 8 种随机栅格：二项式分布、指数分布、伽马分布、几何分布、负二项分布、正态分布、泊松分布、均匀分布。这里以伽马分布为例，通过调用 native:

createrandomgammarasterlayer 算法并配置参数，即可创建伽马分布的随机栅格。

```
pars = {"ALPHA": 1,
        "BETA": 1,
        "EXTENT": "xmin, xmax, ymin, ymax [csr]", #左、右、上、下边界和空间参考
        "OUTPUT": "输出文件路径",
        "OUTPUT_TYPE": 0,
        "PIXEL_SIZE": 1,
        "TARGET_CRS": QgsCoordinateReferenceSystem("csr") #输出空间参考
}
out = processing.run("native:createrandomgammarasterlayer", pars)
```

3. 矢量数据转栅格数据

QGIS 桌面软件中的【Rasterize (vector to raster)】功能可以通过调用 gdal:rasterize 算法来实现。

```
pars = { "INPUT": "输入文件路径",
        "FIELD": "属性表字段",
        "BURN": 0,
        "USE_Z": False,
        "UNITS": 1,
        "WIDTH": 10,
        "HEIGHT": 10,
        "EXTENT": "xmin, xmax, ymin, ymax [csr]",
        "NODATA": 0,
        "OUTPUT": "输出文件路径",
        "OPTIONS": " ",
        "DATA_TYPE": 5,
        "INIT": None,
        "INVERT": False,
        "EXTRA": " "
}
out = processing.run("gdal:rasterize", pars)
```

11.2　栅格数据的空间分析

QGIS 桌面软件中对于栅格数据的空间分析主要包括数字地形分析和区域统计相关的内容，如图 11-3 所示。本节将介绍使用 PyQGIS 实现这些功能的方法。

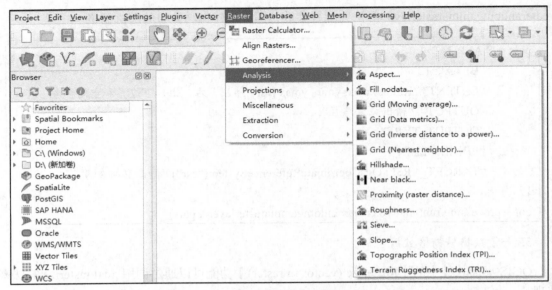

图 11-3　栅格数据的空间分析

11.2.1　数字地形分析

本节主要介绍数字地形分析中的坡度分析、坡向分析、地形指数分析、山体阴影、等值线等功能的代码实现方法。

1. 坡度分析

坡度分析可通过调用 qgis:slope 算法来实现。图 11-4（a）所示为中国科学院资源环境科学与数据中心下载的湖北省数字高程模型（https://www.resdc.cn/data.aspx?DATAID=284）。以下坡度分析代码的执行结果如图 11-4（b）所示。

```
pars = {"INPUT": "湖北省高程.tif",
        "BAND": 1,   #该数据为单波段数据
        "SCALE": 1,   # "1",不再作转换
        "AS_PERCENT": False,  # False, 默认, 即角度; 若 True, 则转换为百分数
        "COMPUTE_EDGES": False,   #默认不考虑栅格数据边缘的像元
        "ZEVENBERGEN": False,   #不采用更适用于平坦地方的 ZevenbergenThorne 算法
代替默认的 Horn 算法
        "OUTPUT": "湖北省坡度.tif",
        "OPTIONS": " ",
        "EXTRA": " "
}
out = processing.run("qgis:slope", pars)
```

2. 坡向分析

坡向分析可以通过调用 qgis:aspect 算法来实现。以下示例代码的执行结果如图 11-4（c）

所示。

```
pars = {"INPUT": "湖北省高程.tif",
        "BAND": 1,  #该数据为单波段数据
        "TRIG_ANGLE": False,  #默认"正北方向"为基准
        "ZERO_FLAT": False,  #不设置 0 代替默认的－9999
        "COMPUTE_EDGES": False,  #默认不考虑栅格数据边缘的像元
        "ZEVENBERGEN": False,  #不采用更适用于平坦地方的 ZevenbergenThorne 算
法代替默认的 Horn 算法
        "OUTPUT": "湖北省坡向.tif",
        "OPTIONS": " ",
        "EXTRA": " "
}
out = processing.run("qgis:aspect", pars)
```

3. 地形指数分析

地形指数分析可以通过调用 gdal:triterrainruggednessindex 和 gdal:tpitopographic-positionindex 算法来实现。其中，前者用于计算地形粗糙指数（terrain ruggedness index, TRI），后者用于计算地形位置指数（topographic position index, TPI）。以下示例代码的执行结果如图 11-4（d）和图 11-4（e）所示。

```
pars = {"INPUT": "湖北省高程.tif",
        "BAND": 1,  #该数据为单波段数据
        "COMPUTE_EDGES": False,  #默认不考虑栅格数据边缘的像元
        "OUTPUT": "湖北省 TRI.tif",
        "OPTIONS": " "
}
out = processing.run("gdal:triterrainruggednessindex", pars)
```

```
pars = {"INPUT": "湖北省高程.tif",
        "BAND": 1,  #该数据为单波段数据
        "COMPUTE_EDGES": False,  #默认不考虑栅格数据边缘的像元
        "OUTPUT": "湖北省 TPI.tif",
        "OPTIONS": " "
}
out = processing.run("gdal:tpitopographicpositionindex", pars)
```

4. 山体阴影分析

山体阴影分析可以通过调用 gdal:hillshade 算法来实现，结果如图 11-4（f）所示。

```
pars = { "INPUT": "湖北省高程.tif",
        "BAND": 1,
        "Z_FACTOR": 1,   #缩放系数
        "SCALE": 1,
        "AZIMUTH": 315,   #以正北方向为基准，顺时针旋转的315°
        "ALTITUDE": 45, #光源的高度角为从地平线方向开始向头顶上方旋转45°
        "COMPUTE_EDGES": False,
        "ZEVENBERGEN": False,
        "COMBINED": False,
        "MULTIDIRECTIONAL": False,
        "OUTPUT": "TEMPORARY_OUTPUT",
        "OPTIONS": " ",
        "EXTRA": " "
}
out = processing.run("gdal:hillshade", pars)
```

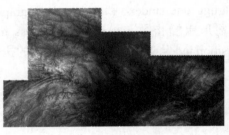

（a）数字高程模型

（b）坡度分析

（c）坡向分析

（d）地形粗糙指数

（e）地形位置指数

（f）山体阴影

图 11-4　湖北省地形与分析

5. 等值线分析

等值线分析可以通过调用 gdal:contour 算法来实现，结果如图 11-5 所示。

```
pars = { "INPUT": "湖北省高程.tif",
        "BAND": 1,
        "INTERVAL": 10,   #等值线的数值间隔
        "FIELD_NAME": "ELEV",
        "OFFSET": 0,
        "OUTPUT": "TEMPORARY_OUTPUT",
        "CREATE_3D": False,
        "IGNORE_NODATA" : False,
        "NODATA": None,
        "EXTRA": " "
}
out = processing.run("gdal:contour", pars)
```

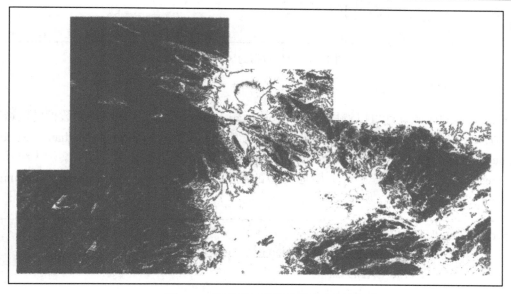

图 11-5　湖北省地形的等值线分析

11.2.2　区域统计

离散数据和连续数据的区域统计同样可以通过脚本实现。

1. 离散数据的区域统计

离散数据的区域统计可以调用 native:zonalhistogram 算法来实现。以 2020 年全国 1km 土地利用遥感监测数据集（CNLUCC）为例，统计某区域 "Area23.shp"（已随书发布）用地类型的像元个数，结果如图 11-6 所示。数据集（CNLUCC）来源为中国科学院资源环境科学与数据中心（https://www.resdc.cn/DOI/DOI.aspx?DOIID=54）。

```
pars = { "INPUT_RASTER" : r"D:\ld2020.tif",
         "RASTER_BAND": 1,
         "INPUT_VECTOR": r"D:\Area23.shp",
         "COLUMN_PREFIX": " ",
         "OUTPUT": r"D:\ld2020_zonalhistogram.shp"
}
out = processing.run("native:zonalhistogram", pars)
```

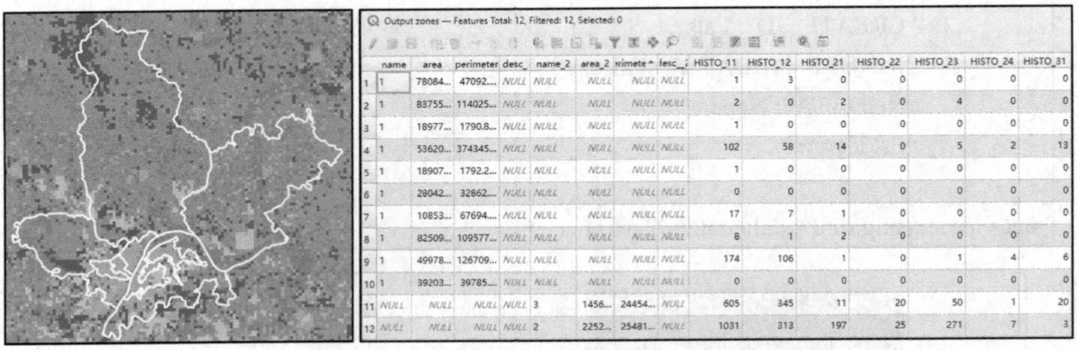

	name	area	perimeter	desc_	name_2	area_2	rimete	desc_	HISTO_11	HISTO_12	HISTO_21	HISTO_22	HISTO_23	HISTO_24	HISTO_31
1	1	78084...	47092....	NULL	NULL	NULL	NULL	NULL	1	3	0	0	0	0	0
2	1	83755...	114025...	NULL	NULL	NULL	NULL	NULL	2	0	2	0	4	0	0
3	1	18977...	1790.8...	NULL	NULL	NULL	NULL	NULL	1	0	0	0	0	0	0
4	1	53620...	374345...	NULL	NULL	NULL	NULL	NULL	102	58	14	0	5	2	13
5	1	18907...	1792.2...	NULL	NULL	NULL	NULL	NULL	1	0	0	0	0	0	0
6	1	28042...	32862....	NULL	NULL	NULL	NULL	NULL	0	0	0	0	0	0	0
7	1	10853...	67694....	NULL	NULL	NULL	NULL	NULL	17	7	1	0	0	0	0
8	1	82509...	109577...	NULL	NULL	NULL	NULL	NULL	8	1	2	0	0	0	0
9	1	49978...	126709...	NULL	NULL	NULL	NULL	NULL	174	106	1	0	1	4	6
10	1	39203...	39785....	NULL	NULL	NULL	NULL	NULL	0	0	0	0	0	0	0
11	NULL	NULL	NULL	NULL	3	1456...	24454...	NULL	605	345	11	20	50	1	20
12	NULL	NULL	NULL	NULL	2	2252...	25481...	NULL	1031	313	197	25	271	7	3

图 11-6　离散数据的区域统计结果

2. 连续数据的区域统计

连续数据的区域统计可以调用 native:zonalstatisticsfb 算法来实现。连续数据的区域统计中"STATISTICS"可选 0 ~ 11，分别指代 Count、Sum、Mean、Median、St.dev.、Minimum、Maximum、Range、Minority、Majority、Variety、Variance。以下案例为统计某区域"Area23.shp"（已随书发布）用地类型的统计数据（count、sum、mean、minimum、maximum），结果如图 11-7 所示。

```
pars = { "INPUT": r"D:\Area23.shp",
         "INPUT_RASTER": r"D:\ld2020.tif",
         "RASTER_BAND": 1,
         "COLUMN_PREFIX": "_",
         "STATISTICS": [0, 1, 2, 5, 6],
         "OUTPUT": "TEMPORARY_OUTPUT"
}
out = processing.run("native:zonalstatisticsfb", pars)
```

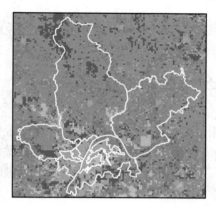

	name	area	perimeter	desc	name_2	area_2	perimeter	desc_2	_count	_sum	_mean	_min	_max
1	1	780843...	47092....	NULL	NULL	NULL	NULL	NULL	73	3366	46.1095...	11	53
2	1	837554...	114025....	NULL	NULL	NULL	NULL	NULL	83	3707	44.6626...	11	52
3	1	189771...	1790.8...	NULL	NULL	NULL	NULL	NULL	0.1897...	9.6543...	50.8720...	11	53
4	1	536209...	374345...	NULL	NULL	NULL	NULL	NULL	539	19120	35.4730...	11	65
5	1	189074...	1792.2...	NULL	NULL	NULL	NULL	NULL	0.1890...	9.6255...	50.9069...	11	53
6	1	280425...	32862...	NULL	NULL	NULL	NULL	NULL	29	1469	50.6551...	41	51
7	1	108535...	67694...	NULL	NULL	NULL	NULL	NULL	109	4363	40.0275...	11	53
8	1	825091...	109577...	NULL	NULL	NULL	NULL	NULL	81	3615	44.6296...	11	65
9	1	499786...	126709...	NULL	NULL	NULL	NULL	NULL	505	13646	27.0217...	11	64
10	1	392034...	39785...	NULL	NULL	NULL	NULL	NULL	38	1913	50.3421...	41	51
11	NULL	NULL	NULL	NULL	2	22529...	254816...	NULL	2251	44834	19.9173...	11	64
12	NULL	NULL	NULL	NULL	3	14562...	244542...	NULL	1454	32352	22.2503...	11	64

图 11-7　连续数据的区域统计结果

第 12 章　在集成开发环境中使用 PyQGIS

在集成开发环境（Python IDE，如 PyCharm）中使用 PyQGIS，首先需要进行环境配置，然后通过 QGIS 的 Python API 访问。QGIS 是使用 C++语言开发的软件，通过 C++对其做二次开发难度较大，门槛较高，但 QGIS 支持 Python 语言进行二次开发，门槛较低，且提供的 PyQGIS 的接口与 C++ QGIS 的接口基本保持一致。

本章会在集成开发环境（以 PyCharm 为例）中进行 QGIS 的 Python 环境配置，演示地理空间数据处理过程，并进一步给出一个简单的基于 Python 的 QGIS 二次开发案例。

PyCharm 是一个面向专业开发者的 Python IDE，可以帮助用户提高编程效率，学生用户可以注册教育版本免费使用（https://www.jetbrains.com/pycharm-edu/ ）。

12.1　PyCharm 中 PyQGIS 的环境配置

（1）首先在 PyCharm 中选择 QGIS 桌面软件包自带的 Python 环境，即 PyCharm 软件中的【File】|【Settings…】，如图 12-1 所示。

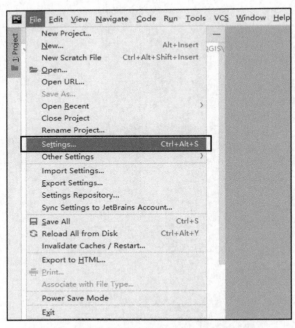

图 12-1　PyCharm 中的【Settings…】设置

（2）在 PyCharm 中的【Settings…】|【Project Interpreter】|【Add…】中添加新的编译环境，如图 12-2 所示。

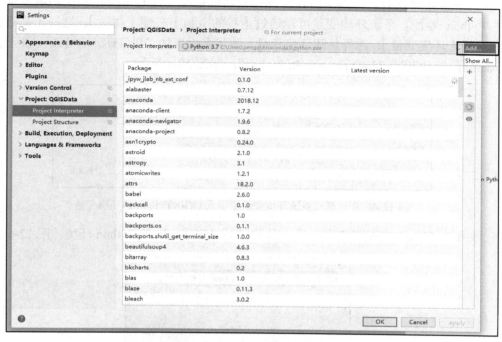

图 12-2　PyCharm 中的【Project Interpreter】设置

（3）在【Select Python Interpreter】对话框中选择 QGIS 中的 Python 编译环境（":\QGIS\bin\python-qgis.bat" 或 ":\QGIS\bin\python-qgis-ltr.bat"），如图 12-3 所示。

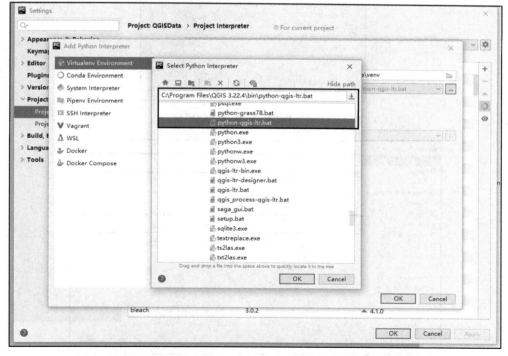

图 12-3　【Select Project Interpreter】中选择 QGIS 的 Python 环境配置文件

（4）设置完成以后，可能会出现编译器报错的情况。此时可以在系统环境变量中引入 QGIS Python 地址。系统环境变量可以通过【我的电脑】右键【属性】，选择【高级系统设置】，选择【环境变量】，选择新建环境变量，变量名设置为"PYTHONPATH"，变量值设置为安装路径":\QGIS 3.22.4\apps\qgis-ltr\python"，如图 12-4 所示。

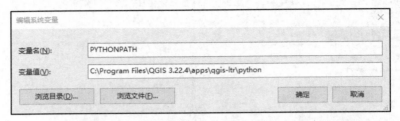

图 12-4　在计算机系统环境变量中引入 QGIS Python 的环境变量

（5）在 PyCharm 中新建工程项目（图 12-5），并选择 QGIS Python 环境（图 12-6）。

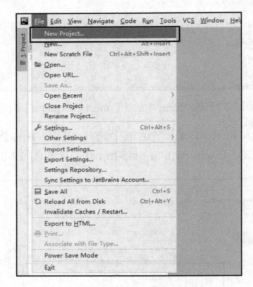

图 12-5　PyCharm 新建工程项目

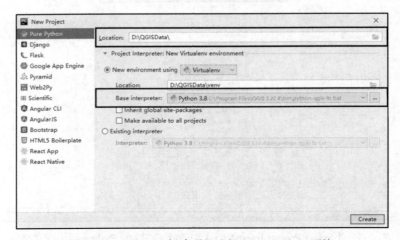

图 12-6　PyCharm 新建项目选择 QGIS Python 环境

（6）选择对应 PyQGIS 环境并建立新的项目以后，等待一段时间【Indexing】（右下角状态栏）后，便可在新建的项目中新建【Python File】，如图 12-7 所示。

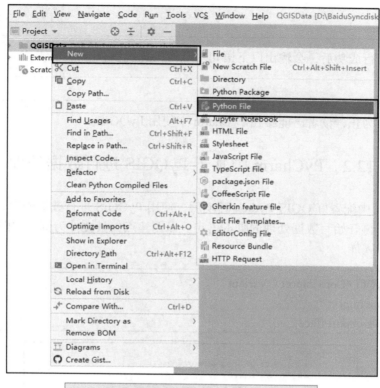

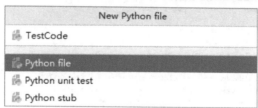

图 12-7　在项目中新建 Python 脚本文件

（7）用户需先在 Python 脚本文件中提供 QGIS 的安装路径，然后创建对 QgsApplication 的引用，此处"False"代表不启用图形用户界面（graphical user interface，GUI），"True"代表计划启用 GUI。初始化后，便可书写代码处理数据。完成所有数据处理后，可退出并清理所占用内存。

```
from qgis.core import QgsApplication
# 提供 Qgis 安装位置的路径
QgsApplication.setPrefixPath(r"Path\to\qgis\qgis-ltr", True)
# 创建对 QgsApplication 的引用，第二个参数为是否启用 GUI
qgs = QgsApplication([], False)
# 初始化
qgs.initQgis()
```

```
# 开始写代码
print("Hello QGIS！")
# 退出
qgs.exitQgis()
```

以上代码运行成功后，会输出以下语句。

```
Hello QGIS！
```

（8）到目前为止，读者已能够在 PyCharm 中使用 PyQGIS。

12.2　PyCharm 中基于 PyQGIS 进行数据处理

在 PyCharm 中配置好 QGIS Python 环境后，使用 PyQGIS 进行数据处理，首先需要导入相应的库，然后再开始写数据处理的脚本语句。以创建点矢量文件为例，如图 12-8 所示，前三行脚本即是导入库。

```
from qgis.PyQt.QtCore import QVariant
from qgis.core import *
from qgis.utils import iface
```

```
1  from qgis.PyQt.QtCore import QVariant
2  from qgis.core import *
3  from qgis.utils import iface
4
5  # 定义特征属性的字段
6  fields = QgsFields()
7  fields.append(QgsField("NO.", QVariant.Int))
8  fields.append(QgsField("Name", QVariant.String))
9  fields.append(QgsField("Type", QVariant.String))
10 crs = QgsCoordinateReferenceSystem("EPSG:4326")
11 transform_context = QgsProject.instance().transformContext()
12 save_options = QgsVectorFileWriter.SaveVectorOptions()
13 save_options.driverName = "ESRI Shapefile"
14 save_options.fileEncoding = "UTF-8"
15 save_path = r"D:\\QGISData\\New1.shp"
16
17 writer = QgsVectorFileWriter.create(
18   save_path,                 #输出路径
19   fields,                    #字段
20   QgsWkbTypes.Point,         #特征类型
21   crs,                       #坐标系
22   transform_context,         #坐标转换
23   save_options               #输出设置
24 )
25
26 # 添加特征点
27 fet = QgsFeature()
28 fet.setGeometry(QgsGeometry.fromPointXY(QgsPointXY(114.33,30.58)))
29 fet.setAttributes([1, "Hubu", "Education"])
30 writer.addFeature(fet)
31
32 # 删除写入器缓存
33 del writer
```

图 12-8　创建点矢量文件

不同功能所需导入的库，可以通过官方使用文档查询。例如，在官方 QGIS Python API 使用文档（https://qgis.org/pyqgis/master/）中搜索类"QgsField"，即可看到其所在库"qgis.core"，如图 12-9 所示。

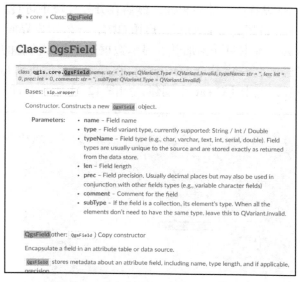

图 12-9　使用 QgsField 需要导入的库

也可以根据操作类型在 PyQGIS 的开发文档中找到对应的库，例如，查询对矢量图层（https://docs.qgis.org/3.22/en/docs/pyqgis_developer_cookbook/vector.html）、栅格图层（https://docs.qgis.org/3.22/en/docs/pyqgis_developer_cookbook/raster.html）操作所需要导入的库，如图 12-10 所示。

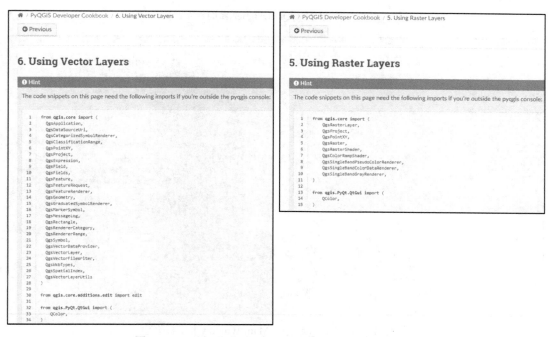

图 12-10　对矢量图层、栅格图层操作所需要导入的库

12.3　基于 Python 的 QGIS 二次开发

本节通过 Qt Designer 设计一个简单界面，然后在开发环境中进行数据的加载和显示。对 QgsApplication 的引用中，设置为"TRUE"，启用 GUI，导入用户界面库（qgis.gui）。此处涉及 QGIS 二次开发的内容，本书只介绍加载、显示数据这些基础功能的实现。

在安装 QGIS 时已经配套安装了 Qt Designer，在开始菜单栏找到 Qt Designer 并运行。选择【Main Window】模板，点击【Create】创建，如图 12-11 所示，即可获得图 12-12 所示模

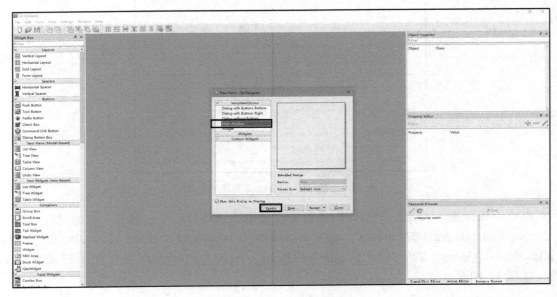

图 12-11　Qt Designer 界面

图 12-12　Qt Designer 中【Main Window】模板创建

板。然后在项目文件夹中建立【ui】和【resources】两个子文件夹，将此"*.ui"文件存到
【ui】文件夹中，而【resources】文件夹中存放图片等其他资源文件。

可以将界面图标换成自定义的图标"LQGIS.png"（图 12-13），
将此文件存放到【resources】文件夹中，并在 Qt Designer 中配置。
点击【Resource Browser】中的【Edit Resources】（图 12-12 中方框
位置所示）。

图 12-13　自定义的图标

在 Qt Designer 的【Edit Resources】窗口中，按照图 12-14 所
示，逐步设置：①【New Resource File】，取名新建的资源为
"myRC.qrc"；②【Add Prefix】，添加"ico"，即图标；③【Add
Files】，添加自己要替换的图标，然后点击【OK】按钮。

图 12-14　Qt Designer 的【Edit Resources】窗口

在【Resource Browser】界面可以看到，该图标资源已经添加进去。可在【Property
Editor】界面的【windowicon】属性后【Choose Resource...】进行修改，如图 12-15 所示，然
后可运行 Ctrl+R 预览窗口，结果如图 12-16 所示。

图 12-15　Qt Designer 中【Property Editor】属性编辑

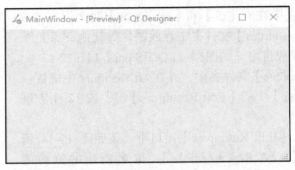

图 12-16　　Qt Designer 中【MainWindow】修改图标预览

此时根据【Main Window】模板所建立的 UI 界面已经包含了三个组件：【centralwidget】中心组件、【menubar】菜单栏、【statusbar】状态栏，如图 12-17 所示。

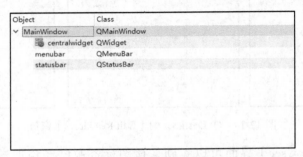

图 12-17　　当前界面模板所附带的三个组件

本节介绍如何添加 QGIS 桌面软件的主界面里最重要的部件：地图画布和图层树。

首先，在 Qt Designer 的【Widget Box】窗口中搜索找到【Frame】框架并拖到 ui 框架中，在【MainWindow】的空白处右键选择"Lay Out Vertically"，此时【Frame】与【centralwidget】的大小绑定，作为地图画布的框架，如图 12-18 所示。然后再创建图层树的

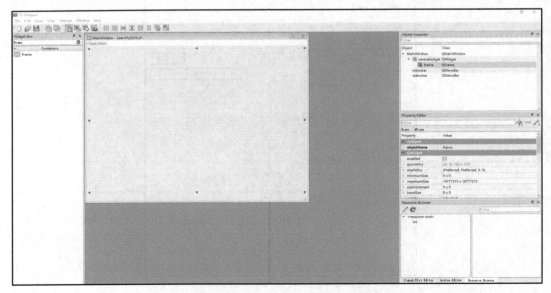

图 12-18　　Qt Designer 中添加【Frame】框架

框架，继续在【Widget Box】中找到【Dock Widget】并拖到 ui 框架左边，【Dock Widget】会自动贴合到【Frame】左边，如图 12-19 所示，在右侧【Object Inspector】可以看到当前 ui 界面中的部件。将当前 ui 输出保存为*.ui 文件供后续调用。

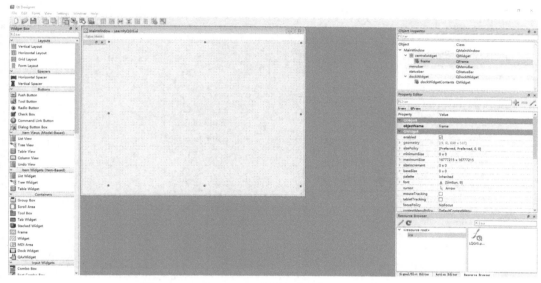

图 12-19　Qt Designer 中添加【Dock Widget】框架

　　完成以上准备工作后，项目文件夹中有一个*.ui 文件和一个*.qrc 文件，分别是界面和资源配置文件，如图 12-20 所示。

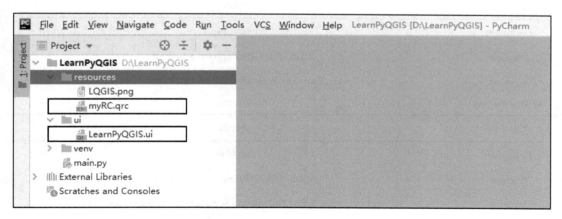

图 12-20　PyCharm 中的项目资源

　　下面要利用 PyQt 提供的 PyUIC 和 PyRCC 工具，将这些配置文件转换为*.py 文件供 Python 调用。在 PyCharm 中打开【File\Settings\Tools\External Tools】，点击左上角 "+" 进行配置，如图 12-21 所示。

　　在【Create Tool】界面分别依据以下信息添加 PyUIC 和 PyRCC 工具（表 12-1）。

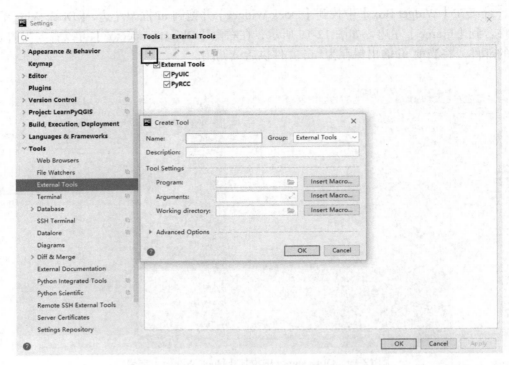

图 12-21　PyCharm 外部工具加载

表 12-1　PyCharm 外部工具加载设置信息

工具名称	PyUIC
Description	ui 转 py
Programs	\QGIS 安装路径\bin\python-qgis-ltr.bat
Argument	-m PyQt5.uic.pyuic $FileName$ -o $FileNameWithoutExtension$.py
Working directory	$FileDir$
工具名称	PyRCC
Description	qrc 转 py
Programs	\QGIS 安装路径\bin\python-qgis-ltr.bat
Argument	-m PyQt5.pyrcc_main $FileName$ -o $FileNameWithoutExtension$_rc.py
Working directory	$FileDir$

　　添加 PyUIC 和 PyRCC 工具后，右键点击"LearnPyQGIS.ui"选择【external-tools\PyUIC】，右键点击"myRC.qrc"选择【external-tools\PyRCC】，即可获得两个*.py 文件。最后将 myRC_rc.py 移动到根目录下，并将根目录设置为【Sources Root】，如图 12-22 所示。

　　在根目录下新建 mainWindow.py，继承之前自定义创建的 ui 文件 LearnPyQGIS.py，进行后续代码编写。

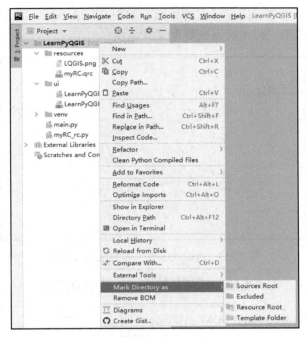

图 12-22　目录文件

```python
from qgis.PyQt.QtWidgets import QMainWindow    #主窗口对象
from qgis.core import QgsProject
from ui.LearnPyQGIS import Ui_MainWindow        #自建窗口对象
PROJECT = QgsProject.instance()
class MainWindow(QMainWindow, Ui_MainWindow):
    def __init__(self):
        super(MainWindow, self).__init__()
        self.setupUi(self)
```

继而在主文件 main.py 中完成调用。

```python
from qgis.PyQt import QtCore
from qgis.core import QgsApplication
from PyQt5.QtCore import Qt
from mainWindow import MainWindow
if __name__ == '__main__':
    QgsApplication.setPrefixPath(r"Path\to\QGIS\apps\qgis-ltr", True)
    app = QgsApplication([], True)               #启用 GUI 界面
    app.initQgis()
    mainWindow = MainWindow()
    mainWindow.show()
    app.exec_()
    app.exitQgis()
```

　　运行 main.py 即可生成自定义建立的界面，如图 12-23 所示，此时窗口只是一个壳子，还需要绑定地图画布和图层树才能完成数据加载显示。

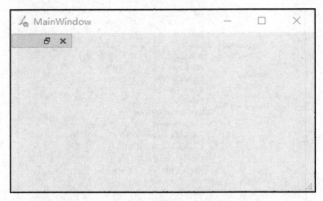

图 12-23　PyCharm 中生成的自建 ui 界面

完成图层树绑定时，需要更新 mainWindow.py 文件中的代码。

```python
from qgis.PyQt.QtWidgets import QMainWindow
from qgis.core import QgsProject, QgsLayerTreeModel
from qgis.gui import QgsLayerTreeView, QgsMapCanvas, QgsLayerTreeMapCanvasBridge
from ui.LearnPyQGIS import Ui_MainWindow
from PyQt5.QtWidgets import QVBoxLayout, QHBoxLayout
PROJECT = QgsProject.instance ()
from qgislayer import addMapLayer, readVectorFile, readRasterFile
class MainWindow (QMainWindow, Ui_MainWindow):
    def __init__(self):
        super (MainWindow, self).__init__()
        self.setupUi (self)
        # 1 修改标题
        self.setWindowTitle ("QGIS 自建界面")
        # 2 初始化图层树
        vl = QVBoxLayout (self.dockWidgetContents)
        self.layerTreeView = QgsLayerTreeView (self)
        vl.addWidget (self.layerTreeView)
        # 3 初始化地图画布
        self.mapCanvas = QgsMapCanvas (self)
        hl = QHBoxLayout (self.frame)
        hl.addWidget (self.mapCanvas)
        # 4 设置图层树风格
        self.model = QgsLayerTreeModel (PROJECT.layerTreeRoot(), self)
        self.layerTreeView.setModel (self.model)
        # 4 建立图层树与地图画布的桥接
```

```
        self.layerTreeBridge = QgsLayerTreeMapCanvasBridge (PROJECT.layerTreeRoot(),
self.mapCanvas, self)
        # 5 初始加载影像
        self.firstAdd = True


def addRasterLayer (self, rasterFilePath):　#添加栅格图层
        rasterLayer = readRasterFile (rasterFilePath)
        if self.firstAdd:
            addMapLayer (rasterLayer, self.mapCanvas, True)
            self.firstAdd = False
        else:
            addMapLayer (rasterLayer, self.mapCanvas)
def addVectorLayer (self, vectorFilePath):　#添加矢量图层
        vectorLayer = readVectorFile (vectorFilePath)
        if self.firstAdd:
            addMapLayer (vectorLayer, self.mapCanvas, True)
            self.firstAdd = False
        else:
            addMapLayer (vectorLayer, self.mapCanvas)
```

另单独建立一个图层引用函数 qgislayer.py。

```
from qgis.core import QgsMapLayer, QgsRasterLayer, QgsVectorLayer, QgsProject
from qgis.gui import QgsMapCanvas
import os
import os.path as osp
PROJECT = QgsProject.instance ()
# 加载图层
def addMapLayer (layer:QgsMapLayer, mapCanvas:QgsMapCanvas, firstAddLayer=False):
    if layer.isValid ():
        if firstAddLayer:
            mapCanvas.setDestinationCrs (layer.crs())
            mapCanvas.setExtent (layer.extent())
        while(PROJECT.mapLayersByName (layer.name())):
            layer.setName (layer.name()+"_1")
        PROJECT.addMapLayer (layer)
        layers = [layer] + [PROJECT.mapLayer(i) for i in PROJECT.mapLayers()]
        mapCanvas.setLayers (layers)
        mapCanvas.refresh ()
def readRasterFile (rasterFilePath):　#添加栅格图层
    rasterLayer = QgsRasterLayer (rasterFilePath, osp.basename(rasterFilePath))
```

```
        return rasterLayer
def readVectorFile (vectorFilePath):    #添加矢量图层
    vectorLayer = QgsVectorLayer (vectorFilePath, osp.basename(vectorFilePath), "ogr")
    return vectorLayer
```

最后在 main.py 函数中引入库、调用函数即可完成数据加载。

```
from qgis.core import QgsApplication
from mainWindow import MainWindow
if __name__ == '__main__':
QgsApplication.setPrefixPath (r":path\to\qgis\apps\qgis-ltr", True)
    app = QgsApplication([], True)
    app.initQgis ()
    mainWindow = MainWindow ()
    mainWindow.show ()
    tif = "栅格数据路径"
    mainWindow.addRasterLayer (tif)
    shp = "矢量数据路径"
    mainWindow.addVectorLayer (shp)
    app.exec_()
    app.exitQgis ()
```

以某区域土地利用数据和某区域矢量数据为例，在自定义的 QGIS 二次开发界面中加载栅格和矢量数据，如图 12-24 所示。

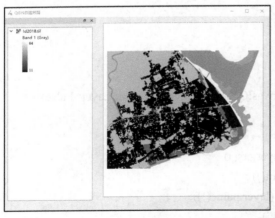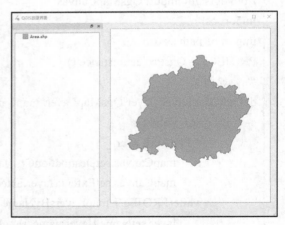

图 12-24　QGIS 二次开发界面加载栅格和矢量数据